Aufgabensammlung Analysis 1

Hans-Jürgen Reinhardt

Aufgabensammlung Analysis 1

mit mehr als 500 Übungen und Lösungen

Hans-Jürgen Reinhardt
Siegen, Deutschland

ISBN 978-3-662-49416-5   ISBN 978-3-662-49417-2 (eBook)
DOI 10.1007/978-3-662-49417-2

Die Deutsche Nationalbibliothek verzeichnet diese Publikation in der Deutschen Nationalbibliografie;
detaillierte bibliografische Daten sind im Internet über http://dnb.d-nb.de abrufbar.

Springer Spektrum
© Springer-Verlag Berlin Heidelberg 2016

Planung: Annika Denkert

Gedruckt auf säurefreiem und chlorfrei gebleichtem Papier.

Springer-Verlag GmbH Berlin Heidelberg ist Teil der Fachverlagsgruppe Springer Science+Business
Media
(www.springer.com)

Vorwort

Die vorliegende Aufgabensammlung entstand während der entsprechenden Vorlesungen des Autors an der Universität Siegen in den Jahren 1993 bis 2013. Es sind Aufgaben mit ausgearbeiteten Lösungen zu allen Themen der Analysis 1, d. h. der eindimensionalen Analysis, zusammengestellt. Die Aufgaben sind von 1 bis 217 nummeriert. Da aber die Aufgaben meist noch unterteilt sind, finden sich hier insgesamt über 500 gelöste Aufgaben. Die Schwerpunkte jeder Aufgabe sind mit optisch hervorgehobenen Stichworten angegeben. Diese Stichworte sind im Index zusammengefasst. Somit kann man zu einem Stichwort über den Index zugehörige Aufgaben finden!

Die Reihenfolge der Themen orientiert sich am Verlauf einer Vorlesung zur Analysis 1 für Studierende der Mathematik, Physik, Informatik und des gymnasialen Lehramts Mathematik im ersten Semester. Wenn Hilfsergebnisse für die Aufgaben verwendet werden, ist dies mit entsprechenden Literaturhinweisen angegeben. Zu zahlreichen Aufgaben sind vorab Lösungshinweise gegeben. Je nach Kenntnisstand der Hörer/Innen können diese weggelassen oder ergänzt werden.

Wer interessiert sich für diese Aufgabensammlung? Zum einen könnten es Kollegen sein, die als Dozenten ausgearbeitete Beispiele für ihre Vorlesungen suchen und diese vorstellen wollen. Natürlich eignen sich die ausgearbeiteten Übungsaufgaben auch für Übungen und Tutorien und – die einfachen Aufgaben – auch für Klausuren. Für Studierende ist die hier vorgelegte Aufgabensammlung eine Quelle für Eigenstudium, für häusliche Nacharbeitung des Vorlesungsstoffes und insbesondere für Klausurvorbereitungen.

Parallel zu dieser Aufgabensammlung werden noch zwei Aufgabensammlungen von jeweils vergleichbarem Umfang erstellt. Zum einen betrifft dies die mehrdimensionalen Analysis, Funktionalanalysis einschließlich inverser Probleme und die Theorie von gewöhnlichen und partiellen Differentialgleichungen. Zum anderen ist es eine Sammlung mit Aufgaben zur Numerik. In Letzterer sind auch Aufgaben enthalten, die in diese Analysis-Sammlung passen würden – und umgekehrt.

Sicherlich finden sich Aufgaben aus der vorliegenden Sammlung auch in Lehrbüchern oder anderen Aufgabensammlungen. Die Standard-Lehrbücher zur Analysis und Beispiele anderer Aufgabensammlungen sind im Literaturverzeichnis aufgeführt. In einigen Büchern gibt es Lösungshinweise zu Aufgaben. Die Aufgaben dieser Sammlung sind im Laufe des genannten Zeitraums von 20 Jahren gestellt worden, und vor allem gibt es zu allen Aufgaben ausführliche Lösungsvorschläge – bei einigen Aufgaben auch alternative Lösungen.

Bei der Auswahl, Zusammenstellung, Ausarbeitung und dem TEXen der Übungsaufgaben sowie der Erstellung der Grafiken haben in den genannten Jahren meine Mitarbeiter Frank Seiffarth, Mathias Charton, Reinhard Ansorge, Thorsten Raasch, Ivan Cherlenyak, Stefan Schuss und Timo Dornhöfer mitgewirkt, denen ich dafür besonders dankbar bin. Mein Dank gilt auch – und vor allem – meinen beiden Sekretärinnen, Margot Beier und Kornelia Mielke. Sie haben sich um das TEXen der Aufgaben von einer ersten Aufgabensammlung im Jahre 1994 bis zu dieser Zusammenstellung verdient gemacht.

Diese Aufgabensammlung ist mehrfach sorgfältig durchgesehen worden. Vermutlich gibt es aber kein Skript oder Buch, das völlig fehlerfrei ist. Dies gilt sicher auch für diese Aufgabensammlung. Falls Sie Fehler finden, lassen Sie es mich bitte wissen (reinhardt@mathematik.uni-siegen.de).

Siegen, 2016   Hans-Jürgen Reinhardt

Inhaltsverzeichnis

1 Grundlagen, Zahlen, Folgen, Reihen 1
  1.1 Aussagenlogik, Mengen, Abbildungen 1
  1.2 Sigma-Algebra, Dynkin-System, Körper, Gruppen 11
  1.3 Vollständige Induktion, indirekter Beweis, Primzahlen 21
  1.4 Wurzeln, Gauß-Klammern, symmetrische Differenz 38
  1.5 Ungleichungen, Potenzen und Fakultäten 47
  1.6 Maximum und Minimum, Supremum und Infimum 59
  1.7 Wahrscheinlichkeiten, komplexe Zahlen 70
  1.8 Zahlenfolgen 78
  1.9 Zahlenreihen 115

2 Funktionen in 1-d 139
  2.1 Stetigkeit 139
  2.2 Exponentialfunktion und Logarithmus 162
  2.3 Differenzierbarkeit 171
  2.4 Grenzwerte von Funktionen, Regel von de l'Hospital 187
  2.5 Taylorformel 202
  2.6 Eigenschaften trigonometrischer Funktionen 211
  2.7 Das (Riemann-)Integral 225
  2.8 Uneigentliche Integrale 251
  2.9 Funktionenfolgen und -reihen, Potenzreihen, Konvergenzradien 260

Liste von Symbolen und Abkürzungen 283

Literatur 285

Sachverzeichnis 287

1.1 Aussagenlogik, Mengen, Abbildungen

Aufgabe 1

▶ **Aussagenlogik**

a) Welche der folgenden Formulierungen bzw. Ausdrücke sind **mathematische Aussagen**, d. h. Sätze denen man unabhängig vom Betrachter genau einen der Wahrheitswerte *wahr* oder *falsch* zuordnen kann? Begründen Sie kurz Ihre Entscheidung.

   i)   Diese Aufgabe ist sehr schwer.

   ii) Dies ist eine Aufgabe zur Aussagenlogik.

   iii) Diese Art von Aufgabe kommt in der Klausur vor.

b) Die Aussage q sei gegeben durch „Das Parallelogramm D ist ein Quadrat". Geben Sie jeweils eine andere Aussage p an, so dass gilt:

   i) $q \Rightarrow p$, aber nicht $p \Rightarrow q$;

   ii) $p \Rightarrow q$, aber nicht $q \Rightarrow p$;

   iii) $p \Leftrightarrow q$.

Lösung

a) i)   Dies ist **keine** Aussage, da der Wahrheitswert von der subjektiven Einstellung jedes einzelnen abhängt.

   ii) Dies ist eine **wahre** Aussage, da es hier um Aussagenlogik geht.

   iii) Dies ist eine Aussage; es kann zum jetzigen Zeitpunkt, aber nicht gesagt werden, ob diese Aussage **wahr** oder **falsch** ist, jedoch wird genau eine dieser beiden Möglichkeiten eintreten.

b) i)   Die gegenüberliegenden Seiten des Vierecks D sind parallel.
        Die Rückrichtung gilt nicht, da aus der Aussage p nicht geschlossen werden kann, dass ein Quadrat vorliegt.

© Springer-Verlag Berlin Heidelberg 2016

H.-J. Reinhardt, *Aufgabensammlung Analysis 1*, DOI 10.1007/978-3-662-49417-2_1

ii) Das Parallelogramm D ist ein Quadrat mit Seitenlänge 1.
Die Rückrichtung gilt nicht, da D nach der Aussage q auch eine andere Seitenlänge als 1 haben kann.

iii) Das Viereck D ist ein Quadrat.
Wenn D ein Quadrat ist, ist es somit sowohl ein Parallelogramm als auch ein Viereck.

Aufgabe 2

▶ **Aussagenlogik**

Welche der Aussagen sind wahr, wenn auch p und auch q wahr sind? (hier bedeutet: $\overline{q} = \neg q$ „nicht q")

i) $p \wedge \overline{q}$
ii) $\overline{(p \wedge q)}$
iii) $p \vee \overline{q}$
iv) $\overline{(\overline{p} \wedge q)}$

Hinweise: Es gelten die folgenden Bezeichnungen, und Sie können die folgende „Wahrheitstafel" benutzen.

Bezeichnung	Schreibweise	Sprechweise
Negation	$\neg p$	nicht p
Konjunktion	$p \wedge q$	p und q
Disjunktion	$p \vee q$	p oder q (einschließendes (inklusives) *oder*)
Subjunktion	$\neg p \vee q$, auch: $(p \to q)$	p subjungiert q
Bijunktion	$(p \to q) \wedge (q \to p)$, auch: $(p \leftrightarrow q)$	p bijungiert q
Antivalenz (Alternative)	$\neg(p \leftrightarrow q)$, auch: $(p \longleftrightarrow q)$	entweder p oder q (ausschließendes (exklusives) *oder*)

Wahrheitstafel zu den Verknüpfungen

p	q	$\neg p$	$p \wedge q$	$p \vee q$	$p \to q$	$p \leftrightarrow q$	$p \longleftrightarrow q$
W	W	F	W	W	W	W	F
W	F	F	F	W	F	F	W
F	W	W	F	W	W	F	W
F	F	W	F	F	W	W	F

Mit Hilfe der vorgegebenen Wahrheitswerte und der mittels Wahrheitstafeln definierten Semantik der Junktoren $\neg$, $\wedge$, $\vee$ ergeben sich unmittelbar folgende Wahrheitswerte:

i)   falsch
ii)   falsch
iii) wahr
iv)   wahr

Aufgabe 3

▶   **Komplement von Mengen, Regel von de Morgan**

Seien A, B und C Teilmengen von X. Für $A \subset X$ ist das *Komplement* A' von A in X erklärt durch $A' := X \setminus A$. Zeigen Sie:

a) $A \cup B = B \cup A$ (Kommutativgesetz);
b) $(A \cup B)' = A' \cap B'$ (Regel von de Morgan);
c) $A \times (B \cap C) = (A \times B) \cap (A \times C)$.

Bemerkung Die oben angegebenen Regeln für Mengen gelten auch, wenn man jeweils $\cup$ durch $\cap$ sowie $\cap$ durch $\cup$ ersetzt. Die *Regel von de Morgan* gilt nicht nur für zwei, sondern auch für eine beliebige endliche oder unendliche Anzahl von Mengen.

Lösung

a) Sei $x \in A \cup B$ beliebig.

$$x \in A \cup B \;\Rightarrow\; x \in A \lor x \in B \;\Rightarrow\; x \in B \lor x \in A \;\Rightarrow\; x \in B \cup A;$$

da $x \in A \cup B$ beliebig war, gilt $(A \cup B) \subset (B \cup A)$.
Vertauschen der Mengen A und B liefert die andere Inklusion.

b) Sei $x \in (A \cup B)'$ beliebig.

$$
\begin{aligned}
& & x \in (A \cup B)' & & \Rightarrow & & x \in X \setminus (A \cup B) \\
\Rightarrow & & x \in X \land x \notin A \cup B & & \Rightarrow & & x \in X \land \neg(x \in A \cup B) \\
\Rightarrow & & x \in X \land \neg(x \in A \lor x \in B) & & \Rightarrow & & x \in X \land (\neg(x \in A) \land \neg(x \in B)) \\
\Rightarrow & & x \in X \land (x \notin A \land x \notin B) & & \Rightarrow & & (x \in X \land x \notin A) \land (x \in X \land x \notin B) \\
\Rightarrow & & x \in A' \land x \in B' & & \Rightarrow & & x \in A' \cap B';
\end{aligned}
$$

da $x \in (A \cup B)'$ beliebig war, gilt $(A \cup B)' \subset (A' \cap B')$.
Bei den obigen Umformungen gelten auch die Rückrichtungen, so dass auch die andere Inklusion gilt.

c) Sei $x = (s,t) \in A \times (B \cap C)$ beliebig.

$$
\begin{aligned}
x \in A \times (B \cap C) \quad &\Rightarrow\quad s \in A \wedge t \in B \cap C \\
\Rightarrow\quad s \in A \wedge (t \in B \wedge t \in C) \quad &\Rightarrow\quad (s \in A \wedge t \in B) \wedge (s \in A \wedge t \in C) \\
\Rightarrow\quad (s,t) \in A \times B \wedge (s,t) \in A \times C \quad &\Rightarrow\quad (s,t) \in (A \times B) \cap (A \times C) \\
\Rightarrow\quad x \in (A \times B) \cap (A \times C);
\end{aligned}
$$

da $x \in A \times (B \cap C)$ beliebig war, gilt $A \times (B \cap C) \subset (A \times B) \cap (A \times C)$. Bei den obigen Umformungen gelten auch die Rückrichtungen, so dass auch die andere Inklusion gilt.

Aufgabe 4

▶ **Produktmengen**

Die Mengen A, B und M seien gegeben durch

$$A := \{\text{Teller, Schüssel, Tasse}\}, \quad B := \{\text{gelb, grün}\} \quad \text{und} \quad M := A \times \{\text{grün}\}.$$

a) Bestimmen Sie die Menge $B \times A$.
b) Wie viele Elemente hat die Menge $B \times A \times \{\}$?
c) Bestimmen Sie die Menge $(A \times B) \setminus M$.
d) Bestimmen Sie die Menge $M \cap (\{\text{Teller, Schüssel}\} \times \{\text{gelb, grün}\})$.

Lösung

a)
$$
\begin{aligned}
B \times A &= \{\text{gelb, grün}\} \times \{\text{Teller, Schüssel, Tasse}\} \\
&= \{(\text{gelb, Teller}), (\text{gelb, Schüssel}), (\text{gelb, Tasse}), \\
&\quad\ (\text{grün, Teller}), (\text{grün, Schüssel}), (\text{grün, Tasse})\}.
\end{aligned}
$$

b) Die Menge $B \times A \times \{\}$ ist wegen der leeren Menge leer und hat somit kein Element.
c) Es gilt:

$$
\begin{aligned}
(A \times B) \setminus M &= (A \times \{\text{gelb, grün}\}) \setminus (A \times \{\text{grün}\}) \\
&= (A \times \{\text{gelb}\} \cup A \times \{\text{grün}\}) \setminus (A \times \{\text{grün}\}) \\
&= A \times \{\text{gelb}\} = \{(\text{Teller, gelb}), (\text{Schüssel, gelb}), (\text{Tasse, gelb})\}.
\end{aligned}
$$

d)
$$
\begin{aligned}
M &\cap (\{\text{Teller, Schüssel}\} \times \{\text{gelb, grün}\}) \\
&= \{(\text{Teller, grün}), (\text{Schüssel, grün}), (\text{Tasse, grün})\} \\
&\quad \cap \{(\text{Teller, gelb}), (\text{Teller, grün}), (\text{Schüssel, gelb}), (\text{Schüssel, grün})\} \\
&= \{(\text{Teller, grün}), (\text{Schüssel, grün})\}
\end{aligned}
$$

Aufgabe 5

▶ **Teilmengen**

Seien B und C Teilmengen einer Menge A. Zeigen Sie die Äquivalenz von

(a) $B \subset C$;
(b) $B \cap C = B$;
(c) $B \cup C = C$.

Lösung

(a) $\Rightarrow$ (b): Wegen $B \subset C$ ist es möglich, B' durch $B' := C \setminus B$ zu definieren. Dann gilt:

$$B \cap C = B \cap (B \cup B') = (B \cap B) \cup (B \cap B') = B \cup \emptyset = B.$$

(b) $\Rightarrow$ (c): Nach (b) gilt

$$B \cup C \overset{\text{(b)}}{=} (B \cap C) \cup C = C.$$

Da $B \cap C$ immer eine Teilmenge von C ist, folgt nämlich

$$x \in B \cap C \;\Rightarrow\; x \in B \wedge x \in C \;\Rightarrow\; x \in C.$$

(c) $\Rightarrow$ (a): Sei $x \in B$ beliebig, dann gilt:

$$x \in B \;\Rightarrow\; x \in B \vee x \in C \;\Rightarrow\; x \in B \cup C \overset{\text{(c)}}{=} C \;\Rightarrow\; x \in C.$$

Da $x \in B$ beliebig war, gilt somit $B \subset C$.

Statt jede Äquivalenz einzeln zu zeigen, wurde hier ein *Ringschluss* durchgeführt.

Aufgabe 6

▶ **Teilmengen, Assoziativ- und Kommutativgesetz**

Seien L, M, N Mengen. Zeigen Sie:

a) $L \cup (M \cup N) = (L \cup M) \cup N$ (Assoziativgesetz)
b) $L \cap (M \cup N) = (L \cap M) \cup (L \cap N)$ (Distributivgesetz)

Lösung

Unter Verwendung des Assoziativ- bzw. Distributivgesetzes der Aussagenlogik erhält man:

a)

$$x \in L \cup (M \cup N) \Longleftrightarrow x \in L \vee x \in M \cup N$$
$$\Longleftrightarrow x \in L \vee (x \in M \vee x \in N)$$
$$\Longleftrightarrow (x \in L \vee x \in M) \vee x \in N$$
$$\Longleftrightarrow x \in L \cup M \vee x \in N$$
$$\Longleftrightarrow x \in (L \cup M) \cup N$$

b)

$$x \in L \cap (M \cup N) \Longleftrightarrow x \in L \wedge x \in M \cup N$$
$$\Longleftrightarrow x \in L \wedge (x \in M \vee x \in N)$$
$$\Longleftrightarrow (x \in L \wedge x \in M) \vee (x \in L \wedge x \in N)$$
$$\Longleftrightarrow x \in L \cap M \vee x \in L \cap N$$
$$\Longleftrightarrow x \in (L \cap M) \cup (L \cap N)$$

Daraus folgen die behaupteten Gleichungen.

Aufgabe 7

▶ **Mengen und Abbildungen**

Es sei $f : M \to N$ eine Funktion. Zeigen Sie: Für $A, B \subset M$ gilt

a) $f(A \cup B) = f(A) \cup f(B)$,
b) $f(A \setminus B) \supset f(A) \setminus f(B)$.
c) Ist f injektiv, dann gilt
$f(A \setminus B) = f(A) \setminus f(B)$.
d) Geben Sie einfache Beispiele an, dass in c) sowie in
$f(A \cap B) \subset f(A) \cap f(B)$ nicht die Gleichheit gilt.

Lösung

a) Es gilt:

$$y \in f(A \cup B) \Longleftrightarrow \exists\, x \in A \cup B : y = f(x)$$
$$\Longleftrightarrow (\exists\, x \in A : y = f(x)) \vee (\exists\, x \in B : y = f(x))$$
$$\Longleftrightarrow y \in f(A) \vee y \in f(B)$$
$$\Longleftrightarrow y \in f(A) \cup f(B)$$

b) Sei $y \in f(A) \setminus f(B)$. Dann folgt:

$$y \in f(A) \wedge y \notin f(B)$$
$$\Longrightarrow (\exists\, x \in A : y = f(x)) \wedge \neg(\exists\, x \in B : y = f(x))$$
$$\Longrightarrow (\exists\, x \in A : y = f(x)) \wedge (\forall\, x \in B : y \neq f(x))$$

$$\Longrightarrow \exists\, x \in A : y = f(x) \wedge x \notin B$$
$$\Longrightarrow \exists\, x \in A\setminus B : y = f(x)$$
$$\Longrightarrow y \in f(A\setminus B)$$

c) Z. z. ist nach b) nur „$\subset$". Sei $y \in f(A\setminus B)$, d.h. $\exists\, x \in A\setminus B : f(x) = y$. Dann ist $y \notin f(B)$, da sonst $\exists\, \tilde{x} \in B : f(\tilde{x}) = y$. Wegen der Injektivität von f müsste $x = \tilde{x}$ sein, im Widerspruch zu $x \notin B$.

d) Nach b) und c) muss die Funktion nichtinjektiv sein. Wir wählen die „Dachfunktion", d.h. $f(x) = x$, $x \in [0, 1)$, $f(x) = 1 - x$, $x \in [1, 2]$. Mit $A = [0, 1]$, $B = [1, 2]$ ist

$$f(A\setminus B) = f([0, 1]) = [0, 1] \text{ und } f(A)\setminus f(B) = [0, 1]\setminus[0, 1] = \{\}\,.$$

Für die zweite Beziehung wählen wir $f : \mathbb{R} \to \mathbb{R}$ gegeben durch $f(x) = x^2$. Setzt man nun $A = [-1, 0]$, $B = [0, 1]$, so gilt:

$$f(A \cap B) = f(\{0\}) = \{0\} \neq [0, 1] = [0, 1] \cap [0, 1] = f(A) \cap f(B)$$

Aufgabe 8

▶ **Urbildmengen**

Zeigen Sie für eine Funktion $f : M \to N$:

a) Für $C, D \subset N$ gilt
$$f^{-1}(C \cup D) = f^{-1}(C) \cup f^{-1}(D),$$
$$f^{-1}(C \cap D) = f^{-1}(C) \cap f^{-1}(D),$$
$$f^{-1}(C\setminus D) = f^{-1}(C)\setminus f^{-1}(D)\,.$$

Bemerkung: Die Aussagen mit $\cup$ und $\cap$ gelten auch für eine beliebige Anzahl von Mengen.

b) $f(f^{-1}(B) \cap A) = B \cap f(A)$ für alle Mengen $A \subset M$, $B \subset N$.

Lösung

a) Es gilt:
$$x \in f^{-1}(C \cup D) \Longleftrightarrow f(x) \in C \cup D$$
$$\Longleftrightarrow f(x) \in C \vee f(x) \in D$$
$$\Longleftrightarrow x \in f^{-1}(C) \vee x \in f^{-1}(D)$$
$$\Longleftrightarrow x \in f^{-1}(C) \cup f^{-1}(D)$$

Ganz analog erhält man

$$x \in f^{-1}(C \cap D) \iff f(x) \in C \cap D$$
$$\iff f(x) \in C \wedge f(x) \in D$$
$$\iff x \in f^{-1}(C) \wedge x \in f^{-1}(D)$$
$$\iff x \in f^{-1}(C) \cap f^{-1}(D)$$

sowie

$$x \in f^{-1}(C \setminus D) \iff f(x) \in C \setminus D$$
$$\iff f(x) \in C \wedge f(x) \notin D$$
$$\iff x \in f^{-1}(C) \wedge x \notin f^{-1}(D)$$
$$\iff x \in f^{-1}(C) \setminus f^{-1}(D)$$

b) Es gelten die folgenden Äquivalenzen:

$$y \in f\big(f^{-1}(B) \cap A\big) \iff \exists x \in M : x \in f^{-1}(B) \wedge x \in A \wedge y = f(x)$$
$$\iff \exists x \in M : f(x) \in B \wedge f(x) \in f(A) \wedge y = f(x)$$
$$\iff y \in B \cap f(A)$$

Aufgabe 9

▶   **Urbildmengen, kartesische Produkte**

Seien X, Y nichtleere Mengen. Sei $f : X \to Y$ eine Funktion. Zeigen Sie:

a) Sind $A \subset Y$ und $B \subset Y$ disjunkt, dann sind auch die Urbildmengen $f^{-1}(A)$ und $f^{-1}(B)$ disjunkt.
b) Sei Y das kartesische Produkt zweier nichtleerer Mengen Y_1, Y_2, d. h. $Y := Y_1 \times Y_2$. Sei $f := (f_1, f_2)$ definiert durch die Komponenten $f_1 : X \to Y_1$ und $f_2 : X \to Y_2$. Für beliebige Teilmengen $A_1 \subset Y_1$ und $A_2 \subset Y_2$ gilt

$$f^{-1}(A_1 \times A_2) = f_1^{-1}(A_1) \cap f_2^{-1}(A_2).$$

Lösung

a) Sei $x \in f^{-1}(A)$ beliebig, dann gilt wegen $A \cap B = \emptyset$, dass

$$x \in f^{-1}(A) \;\Rightarrow\; f(x) \in A \;\Rightarrow\; f(x) \notin B \;\Rightarrow\; x \notin f^{-1}(B),$$

d. h. kein Element $x \in f^{-1}(A)$ liegt in $f^{-1}(B)$, also $f^{-1}(A) \cap f^{-1}(B) = \emptyset$.

b) Sei $x \in X$ beliebig. Es gilt

$$
\begin{aligned}
x \in f^{-1}(A_1 \times A_2) &\Leftrightarrow f(x) = (f_1(x), f_2(x)) \in A_1 \times A_2 \\
&\Leftrightarrow f_1(x) \in A_1 \wedge f_2(x) \in A_2 \\
&\Leftrightarrow x \in f_1^{-1}(A_1) \wedge x \in f_2^{-1}(A_2) \\
&\Leftrightarrow x \in f_1^{-1}(A_1) \cap f_2^{-1}(A_2),
\end{aligned}
$$

was direkt $f^{-1}(A_1 \times A_2) = f_1^{-1}(A_1) \cap f_2^{-1}(A_2)$ liefert.

Aufgabe 10

▶ **Hintereinanderausführung von Abbildungen**

Seien A, B und C Mengen; seien $f : A \to B$ und $g : B \to C$ Abbildungen. Zeigen Sie:

a) Sind f und g injektiv, so ist auch $g \circ f$ injektiv.
b) Sind f und g bijektiv, so ist auch $g \circ f$ bijektiv, und es gilt $(g \circ f)^{-1} = f^{-1} \circ g^{-1}$.

Lösung

a) Sei $h = g \circ f$. Seien $x, y \in A$ beliebig. Dann gilt:

$$
h(x) = h(y) \;\Rightarrow\; (g \circ f)(x) = (g \circ f)(y) \;\Rightarrow\; g(f(x)) = g(f(y))
$$
$$
\stackrel{g \text{ inj.}}{\Rightarrow} f(x) = f(y) \stackrel{f \text{ inj.}}{\Rightarrow} x = y,
$$

d. h. $h = g \circ f$ ist injektiv.

b) Nach Teil a) reicht es aus, zu zeigen, dass $h = g \circ f$ surjektiv ist, denn die Injektivität liegt schon vor. Sei $z \in C$ beliebig, dann existiert aufgrund der Bijektivität von g genau ein $y \in B$ mit $g(y) = z$. Für jedes $y \in B$ existiert aber wegen der Bijektivität von f genau ein $x \in A$ mit $f(x) = y$. Somit gilt, dass für alle $z \in C$ ein $x \in A$ existiert mit

$$
h(x) = (g \circ f)(x) = g(f(x)) = g(y) = z,
$$

d. h. h ist auch surjektiv und somit insgesamt bijektiv.
Weiterhin gilt aufgrund der Assoziativität der Verkettung:

$$
(g \circ f) \circ (f^{-1} \circ g^{-1}) = g \circ (f \circ f^{-1}) \circ g^{-1} = g \circ id_B \circ g^{-1} = g \circ g^{-1} = id_C,
$$
$$
(f^{-1} \circ g^{-1}) \circ (g \circ f) = f^{-1} \circ (g^{-1} \circ g) \circ f = f^{-1} \circ id_B \circ f = f^{-1} \circ f = id_A,
$$

so dass somit $(g \circ f)^{-1} = f^{-1} \circ g^{-1}$ gilt.

Aufgabe 11

▶ **Hintereinanderausführung von Abbildungen**

Seien M, N und P nichtleere Mengen. Seien $f : M \to N$ und $g : N \to P$ Abbildungen, so dass $g \circ f$ bijektiv ist.

a) Zeigen Sie, dass f injektiv und g surjektiv ist.
b) Geben Sie ein Beispiel an, in dem weder f noch g bijektiv sind.

Lösung

a) f ist injektiv, denn es gilt:

$$f(x) = f(y) \ \Rightarrow \ g(f(x)) = g(f(y)) \ \overset{g \circ f \text{ inj.}}{\Rightarrow} \ x = y.$$

g ist surjektiv:
Da $g \circ f$ surjektiv ist, gibt es zu jedem $p \in P$ ein Element $m \in M$ mit $p = (g \circ f)(m) = g(f(m))$, d. h. $f(m) \in N$ ist ein Urbild von p.

b) Definiere f und g durch

$$f : \{0\} \to \{0, 1\}, \ x \mapsto 0 \quad \text{und} \quad g : \{0, 1\} \to \{0\}, \ x \mapsto 0$$

dann ist f offensichtlich nicht surjektiv, also auch nicht bijektiv, und g offensichtlich nicht injektiv, also auch nicht bijektiv. Die Verkettung

$$g \circ f : \{0\} \to \{0\}, \ x \mapsto 0$$

ist jedoch bijektiv.

Aufgabe 12

▶ **Bijektivität von Funktionen**

Untersuchen Sie die folgenden Funktionen auf Surjektivität, Injektivität und Bijektivität:

a) $f : \mathbb{R} \to \mathbb{R}, x \mapsto 2x - 1;$
b) $g : [-2, \infty) \to [-2, \infty), x \mapsto x^2 - 2x - 1;$
c) $h : \mathbb{R} \setminus \{0\} \to \mathbb{R}, x \mapsto \frac{x^3}{|x|}.$

Lösung

a) f ist injektiv: Seien x_1, $x_2 \in \mathbb{R}$ beliebig, dann gilt:

$$f(x_1) = f(x_2) \ \Rightarrow \ 2x_1 - 1 = 2x_2 - 1 \ \Rightarrow \ x_1 = x_2.$$

f ist surjektiv: Sei $y \in \mathbb{R}$ beliebig, setze $x := \frac{1}{2}(y + 1) \in \mathbb{R}$, dann gilt:

$$f(x) = 2x - 1 = 2\left(\frac{1}{2}(y + 1)\right) - 1 = y + 1 - 1 = y.$$

f ist injektiv und surjektiv, also auch bijektiv.

b) g ist nicht injektiv, denn es gilt für $x_1 = 0$, $x_2 = 2$, $x_1, x_2 \in [-2, \infty)$:

$$f(x_1) = f(0) = -1 = f(2) = f(x_2), \quad x_1 \neq x_2.$$

g ist surjektiv: Sei $y \in [-2, \infty)$ beliebig, setze $x := 1 + \sqrt{y + 2} \in \mathbb{R}$, $y + 2 \geq 0$, dann gilt:

$$g(x) = x^2 - 2x - 1 = (1 + \sqrt{y + 2})^2 - 2(1 + \sqrt{y + 2}) - 1$$
$$= 1 + 2\sqrt{y + 2} + (y + 2) - 2(1 + \sqrt{y + 2}) - 1 = y.$$

g ist nicht injektiv, also auch nicht bijektiv.

c) h ist injektiv: Seien x_1, $x_2 \in \mathbb{R}$ beliebig, dann gilt:

$$h(x_1) = h(x_2) \;\Rightarrow\; \frac{x_1^3}{|x_1|} = \frac{x_2^3}{|x_2|} \;\Rightarrow\; x_1|x_1| = x_2|x_2|$$
$$\Rightarrow\; \mathrm{sign}(x_1) = \mathrm{sign}(x_2) \wedge |x_1| = |x_2| \;\Rightarrow\; x_1 = x_2.$$

h ist nicht surjektiv, denn es existiert kein $x \in \mathbb{R} \setminus \{0\}$ mit $h(x) = 0$:

$$h(x) = 0 \;\Leftrightarrow\; \frac{x^3}{|x|} = 0 \;\Rightarrow\; x^3 = 0 \;\Rightarrow\; x = 0$$

(Widerspruch; für 0 ist h nicht definiert).

h ist nicht surjektiv, also auch nicht bijektiv.

1.2 Sigma-Algebra, Dynkin-System, Körper, Gruppen

Aufgabe 13

▶ **Sigma-Algebra**

Sei X eine Menge, und $\mathcal{X} \subset \mathcal{P}(X)$. $\mathcal{X}$ heißt *Sigma-Algebra in X* (Abk.: σ-*Algebra*), wenn gilt:

1) $X \in \mathcal{X}$;

2) $A \in \mathcal{X} \Rightarrow A' \in \mathcal{X}$;

3) $A_n \in \mathcal{X} \ (n \in \mathbb{N}) \Rightarrow \bigcup_{n \in \mathbb{N}} A_n \in \mathcal{X}$.

Zeigen Sie:

a) Ist $\mathcal{X}$ eine σ-Algebra in X, und ist $B \subset X$, so ist

$$\mathcal{X}_B := \{Z \cap B \mid Z \in \mathcal{X}\}$$

   eine σ-Algebra in B.

b) Sei Y eine Menge, sei $f : Y \to X$ eine Abbildung. Ist $\mathcal{X}$ eine σ-Algebra in X, so ist

$$f^{-1}(\mathcal{X}) := \{f^{-1}(Z) \mid Z \in \mathcal{X}\}$$

   eine σ-Algebra in Y. Hierbei bezeichnen $f^{-1}(Z)$ Urbildmengen.

Lösung

a) 1) Es gilt $X \in \mathcal{X}$. Setze $Z = X$, dann folgt $Z \cap B = X \cap B = B$, weil $B \subset X$ gilt; also ist $B \in \mathcal{X}_B$.

   2) Es gilt $A \in \mathcal{X} \Rightarrow A' \in \mathcal{X}$. Sei nun $C \in \mathcal{X}_B$ beliebig, d. h. es existiert ein $A \in \mathcal{X}$ mit $C = A \cap B$. Setze $Z = A'$. Dann hat man

$$\mathcal{X}_B \ni Z \cap B = A' \cap B = (X \setminus A) \cap B = (X \cap B) \setminus (A \cap B)$$
$$= B \setminus (A \cap B) = (A \cap B)' = C',$$

   also liegt für jede Menge in $\mathcal{X}_B$ auch das Komplement in $\mathcal{X}_B$.

   3) Es gilt $A_n \in \mathcal{X}, \ n \in \mathbb{N} \Rightarrow \bigcup_{n \in \mathbb{N}} A_n \in \mathcal{X}$. Seien nun $C_n \in \mathcal{X}_B, \ n \in \mathbb{N}$ beliebig, d. h. es gibt $A_n \in \mathcal{X}, \ n \in \mathbb{N}$ mit $C_n = A_n \cap B, \ n \in \mathbb{N}$. Setze $Z = \bigcup_{n \in \mathbb{N}} A_n$. Dann hat man

$$A_n \in \mathcal{X}, \ n \in \mathbb{N} \qquad \Rightarrow \qquad \bigcup_{n \in \mathbb{N}} A_n \in \mathcal{X}$$
$$\Rightarrow \quad \left(\bigcup_{n \in \mathbb{N}} A_n\right) \cap B \in \mathcal{X}_B \quad \Rightarrow \quad \bigcup_{n \in \mathbb{N}} (A_n \cap B) \in \mathcal{X}_B$$
$$\Rightarrow \quad \bigcup_{n \in \mathbb{N}} C_n \in \mathcal{X}_B.$$

b) 1) Es gilt $X \in \mathcal{X}$. Setze $Z = X$, dann folgt $f^{-1}(Z) = f^{-1}(X) = Y$, also $Y \in f^{-1}(\mathcal{X})$.

   2) Es gilt $A \in \mathcal{X} \Rightarrow A' \in \mathcal{X}$. Sei nun $C \in f^{-1}(\mathcal{X})$ beliebig, d. h. es existiert ein $A \in \mathcal{X}$ mit $C = f^{-1}(A)$. Setze $Z = A'$. Dann hat man

$$f^{-1}(\mathcal{X}) \ni f^{-1}(Z) = f^{-1}(A') = f^{-1}(X \setminus A) \overset{\text{Aufg. 8.a)}}{=} f^{-1}(X) \setminus f^{-1}(A)$$
$$= Y \setminus f^{-1}(A) = (f^{-1}(A))' = C';$$

   also liegt für jede Menge in $f^{-1}(\mathcal{X})$ auch deren Komplement in $f^{-1}(\mathcal{X})$.

3) Es gilt $A_n \in \mathcal{X}$, $n \in \mathbb{N}$ $\Rightarrow$ $\bigcup_{n \in \mathbb{N}} A_n \in \mathcal{X}$. Seien nun $C_n \in f^{-1}(\mathcal{X})$, $n \in \mathbb{N}$ beliebig, d. h. es gibt $A_n \in \mathcal{X}$, $n \in \mathbb{N}$ mit $C_n = f^{-1}(A_n)$, $n \in \mathbb{N}$. Setze $Z = \bigcup_{n \in \mathbb{N}} A_n$. Dann hat man

$$A_n \in \mathcal{X}, \ n \in \mathbb{N} \qquad \Rightarrow \qquad \bigcup_{n \in \mathbb{N}} A_n \in \mathcal{X}$$

$$\Rightarrow \quad f^{-1}\left(\bigcup_{n \in \mathbb{N}} A_n\right) \in f^{-1}(\mathcal{X}) \quad \overset{\text{Aufg. 8.a)}}{\Rightarrow} \quad \bigcup_{n \in \mathbb{N}} f^{-1}(A_n) \in f^{-1}(\mathcal{X})$$

$$\Rightarrow \quad \bigcup_{n \in \mathbb{N}} C_n \in f^{-1}(\mathcal{X}).$$

Aufgabe 14

▶ **Dynkin-System**

Sei X eine Menge und sei $\mathcal{X} \subset \mathcal{P}(X)$. $\mathcal{X}$ heißt ein *Dynkin–System* in X, wenn gilt:

1) $X \in \mathcal{X}$
2) $A, B \in \mathcal{X}$, $A \subset B \Longrightarrow B \setminus A \in \mathcal{X}$
3) Ist $A_m \in \mathcal{X}$, $m \in \mathbb{N}$, und gilt $A_n \cap A_m = \emptyset$ falls $n \neq m$, so gilt $\cup_{m \in \mathbb{N}} A_m \in \mathcal{X}$ ($\mathcal{X}$ ist abgeschlossen gegenüber disjunkter Vereinigung).

a) Zeigen Sie die Äquivalenz von:
   (a1) $\mathcal{X}$ ist ein Dynkin–System und aus $A, B \in \mathcal{X}$ folgt $A \cap B \in \mathcal{X}$.
   (a2) $\mathcal{X}$ ist eine σ-Algebra (vgl. Aufg. 13).
b) Sei $\# X = 2k$ mit einem $k \in \mathbb{N}$. Sei $\mathcal{X}$ definiert durch

$$\mathcal{X} := \{\emptyset\} \cup \{A \subset X \,|\, \# A = 2\ell, \ \ell \in \{1, \dots, k\}\}.$$

Zeigen Sie: $\mathcal{X}$ ist ein Dynkin–System, aber keine σ-Algebra, falls $k > 1$.

Lösung

a) „(a1) $\Rightarrow$ (a2)":
   Wir zeigen, dass $\mathcal{X}$ eine σ-Algebra ist.
   Eig. 1): Eigenschaft 1) einer σ-Algebra ist offensichtlich erfüllt.
   Eig. 2): Sei $A \in \mathcal{X}$, dann wähle in Eig. 2) eines Dynkin-Systems $B = X \Rightarrow$ $X \setminus A = A' \in \mathcal{X}$.
   Eig. 3): Sei $A_n \in \mathcal{X}, n \in \mathbb{N}$. Zu zeigen ist $\bigcup A_n \in \mathcal{X}$. Wir schreiben diese Vereinigung als disjunkte Vereinigung mit

$$B_1 = A_1$$
$$B_2 = A_2 \setminus (B_1 \cap A_2)$$
$$B_3 = A_3 \setminus ((B_1 \cup B_2) \cap A_3)$$
$$\vdots$$
$$B_n = A_n \setminus ((B_1 \cup B_2 \cup \dots \cup B_{n-1}) \cap A_n).$$

Es gilt $B_n \in \mathcal{X}$, wegen der zusätzlichen Vor. in (a1), und $\bigcup_{n \in \mathbb{N}} A_n = \bigcup_{n \in \mathbb{N}} B_n$.

„(a2) $\Rightarrow$ (a1)":

Bei der Umkehrung folgt aus den Eigenschaften einer σ-Algebra und der Regel von de Morgan für $A, B \in \mathcal{X}$, dass $A \cap B = (A' \cup B')' \in \mathcal{X}$. Damit gilt für $A, B \in \mathcal{X}, A \subset B$, dass $B \setminus A = B \cap A' \in \mathcal{X}$. Eig. 1) und 3) eines Dynkin–Systems sind offensichtlich erfüllt.

b) Wir weisen die Eigenschaften eines Dynkin–Systems nach.

1) $X \in \mathcal{X}$ ist klar.

2) $A, B \in \mathcal{X}, A \subset B \Rightarrow \#(B \setminus A) = 2l_B - 2l_A = 2(l_B - l_A) \Rightarrow B \setminus A \in \mathcal{X}$.

3) Da X endlich ist, also $X = \{a_1, \ldots, a_{2k}\}$, gibt es in $\mathcal{X}$ auch nur endlich viele disjunkte Teilmengen. Seien also $A_i \in \mathcal{X}$, $i = 1, \ldots, m$, mit $\#A_i = 2l_i$ paarweise disjunkt.

$$\Rightarrow \# \bigcup_{i=1}^{m} A_i = \sum_{i=1}^{m} \#A_i = \sum_{i=1}^{m} 2l_i = 2\left(\sum_{i=1}^{m} l_i\right) \Rightarrow \bigcup_{i=1}^{m} A_i \in \mathcal{X}.$$

$\mathcal{X}$ ist keine σ-Algebra: Für $A = \{a_0, a_1\}$, $B = \{a_1, a_2\}$ ist $A \cup B = \{a_0, a_1, a_2\} \notin \mathcal{X}$.

Aufgabe 15

► **Anordnungsaxiome**

Beweisen Sie mit Hilfe der Anordnungsaxiome folgende Rechenregeln in einem angeordneten Körper $(\mathbb{K}, P)$, wobei P den Kegel positiver Elemente in $\mathbb{K}$ bezeichnet:

a) Aus $a < b$ folgt $-a > -b$.

b) Aus $a < b$ und $c > 0$ folgt $ac < bc$.

c) Aus $a < b$ und $c < 0$ folgt $ac > bc$.

d) Aus $0 < a < b$ und $0 < c < d$ folgt $ac < bd$.

Hinweis: In einem angeordneten Körper $(\mathbb{K}, P)$ gilt per Definition für $a, b \in \mathbb{K}$, dass $a < b :\Leftrightarrow b - a \in P$. Hierbei bezeichnet P den Kegel positiver Elemente, für den die folgenden *Anordnungsaxiome* gelten:

i) Für alle $a \in \mathbb{K}$ gilt genau eine der der drei folgenden Aussagen:

$$a \in P, \quad -a \in P \text{ oder } a = 0.$$

ii) $a, b \in P \Rightarrow a + b \in P$ und $ab \in P$.

Lösung

a)
$$a < b \Leftrightarrow b - a \in P \Leftrightarrow (-a) - (-b) \in P \Leftrightarrow -a > -b\,;$$

b)
$$a < b \wedge c > 0 \Leftrightarrow b - a \in P \wedge c \in P \Rightarrow (b - a)c \in P$$
$$\Leftrightarrow bc - ac \in P \Leftrightarrow ac < bc\,;$$

c)
$$a < b \wedge c < 0 \Leftrightarrow b - a \in P \wedge -c \in P \Rightarrow (b - a)(-c) \in P$$
$$\Leftrightarrow -bc + ac \in P \Leftrightarrow ac > bc\,;$$

d)
$$a < b \wedge c > 0 \overset{b)}{\Rightarrow} ac < bc\,;$$
$$b > 0 \wedge c < d \overset{b)}{\Rightarrow} bc < bd\,;$$

insgesamt liefert dies mit Hilfe der Transitivität $ac < bd$.

Aufgabe 16

▶ **Endlicher Körper**

Gegeben sei die Menge $\mathbb{K} := \{a, b, c\}$. Auf $\mathbb{K} \times \mathbb{K}$ seien die Abbildungen $+$ und $\cdot$ durch die folgenden Tafeln definiert:

$+$	a	b	c
a	c	a	b
b	a	b	c
c	b	c	a

$\cdot$	a	b	c
a	a	b	c
b	b	b	b
c	c	b	a

$\mathbb{K}$ ist mit den angegebenen Verknüpfungen $+$ und $\cdot$ ein Körper.

a) Bestimmen Sie das Nullelement und das Einselement von $\mathbb{K}$. Verifizieren Sie die entsprechenden Eigenschaften.
b) Beweisen Sie das Kommutativgesetz bzgl. $+$ und $\cdot$.
c) Berechnen Sie $x := a + (-c)$, $y := a \cdot c^{-1}$.

Lösung

a) Das Element b ist offensichtlich das Nullelement, denn wie in der Tabelle für $+$ abzulesen ist, gilt
$$b + z = z + b = z \ \forall \ z \in \mathbb{K}.$$

Das Element a ist offensichtlich das Einselement, denn wie in der Tabelle für $\cdot$ abzulesen ist, gilt

$$a \cdot z = z \cdot a = z \;\forall\; z \in \mathbb{K}.$$

b) Da die beiden Tabellen symmetrisch bzgl. der Hauptdiagonalen sind, gilt das Kommutativgesetz sowohl für $+$ als auch für $\cdot$.

c) Wegen $c + c = a$ gilt $x = a + (-c) = c + c + (-c) = c$.
   Wegen $c \cdot c = a$ gilt $y = a \cdot c^{-1} = c \cdot c \cdot c^{-1} = c$.

Aufgabe 17

▶ **Assoziativität, Kommutativität**

Auf $\mathbb{R} \times \mathbb{R}$ sei die Abbildung $* : \mathbb{R} \times \mathbb{R} \to \mathbb{R}$ durch

$$x * y := x + y + \frac{xy}{\lambda}, \quad \lambda \neq 0,$$

erklärt.

a) Zeigen Sie, dass $*$ kommutativ und assoziativ ist.
b) Bestimmen Sie das Einselement e und die Zahlen, für die ein „Inverses" existiert.

Lösung

a) Kommutativität:
   Für beliebige $x, y \in \mathbb{R}$ gilt trivialerweise:

$$x * y = x + y + \frac{xy}{\lambda} = y + x + \frac{yx}{\lambda} = y * x.$$

Assoziativität:
Für beliebige $x, y, z \in \mathbb{R}$ ist zu zeigen:

$$(x * y) * z = x * (y * z).$$

Getrenntes Ausrechnen beider Seiten liefert nun die Assoziativität:

$$(x * y) * z = \left(x + y + \frac{xy}{\lambda}\right) * z$$

$$= \left(x + y + \frac{xy}{\lambda}\right) + z + \frac{(x + y + \frac{xy}{\lambda})z}{\lambda}$$

$$= x + y + z + \frac{1}{\lambda}(xy + xz + yz) + \frac{1}{\lambda^2}xyz;$$

$$x * (y * z) = x + \left(y + z + \frac{yz}{\lambda}\right) + \frac{x\left(y + z + \frac{yz}{\lambda}\right)}{\lambda}$$

$$= x + y + z + \frac{yz}{\lambda} + \frac{1}{\lambda}\left(xy + xz + \frac{xyz}{\lambda}\right)$$

$$= x + y + z + \frac{1}{\lambda}(xy + xz + yz) + \frac{1}{\lambda^2}xyz.$$

b) Das Einselement e muss die Beziehung

$$x * e = x \ \forall \ x \in \mathbb{R}$$

erfüllen. Dies ist äquivalent zu

$$x + e + \frac{xe}{\lambda} = x \ \forall \ x \in \mathbb{R}$$

$$\Leftrightarrow e + \frac{xe}{\lambda} = 0 \ \forall \ x \in \mathbb{R}$$

$$\Leftrightarrow e\left(1 + \frac{x}{\lambda}\right) = 0 \ \forall \ x \in \mathbb{R}$$

$$\Leftrightarrow e = 0.$$

Bemerkung zu Inversen:
Für $x = -\lambda$ wird das Produkt auch 0 (in diesem Fall könnte e also beliebig gewählt werden), ein Einselement muss aber jedes Element unverändert lassen.
Ein Element x und sein Inverses x^{-1} (falls vorhanden) müssen der Gleichung

$$x * x^{-1} = e = 0$$

genügen. Dies ist äquivalent zu:

$$x + x^{-1} + \frac{x \cdot x^{-1}}{\lambda} = 0$$

$$\Leftrightarrow x^{-1} + \frac{x \cdot x^{-1}}{\lambda} = -x$$

$$\Leftrightarrow x^{-1}\left(1 + \frac{x}{\lambda}\right) = -x$$

$$\Leftrightarrow x^{-1} = \frac{-x}{1 + \frac{x}{\lambda}}.$$

Somit ist x^{-1} genau dann definiert, wenn

$$1 + \frac{x}{\lambda} \neq 0 \ \Leftrightarrow \ x \neq -\lambda$$

gilt.

Aufgabe 18

▶ **Rechnen mit Mengen reeller Zahlen**

Für Teilmengen A, B von $\mathbb{R}$ seien $A + B$ und $A \cdot B$ gemäß

$$A \circ B = \{a \circ b : a \in A \text{ und } b \in B\}$$

definiert, wobei $\circ$ für Addition und Multiplikation steht. Besteht die Menge A nur aus dem Element a, so schreibt man statt $\{a\} \circ B$ kürzer $a \circ B$. Es ist z. B.

$$2 \cdot [3,5] = [6,10], \quad 2 + [3,5] = [5,7], \quad [-1,2] + [3,5] = [2,7]$$

sowie $A \circ \emptyset = \emptyset$ für alle A.

Zeigen Sie:

a) In der Potenzmenge $\mathcal{P}(\mathbb{R})$ von $\mathbb{R}$ gelten die Körperaxiome (A1)–(A8) ohne (A3) und (A7) (vgl. z. B. [8], 1.3).
b) Bestimmen Sie die neutralen Elemente.
c) Zeigen Sie, dass das Körperaxiom (A9) nicht gilt, jedoch die schwächere Version $A \cdot (B + C) \subset A \cdot B + A \cdot C$ richtig ist.

Lösung

Zu a) Wir zeigen zunächst die Assoziativgesetze (A1) und (A5). Es gilt (setze nacheinander $+$ und $\cdot$ für $\circ$ ein):

$$x \in A \circ (B \circ C)$$
$$\Longleftrightarrow x = a \circ d \,, a \in A \,, d \in B \circ C$$
$$\Longleftrightarrow x = a \circ (b \circ c) \,, a \in A \,, b \in B \,, c \in C$$
$$\Longleftrightarrow x = (a \circ b) \circ c \,, a \in A \,, b \in B \,, c \in C$$
$$\Longleftrightarrow x = f \circ c \,, f \in A \circ B \,, c \in C$$
$$\Longleftrightarrow x \in (A \circ B) \circ C.$$

Daraus folgt unmittelbar

$$A \circ (B \circ C) = (A \circ B) \circ C \,,$$

also (A1) bzw. (A5).

Analog zeigt man die Kommutativgesetze (A4) und (A8):

$$x \in A \circ B$$
$$\Longleftrightarrow x = a \circ b \,, a \in A \,, b \in B$$
$$\Longleftrightarrow x = b \circ a \,, b \in B \,, a \in A$$
$$\Longleftrightarrow x \in B \circ A \,,$$

woraus man

$$A \circ B = B \circ A$$

folgert ($\circ = +$ liefert (A4) und $\circ = \cdot$ liefert (A8)).

Zu b) Das Neutralelement $\underline{0}$ der Addition muss

$$\forall \, A \subset \mathbb{R} \quad A + \underline{0} = A$$

erfüllen. Dies ist äquivalent zu

$$\forall \, A \subset \mathbb{R} \quad \{a + b \mid a \in A, b \in \underline{0}\} = A.$$

Betrachte nun etwa $A = \{1\}$. Enthielte $\underline{0}$ mehr als ein Element, so enthielte auch $A + \underline{0} = A$ mehr als ein Element, was ein Widerspruch ist. Offenbar muss also gelten:

$$\underline{0} = \{b_0\}$$

und somit folgt aus der obigen Bedingung

$$\forall \, A \subset \mathbb{R} \quad \{a + b_0 \mid a \in A\} = A \,,$$

also $b_0 = 0$ bzw. $\underline{0} = \{0\}$.

Ganz analog bestimmt man das neutrale Element der Multiplikation E. Es ergibt sich

$$E = \{1\}$$

(A3) und (A7) sind offensichtlich nicht erfüllt. So hat zum Beispiel das Intervall $A := [1, 2]$ weder ein additives noch ein multiplikatives Inverses. Für eine additives Inverses $A^- = [a^-, b^-]$ von $A = [1, 2]$ müsste nämlich gelten $x + z = 0 \, \forall x \in A, z \in A^-$, was offensichtlich nicht möglich ist. Analog argumentiert man für das multiplikative Inverse.

Zu c) Wir zeigen nun noch die schwächere Version des Distributivgesetzes (A9). Ausgehend von $x \in A \cdot (B + C)$ folgert man

$$\begin{aligned}
x &= a \cdot d \, , \, a \in A \, , \, d \in (B + C) \\
\Longrightarrow \, x &= a \cdot (b + c) \, , \, a \in A \, , \, b \in B \, , \, c \in C \\
\Longrightarrow \, x &= a \cdot b + a \cdot c \, , \, a \in A \, , \, b \in B \, , \, c \in C \\
\Longrightarrow \, x &= f + g \, , \, f \in A \cdot B \, , \, g \in A \cdot C \\
\Longrightarrow \, x &\in A \cdot B + A \cdot C.
\end{aligned}$$

Als Beispiel dafür, dass nicht notwendigerweise Gleichheit gilt, betrachten wir die Mengen

$$A = \{1, 2\} \, , \, B = \{3\} \, , \, C = \{4\}.$$

Es ergibt sich:

$$B + C = \{7\}, \quad A \cdot (B + C) = \{7, 14\},$$

aber

$$A \cdot B = \{3, 6\}, \quad A \cdot C = \{4, 8\}, \quad A \cdot B + A \cdot C = \{7, 10, 11, 14\}.$$

Aufgabe 19

▶ **Abelsche Gruppe**

Auf $\mathbb{R} \setminus \{2\}$ werde eine Verknüpfung $\otimes$ durch

$$a \otimes b := ab - 2(a + b) + 6, \quad a, b \in \mathbb{R} \setminus \{2\},$$

definiert. Zeigen Sie, dass $(\mathbb{R} \setminus \{2\}, \otimes)$ eine Gruppe ist. Ist diese Gruppe *abelsch*, d. h. kommutativ?

Hinweis: Eine nichtleere Menge G mit einer Verknüpfung $\otimes : G \times G \to G, (a, b) \mapsto a \otimes b$ heißt *Gruppe*, wenn die Menge bzgl. $\otimes$ abgeschlossen ist, das Assoziativgesetz gilt und sowohl ein neutrales als auch ein inverses Element bzgl. $\otimes$ existieren.

Neutrales Element: $\exists\, e \in G : e \otimes a = a \otimes e = a \;\forall\, a \in G$.
Inverses Element:　$\forall\, a \in G \,\exists\, b \in G : a \otimes b = b \otimes a = e$.

Lösung

Abgeschlossenheit unter $\otimes$: Seien $a, b \in \mathbb{R} \setminus \{2\}$. Angenommen

$$a \otimes b = 2 \Leftrightarrow ab - 2(a + b) + 6 = 2$$
$$\Leftrightarrow (a - 2)(b - 2) = 0 \;\Leftrightarrow\; a = 2 \vee b = 2 \;(\text{Widerspruch!});$$

also gilt $\otimes : G \times G \to G$ mit $G := \mathbb{R} \setminus \{2\}$.

Neutrales Element bzgl. $\otimes$:

$$a \otimes b = b \;\Leftrightarrow\; ab - 2(a + b) + 6 = b \;\Leftrightarrow\; a(b - 2) = 3b - 6 \overset{b \neq 2}{\Leftrightarrow} a = 3;$$

also ist 3 das neutrale Element dieser Gruppe. Wegen der Kommutavität (s. u.) gilt auch $b \otimes 3 = b$.

Inverses Element bzgl. $\otimes$:

$$a \otimes b = 3 \;\Leftrightarrow\; ab - 2(a + b) + 6 = 3$$
$$\Leftrightarrow a(b - 2) = 2b - 3 \overset{b \neq 2}{\Leftrightarrow} a = \frac{2b - 3}{b - 2} \neq 2;$$

also ist $\frac{2b-3}{b-2}$ das inverse Element von b. Wegen der Kommutavität (s. u.) gilt auch $b \otimes \frac{2b-3}{b-2} = 3$.

Assoziativität:

$$a \otimes (b \otimes c) = a \otimes (bc - 2(b + c) + 6)$$
$$= a(bc - 2(b + c) + 6) - 2(a + (bc - 2(b + c) + 6)) + 6$$
$$= abc - 2ab - 2ac - 2bc + 4a + 4b + 4c + 6$$
$$= (ab - 2(a + b) + 6)c - 2((ab - 2(a + b) + 6) + c) + 6$$
$$= (ab - 2(a + b) + 6) \otimes c$$
$$= (a \otimes b) \otimes c,$$

somit gilt offensichtlich das Assoziativgesetz.

Kommutativität:

$$a \otimes b = ab - 2(a + b) + 6 \;\overset{\mathbb{R}\;\text{Körper}}{=}\; ba - 2(b + a) + 6 = b \otimes a;$$

somit ist die Gruppe abelsch.

1.3   Vollständige Induktion, indirekter Beweis, Primzahlen

Aufgabe 20

▶   **Fibonacci-Zahlen, vollständige Induktion**

Die sog. *Fibonacci-Zahlen* beschreiben das Fortpflanzungsverhalten von Kaninchen. Das stark vereinfachte Modell sieht folgendermaßen aus:

Ein neugeborenes Kaninchenpaar k_1 bringt nach dem ersten und dem zweiten Monat ein neues Paar zur Welt – k_2 und k_3. Jetzt kommt k_1 für die weitere Fortpflanzung – aus welchen Gründen auch immer – nicht mehr in Frage. Der Nachwuchs zeigt nun dasselbe Verhalten wie seine Eltern, wobei wir voraussetzen, dass jedes Paar aus Männlein und Weiblein besteht und beide nicht fremdgehen. Bezeichnet man mit F_n die Anzahl der zu Beginn des n-ten Monats geborenen Kaninchenpaare, so kann das Modell durch die folgende Rekursion beschrieben werden:

$$F_1 := 1, \; F_2 := 1, \; F_n := F_{n-1} + F_{n-2} \text{ für } n = 3, 4, \ldots$$

Beweisen Sie mit Hilfe vollständiger Induktion:

a)

$$F_1 + F_2 + \cdots + F_{n-1} + 1 = F_{n+1}, \quad n \in \mathbb{N}, \ n \geq 2;$$

b)

$$F_{n-1} F_{n+1} = F_n^2 + 1, \quad n \in \mathbb{N}, \ n \text{ gerade};$$

c)

$$F_{2n+1} = F_{n+1}^2 + F_n^2, \quad n \in \mathbb{N}.$$

Lösung

a) Vollständige Induktion:

I. A.: $n = 2$: $F_1 + 1 = F_1 + F_2 = F_3$ (w. A.);

I. V.: Die Behauptung gelte bis n.

I. S.: $n \to n + 1$:

$$\sum_{i=1}^{n} F_i + 1 = \sum_{i=1}^{n-1} F_i + 1 + F_n \overset{\text{I.V.}}{=} F_{n+1} + F_n = F_{n+2};$$

b) Vollständige Induktion:

I. A.: $n = 2$: $F_1 F_3 = 1(F_1 + F_2) = 2 = F_2^2 + 1$ (w. A.);

I. V.: Die Behauptung gelte bis n (n gerade).

I. S.: $n \to n + 2$:

$$\begin{aligned}
F_{n+1} F_{n+3} &= F_{n+1}(F_{n+1} + F_{n+2}) = F_{n+1}(F_{n-1} + F_n + F_n + F_{n+1}) \\
&= F_{n+1}^2 + 2F_{n+1}F_n + F_{n+1}F_{n-1} \overset{\text{I.V.}}{=} F_{n+1}^2 + 2F_{n+1}F_n + F_n^2 + 1 \\
&= (F_{n+1} + F_n)^2 + 1 = F_{n+2}^2 + 1;
\end{aligned}$$

c) Vollständige Induktion:

I. A.: $n = 1$: $F_3 = F_2 + F_1 = 1 + 1 = F_2^2 + F_1^2$ (w. A.);

$\quad\quad\ n = 2$: $F_5 = F_4 + F_3 = F_3 + F_3 + F_2 = 2 + 2 + 1 = 4 + 1 = F_3^2 + F_2^2$ (w. A.);

I. V.: Die Behauptung gelte bis n.

I. S.: $n \to n + 1$:

$$\begin{aligned}
F_{2n+3} &= F_{2n+2} + F_{2n+1} = F_{2n+1} + F_{2n+1} + F_{2n} = 3F_{2n+1} - F_{2n-1} \\
&\overset{\text{I.V.}}{=} 3(F_{n+1}^2 + F_n^2) - (F_n^2 + F_{n-1}^2) = 3F_{n+1}^2 + 2F_n^2 - F_{n-1}^2 \\
&= 3F_{n+1}^2 + 2F_n^2 - (F_{n+1} - F_n)^2 = 2F_{n+1}^2 + F_n^2 + 2F_n F_{n+1} \\
&= (F_{n+1} + F_n)^2 + F_{n+1}^2 = F_{n+2}^2 + F_{n+1}^2 \, .
\end{aligned}$$

Aufgabe 21

▶ **Worte endlicher Länge**

Wir bilden „Worte" aus den Buchstaben a, b in folgender Weise:

$$W_1 := a , \quad W_2 := b , \quad W_{n+1} := W_n W_{n-1} , \quad n \in \mathbb{N} , n \geq 2 .$$

Zeigen Sie:

a) W_n hat F_n Buchstaben, $n \in \mathbb{N}$. ($F_n = n$–te Fibonacci–Zahl)
b) Es gibt kein „Doppel a" in $W_n, n \in \mathbb{N}$.
c) Wieviele Buchstaben hat W_{33}?

Lösung

a) Wir bezeichnen mit $|W_n|$ die Anzahl der Buchstaben des Wortes W_n. Durch Induktion über n zeigen wir die Behauptung.
I. A.: $n = 1, 2 :$ $|W_1| = |W_2| = 1 = F_1 = F_2$
I. V.: Die Behauptung gelte bis $n \geq 2$.
I. S.: $n \rightarrow n + 1$:

$$|W_{n+1}| = |W_n| + |W_{n-1}|$$
$$= F_n + F_{n-1} = F_{n+1}$$

Damit ist gezeigt, dass $|W_n| = F_n \; \forall n \in \mathbb{N}$.

b) Ein doppeltes „a" kann nur erzeugt werden, indem man an ein Wort, welches auf „a" endet, ein Wort, das mit „a" beginnt, anhängt. Wir zeigen durch vollständig Induktion, dass für $n \geq 2$ alle W_n mit einem „b" beginnen. Somit kann in diesen Worten nie ein „Doppel-a" auftreten, da $W_{n+1} = W_n W_{n-1}$.

$$n = 2 : \; W_2 = b$$

Nach Induktionsvoraussetzung beginne nun W_n mit einem „b", d. h. $W_n = bV$ mit einem Wort V. Damit folgt $W_{n+1} = W_n W_{n-1} = bV W_{n-1}$. Also beginnt auch W_{n+1} mit einem „b" und die Behauptung ist gezeigt. Das einzige Wort, welches mit „a" beginnt ist W_1. Also besteht nur noch bei W_3 die Chance ein doppeltes „a" zu bilden. Es ist aber $W_3 = ba$, d. h. auch W_3 enthält kein „Doppel-a".

c) Mit Aufgabe 20 gilt wegen $F_7 = 13$, $F_8 = 21$ und $F_9 = 34$:

$$|W_{33}| = F_{33} = F_{17}^2 + F_{16}^2$$
$$F_{17} = F_9^2 + F_8^2 = 34^2 + 21^2 = 1597$$
$$\Rightarrow F_{17}^2 = 2.550.409$$
$$F_{16}^2 = F_{15}F_{17} - 1$$
$$F_{15} = F_8^2 + F_7^2 = 441 + 169 = 610$$
$$\Rightarrow F_{16}^2 = 610 \cdot 1597 - 1 = 974.169$$
$$\Rightarrow F_{33} = 2.550.409 + 974.169 = 3.524.578.$$

Aufgabe 22

▶ **Vollständige Induktion**

In der ehemaligen Sowjetunion wurden Geldscheine nur für 3 und 5 Rubel gedruckt. Zeigen Sie mit Hilfe vollständiger Induktion, dass es möglich ist, jeden ganzzahligen Betrag ab 8 Rubel in Geldscheinen zu bezahlen.

Lösung

Vollständige Induktion:

I. A.: $n = 8$: 8 Rubel lassen sich mit einem 3-Rubel-Schein und einem 5-Rubel-Schein bezahlen.

I. V.:   Die Behauptung gelte bis n.

I. S.: $n \to n + 1$: Es werden zwei Fälle unterschieden:

Fall 1: Die Bezahlung der n Rubel erfolgt mit mindestens einem 5-Rubel-Schein. Tauscht man diesen gegen zwei 3-Rubel-Scheine aus, so lassen sich auch $n + 1$ Rubel mit den 3- und 5-Rubel-Scheinen bezahlen.

Fall 2: Die n Rubel wurden nur mit 3-Rubel-Scheinen bezahlt, dann müssen dies wegen $n > 8$ mindesten 3 gewesen sein, so dass es möglich ist, drei 3-Rubel-Scheine durch zwei 5-Rubel-Scheine zu ersetzen. Also lassen sich auch in diesem Fall $n + 1$ Rubel mit den 3- und 5-Rubel-Scheinen bezahlen.

Aufgabe 23

▶ **Logisches Denken**

In einem kleinen Bergdorf von 20 Paaren in den Abruzzen tritt der Pfarrer vor seine vollständig versammelte Gemeinde und spricht: „In diesem Dorf gibt es Männer, die ihre

Frauen betrügen. Ich will keinen selbst enttarnen, aber ich bitte alle Ehefrauen, die sich sicher sind, dass ihr Mann sie betrügt, denselben im Morgengrauen vor die Tür zu setzen."

Nun ist es im Grunde kein Geheimnis, welcher Mann welche Frau mit wem betrügt, der Klatsch und Tratsch funktioniert wie geschmiert, und alle bis auf die jeweilige Ehefrau sind gut informiert.

In den nächsten Tagen geht der Pfarrer am Morgen durch die Straßen und hält Ausschau nach ausgesetzten Männern. Aber erst am 20. Tag sitzen einige Männer draußen. **Wieviele sind es, und warum sind sich die Frauen plötzlich so sicher?**

Hinweis: Alle Frauen sind versiert im logischen Denken und verfolgen dieselbe Strategie.

Lösung

Behauptung:

Wenn es im Dorf genau n untreue Ehemänner gibt, dann sitzen im n-ten Morgengrauen n Ehemänner vor der Tür.

Bew.: $(n = 1)$ Gibt es genau einen untreuen Ehemann, so kennen alle Frauen, bis auf dessen Ehefrau, einen untreuen Ehemann. Da es aber einen untreuen Ehemann nach Voraussetzung geben muss, weiß dessen Ehefrau, dass dieser untreu ist, denn sie selbst weiß ja von keinem untreuen Ehemann. Also bleibt nur ihr eigener Mann übrig, so dass dieser im ersten Morgengrauen vor der Tür sitzt.

$(n = 2)$ Gibt es jedoch genau zwei untreue Ehemänner, so passiert im ersten Morgengrauen nichts, da alle Frauen mindestens einen untreuen Ehemann kennen. Daher wissen jetzt aber auch alle Frauen, dass es mindestens zwei untreue Ehemänner geben muss, denn sonst wäre der oben beschriebene Fall eingetreten. Die zwei betrogenen Ehefrauen kennen aber nur einen untreuen Ehemann, so dass diese im zweiten Morgengrauen ihre beiden Männer vor die Tür setzen; usw.

$(n = 20)$ Sind jetzt 20 Ehemänner untreu, so kann bis zum 19. Morgengrauen nach obigen Ausführungen nichts passiert sein. Es muss also mindestens 20 untreue Ehemänner geben. Es gibt aber dann 20 Ehefrauen, die nur 19 untreue Ehemänner kennen, so dass sie im nächsten Morgengrauen, also dem zwanzigsten, ihre 20 Ehemänner vor die Tür setzten.

Aufgabe 24

▶   **Abzählbarkeitsaussagen, vollständige Induktion**

Bestimmen Sie die Anzahl $A(n)$ der Tripel $(n_1, n_2, n_3) \in \mathbb{N}^3$ mit

$$n_1 + n_2 + n_3 = n + 1, \, n \in \mathbb{N}, \, n \geq 2.$$

Lösung

Für die Anzahl der Tripel $A(n)$ zeigen wir:

$$A(n) = \frac{1}{2}(n-1)n.$$

Der Beweis erfolgt durch vollständige Induktion:

I. A.: $n = 2$: In diesem Fall gibt es nur die eine Möglichkeit $n_1 = n_2 = n_3 = 1$.

$$A(2) = \frac{1}{2}(2-1)2 = 1 \text{ (w. A.)};$$

I. V.: Die Behauptung gelte bis n.

I. S.: $n \to n + 1$:

Nach I. V. gibt es genau $\frac{1}{2}(n-1)n$ Möglichkeiten, $n + 1$ als Summe dreier natürlicher Zahlen darzustellen. Erhöht man jetzt bei diesen Tripeln jeweils n_1 um 1, dann gibt es also schon $\frac{1}{2}(n-1)n$ Möglichkeiten, $n + 2$ als Summe dreier natürlicher Zahlen darzustellen. Es bleiben nur noch die Möglichkeiten übrig mit $n_1 = 1$. Dann muss $n_2 + n_3 = n + 1$ gelten. Dies sind genau n Möglichkeiten:

$$1 + n = 2 + (n-1) = \ldots = (n-1) + 2 = n + 1.$$

Insgesamt liefert dies

$$A(n+1) = A(n) + n \stackrel{\text{I. V.}}{=} \frac{1}{2}(n-1)n + n = \frac{1}{2}n((n-1)+2) = \frac{1}{2}n(n+1).$$

Aufgabe 25

▶ **Summenformeln**

Beweisen Sie mittels vollständiger Induktion:

a) $\displaystyle\sum_{i=1}^{n} i^3 = \frac{1}{4}n^2(n+1)^2, \quad n \in \mathbb{N};$

b) $\displaystyle\sum_{k=1}^{n} (2k-1) = n^2;$

c) $\displaystyle\sum_{k=1}^{n} \frac{k}{2^k} = 2 - \frac{n+2}{2^n}.$

Lösung

a) I. A.: $n = 1$:

$$\sum_{i=1}^{1} i^3 = 1^3 = 1 = \frac{1}{4} 1^2 (1+1)^2 \text{ (w. A.);}$$

I. V.: Die Behauptung gelte bis n.

I. S.: $n \to n+1$:

$$\sum_{i=1}^{n+1} i^3 = \sum_{i=1}^{n} i^3 + (n+1)^3 \overset{\text{I.V.}}{=} \frac{1}{4} n^2 (n+1)^2 + (n+1)^3$$

$$= \frac{1}{4}(n+1)^2 (n^2 + 4(n+1)) = \frac{1}{4}(n+1)^2 (n+2)^2;$$

b) Vollständige Induktion:

I. A.: $n = 1$:

$$\sum_{k=1}^{1} 2k - 1 = 2 - 1 = 1 = 1^2$$

I. V.: Die Behauptung gelte bis $n \geq 1$.

I. S.: $n \to n+1$:

$$\sum_{k=1}^{n+1}(2k-1) = \sum_{k=1}^{n}(2k-1) + (2(n+1)-1) \overset{\text{I.V.}}{=} n^2 + 2n + 1 = (n+1)^2$$

c) I. A.: $n = 1$:

$$\sum_{k=1}^{1} \frac{k}{2^k} = \frac{1}{2^1} = 2 - \frac{3}{2} = 2 - \frac{1+2}{2^1}$$

I. V.: Die Behauptung gelte bis $n \geq 1$.

I. S.: $n \to n+1$:

$$\sum_{k=1}^{n+1} \frac{k}{2^k} \overset{\text{I.V.}}{=} \left(2 - \frac{n+2}{2^n}\right) + \frac{n+1}{2^{n+1}} = 2 - \left(\frac{2(n+2) - (n+1)}{2^{n+1}}\right)$$

$$= 2 - \frac{(n+1) + 2}{2^{n+1}}$$

Aufgabe 26

▶ **Verneinung von Aussagen**

Verneinen Sie folgende Aussagen:

i) Zu jeder Frau gibt es einen Mann, der sie liebt und sie nicht betrügen würde.

ii) Zu jedem Mann existiert eine Frau, die ihn nicht liebt.

iii) $\forall\, n \in \mathbb{N} \setminus \{1\}\ \exists\, p \in \mathbb{N},\ p\ \text{Primzahl}:\ p|n$.

iv) $\forall\, V \subset \mathbb{N}\ \exists\, k \in \mathbb{N}\ \forall\, x \in V:\ x \geq k$.

Abkürzungen: $m \heartsuit f$ Mann liebt Frau; $m \varheartsuit f$ Mann liebt Frau nicht; $m \flat f$ Mann betrügt Frau; $m \not\flat f$ Mann betrügt Frau nicht.

Lösung

i) Es gilt

$$\neg(m \heartsuit f \wedge m \not\flat f) \Leftrightarrow \neg(m \heartsuit f) \vee \neg(m \not\flat f) \Leftrightarrow m \varheartsuit f \vee m \flat f.$$

Die Verneinung von

$$\forall\, f \in F\, \exists\, m \in M : m \heartsuit f \wedge m \not\flat f$$

liefert daher

$$\exists\, f \in F\, \forall\, m \in M : m \varheartsuit f \vee m \flat f,$$

d. h. es gibt eine Frau, die alle Männer nicht lieben oder betrügen würden.

ii) Die Verneinung von

$$\forall\, m \in M\, \exists\, f \in F : f \varheartsuit m$$

liefert:

$$\exists\, m \in M\, \forall\, f \in F : f \heartsuit m,$$

d. h. es gibt einen Mann, den alle Frauen lieben.

iii) Die Verneinung von

$$\forall\, n \in \mathbb{N} \setminus \{1\}\, \exists\, p \in \mathbb{N},\ p\ \text{Primzahl} : p | n$$

liefert:

$$\exists\, n \in \mathbb{N} \setminus \{1\}\, \forall\, p \in \mathbb{N},\ p\ \text{Primzahl} : p \nmid n.$$

iv) Die Verneinung von

$$\forall\, V \subset \mathbb{N}\, \exists\, k \in \mathbb{N}\, \forall\, x \in V : x \geq k$$

liefert:

$$\exists\, V \subset \mathbb{N}\, \forall\, k \in \mathbb{N}\, \exists\, x \in V : x < k.$$

Aufgabe 27

▶   **Rechenregeln in $\mathbb{N}$, vollständige Induktion, indirekter Beweis**

Beweisen Sie in $\mathbb{N}$ folgende Rechenregeln:

a) $m \cdot (n + k) = m \cdot n + m \cdot k$.
b) $m + n = m + k \Longrightarrow n = k$.
c) $m < m \Longrightarrow m + k < n + k$, $k \cdot m < k \cdot n$.
d) $k < m \Longrightarrow k + 1 \leq m$.

Lösung

a) (Distributivgesetz) Nach Definition der Multiplikation gilt

$$m \cdot (n + 1) = m \cdot n + m$$

und

$$m \cdot 1 = m.$$

Bei festem m und n sei M die Menge der k, für die die Behauptung gilt. Wir zeigen, dass $M = \mathbb{N}$ gilt.

I. A.: Es gilt

$$m \cdot (n + 1) = m \cdot n + m = m \cdot n + m \cdot 1$$

und damit folgt $1 \in M$.

I. V.: Wir nehmen an, dass k zu M gehört.

I. S.: Dann gilt

$$m \cdot (n + k) = m \cdot n + m \cdot k,$$

also

$$m \cdot (n + (k + 1)) = m \cdot ((n + k) + 1) = m \cdot (n + k) + m$$
$$= (m \cdot n + m \cdot k) + m = m \cdot n + (m \cdot k + m)$$
$$= m \cdot n + m(k + 1)$$

und damit die Behauptung für $k + 1$. Also gilt $(k + 1) \in M$. Nach dem Prinzip der vollständigen Induktion folgt $M = \mathbb{N}$.

b) Wir zeigen, dass

$$n \neq k \Rightarrow m + n \neq m + k \quad \text{(indirekter Schluss)}.$$

Bei festem n, k mit $n \neq k$ sei M die Menge der m mit

$$m + n \neq m + k.$$

I. A.: Es gilt

$$n \neq k \Rightarrow n + 1 \neq k + 1 \Rightarrow 1 + n \neq 1 + k.$$

Also ist $1 \in M$.

I. V.: Es gelte $m \in M$.

I. S.: Dann gilt $m + n \neq m + k$, und es folgt

$$(m + n) + 1 \neq (m + k) + 1 \Rightarrow (m + 1) + n \neq (m + 1) + k.$$

Also ist mit m auch $m + 1 \in M$. Nach dem Prinzip der vollständigen Induktion gilt die Behauptung also für alle natürlichen Zahlen.

c) Sei $m < n$. Dann existiert ein l mit $m + l = n$, und damit gilt:

$$n + k = (m + l) + k = (l + m) + k = l + (m + k) = (m + k) + l$$
$$\Rightarrow m + k < n + k.$$

Weiter erhalten wir mit a), dass

$$k \cdot n = k \cdot (m + l) = k \cdot m + k \cdot l \Rightarrow k \cdot n > k \cdot m.$$

d) Es gilt nach Definition

$$k < m \Leftrightarrow \exists l \in \mathbb{N} : k + l = m.$$

Wegen $l \in \mathbb{N}$ gilt $l \geq 1$ und damit

$$m = k + l \geq k + 1.$$

Aufgabe 28

▶   **Teilbarkeitsregeln**

Seien $m, n, k \in \mathbb{N}$. Beweisen Sie die folgenden Rechenregeln für Teilbarkeit:

a) $m | n \Rightarrow m \leq n$;
b) $m | n \wedge n | k \Rightarrow m | k$;
c) $m | n \wedge m | k \Rightarrow m | (in + jk)\ \forall\, i, j \in \mathbb{N}$.

Lösung

a) $m | n \Leftrightarrow \exists\, l \in \mathbb{N} : ml = n \Rightarrow m \leq n$;
b) $m | n \wedge n | k \Leftrightarrow \exists\, l_1, l_2 \in \mathbb{N} : ml_1 = n \wedge nl_2 = k \Rightarrow m \underbrace{l_1 l_2}_{=:l \in \mathbb{N}} = k \Rightarrow m | k$;

c) $m | n \wedge m | k \Leftrightarrow \exists\, l_1, l_2 \in \mathbb{N} : ml_1 = n \wedge ml_2 = k$
$\Rightarrow in + jk = iml_1 + jml_2 = m(il_1 + jl_2) =: ml$ mit $l \in \mathbb{N}\ \forall\, i, j \in \mathbb{N}$
$\Rightarrow m | (in + jk)\ \forall\, i, j \in \mathbb{N}$.

Aufgabe 29

▶   **Primteiler**

$p \in \mathbb{N}$ heißt *Primteiler* von $n \in \mathbb{N}$, wenn p Primzahl und Teiler von n ist, $p | n$. Zeigen Sie: Jedes $n > 1$ besitzt mindestens einen Primteiler.

Hinweis: Benutzen Sie den Wohlordnungssatz (vgl. z. B. [3], I.6).

Lösung

Zu zeigen ist: $\forall\, n \in \mathbb{N}\,, n > 1\ \exists p \in \mathbb{N},\ p$ Primzahl : $p|n$.

Fall 1: n ist Primzahl. Wähle $p := n$. Für diesen Fall folgt also die Richtigkeit der Aussage.

Fall 2: n ist keine Primzahl.

Annahme:

$$\exists \mathbb{N} \ni n_0 > 1,\ n_0 \text{ nicht Primzahl} :\ p \nmid n_0\ \forall p \in \mathbb{N},\ p \text{ Primzahl} \qquad (1.1)$$

Definiere

$$M := \{k \in \mathbb{N}_{n_0-1} :\ k > 1\ \wedge\ k|n_0\}\,.$$

Da n_0 keine Primzahl ist, gilt $M \neq \{\}$. Mit dem Wohlordnungssatz folgt hieraus:

$$\exists k_0 \in M :\ k_0 \leq k\ \forall k \in M. \qquad (1.2)$$

Beh.: k_0 ist Primzahl.

Bew.: Wir führen einen Widerspruchsbeweis und nehmen an, k_0 sei keine Primzahl, d.h. $\exists \ell_0 \in \mathbb{N} :\ 1 < \ell_0 < k_0\ \wedge\ \ell_0|k_0$.

$$\Rightarrow\ \ 1 < \ell_0 < k_0 \leq n_0 - 1\ \ \wedge\ \ \ell_0|n_0$$
$$\Rightarrow\ \ \ell_0 \in M\ \wedge\ \ell_0 < k_0.$$

Dies ist ein Widerspruch zu (1.2), d.h. unsere Behauptung ist wahr. Somit ist k_0 eine Primzahl und Teiler von n_0 – im Widerspruch zu (1.1). Daraus folgt die Richtigkeit dessen, was zu zeigen war.

Aufgabe 30

▶   **Teilbarkeit**

a) Betrachten Sie die Abbildung $f :\ \mathbb{N} \ni n \mapsto n^5 - n \in \mathbb{N}_0$, wobei $\mathbb{N}_0 := \mathbb{N} \cup \{0\}$. Zeigen Sie: 30 ist Teiler von $f(n)$ für alle $n \in \mathbb{N}, n \geq 2$.

b) Zeigen Sie: $24|(5^{2n} - 1)\,,\ n \in \mathbb{N}$.

Lösung

a) Es ist

$$n^5 - n = n(n^4 - 1) = n(n^2 - 1)(n^2 + 1) = n(n-1)(n+1)(n^2 + 1)$$
$$= (n-1)n(n+1)(n^2 + 1) = (n-1)n(n+1)(n^2 + 5n + 6 - (5n + 5))$$
$$= (n-1)n(n+1)((n+2)(n+3) - 5(n+1))$$
$$= (n-1)n(n+1)(n+2)(n+3) - 5(n-1)n(n+1)^2.$$

Die in der letzten Zeile auftretende Differenz ist durch 30 teilbar, da der Minuend aus einem Produkt fünf aufeinander folgender Zahlen besteht, der Subtrahend aus einem Produkt drei aufeinander folgender Zahlen und dem Faktor 5 besteht, und jedes Produkt, das aus k aufeinender folgenden Zahlen besteht, durch k teilbar ist. (Es gilt sogar, dass ein solches Produkt von k aufeinander folgenden Zahlen durch $k!$ teilbar ist, weil die Binomialkoeffizienten $\binom{k}{n}$ für $k \in \mathbb{Z}, n \in \mathbb{N}$ ganzzahlig sind.)

b) I. A.: $n = 1 : 24|24$ ist richtig.

    I. V.: Die Behauptung gelte bis $n \geq 1$.

    I. S.: $n \to n + 1$:

$$5^{2(n+1)} - 1 = 5^{2n+2} - 1$$

$$= 25 \cdot 5^{2n} - 1 \overset{\text{I.V.}}{=} 25 \cdot (24 \cdot k + 1) - 1 \ (\text{mit } k \in \mathbb{N})$$

$$= 25 \cdot 24 \cdot k + 25 - 1 = 24(25k + 1)$$

Damit erhält man $24|(5^{2(n+1)} - 1)$.

Aufgabe 31

▶ **Primzahllücken, Primzahlpotenzen**

Sei $n \in \mathbb{N}$. Zeigen Sie:

a) Keine der Zahlen $n! + k$, $2 \leq k \leq n$, ist eine Primzahl (*Lücken in der Folge der Primzahlen!*).

b) Keine der Zahlen $(n!)^2 + k$, $2 \leq k \leq n$, ist eine Primzahlpotenz (*m Primzahlpotenz:* $\iff \exists p, s \in \mathbb{N} : p$ Primzahl, $m = p^s$).

Lösung

a) Es ist

$$n! + k = \prod_{j=2}^{n} j + k = k \cdot \left(\prod_{\substack{j=2 \\ j \neq k}}^{n} j + 1 \right),$$

d. h. k teilt $n! + k$. Da aber $1 < 2 \leq k \leq n < n! + k$ gilt, ist $n! + k$ keine Primzahl.

b) Nehmen wir an, dass $(n!)^2 + k$ eine Primzahlpotenz ist. Dann existieren eine Primzahl p und eine natürliche Zahl s, so dass

$$p^s = (n!)^2 + k = \left(\prod_{j=2}^{n} j \right)^2 + k = k \cdot \left(\left(\prod_{\substack{j=2 \\ j \neq k}}^{n} j^2 \right) \cdot k + 1 \right),$$

d. h. k teilt p^s. Dann muss k aber auch eine Potenz von p sein, d. h. es gibt ein $\ell : 1 \leq \ell \leq s$ mit $k = p^\ell$, und es folgt:

$$\left(\prod_{\substack{j=2 \\ j \neq k}}^{n} j^2 \right) \cdot k + 1 = p^{s-\ell} > k = p^\ell \quad \Rightarrow \quad s - \ell > \ell$$

$$\Rightarrow \quad k = p^\ell \mid p^{s-\ell} = \left(\prod_{\substack{j=2 \\ j \neq k}}^{n} j^2 \right) \cdot k + 1,$$

was i. A. nicht möglich ist.

Aufgabe 32

▶ **Rationale Zahlen, Potenzen, Primzahlen**

Die folgenden Aussagen sind zu zeigen:

a) Es gibt keine rationale Zahl x mit $x^2 = 12$.
b) Sei p eine Primzahl und sei $n \in \mathbb{N}$, $n \geq 2$.
    Dann gibt es keine rationale Zahl x mit $x^n = p$.

Lösung

Wir beweisen zunächst den folgenden Hilfssatz, wobei benutzt wird, dass

$$p \mid (m \cdot n) \;\Rightarrow\; p \mid m \lor p \mid n.$$

Beh.: Sei p eine Primzahl, $n \geq 2$ eine natürliche Zahl und $a \in \mathbb{Z}$ eine beliebige ganze Zahl. Dann gilt:

$$(*) \quad p \mid a^n \Rightarrow p \mid a.$$

Beweis: Der Beweis der Behauptung erfolgt durch vollständige Induktion nach n. Sei M die Menge der natürlichen Zahlen $n \geq 2$, für die die Behauptung gilt. Es ist $2 \in M$, da

$$p \mid a^2 \Leftrightarrow p \mid (a \cdot a) \Rightarrow p \mid a \lor p \mid a \Leftrightarrow p \mid a.$$

Sei nun $n \in M$, d. h. aus $p \mid a^n$ folgt $p \mid a$. Dann ist auch $n + 1 \in M$, denn

$$p \mid a^{n+1} \Leftrightarrow p \mid (a \cdot a^n) \Rightarrow p \mid a \lor p \mid a^n \Rightarrow p \mid a \lor p \mid a \Leftrightarrow p \mid a.$$

Also gilt die Behauptung für alle $n \geq 2$.

Wir kommen nun zur Lösung der Aufgaben.

a) Nehmen wir an, dass ein $x = \dfrac{a}{b} \in \mathbb{Q}$ mit teilerfremden a, b und $x^2 = 12$ existiere. Dann gilt:

$$\frac{a^2}{b^2} = 12 \Rightarrow a^2 = 3 \cdot 2^2 \cdot b^2 \Rightarrow 3|a^2 \Rightarrow 3|a \Rightarrow \exists c : a = 3 \cdot c$$

$$\Rightarrow a^2 = 3^2 \cdot c^2 \Rightarrow 3^2 \cdot c^2 = 3 \cdot 2^2 \cdot b^2 \Rightarrow 3 \cdot c^2 = 2^2 \cdot b^2$$

$$\Rightarrow 3|(2^2 \cdot b^2) \Rightarrow 3|2^2 \vee 3|b^2 \Rightarrow 3|b^2 \Rightarrow 3|b.$$

Damit sind a und b durch 3 teilbar, was im Widerspruch zur Annahme steht, dass a und b teilerfremd sind, womit Behauptung a) bewiesen ist.

b) Nehmen wir an, dass ein $x = \dfrac{a}{b} \in \mathbb{Q}$ mit teilerfremden a, b existiere, so dass $x^n = p$ eine Primzahl ist. Dann gilt:

$$\frac{a^n}{b^n} = p \Rightarrow a^n = p \cdot b^n \Rightarrow p|a^n \Rightarrow p|a \Rightarrow \exists c : a = p \cdot c \Rightarrow a^n = p^n \cdot c^n$$

$$\Rightarrow p^n \cdot c^n = p \cdot b^n \Rightarrow p^{n-1} \cdot c^n = b^n \Rightarrow p|b^n \Rightarrow p|b.$$

Damit sind a und b durch p teilbar, was im Widerspruch zur Annahme steht, dass a und b teilerfremd sind, womit Behauptung b) bewiesen ist.

Aufgabe 33

▶ **Rationale Zahlen, Primzahlen**

Die folgenden Aussagen sind zu zeigen:

a) Seien $x, y \in \mathbb{R}^* := \mathbb{R} \setminus \{0\}$. Zeigen Sie: Ist $x \cdot y$ oder $x + y$ eine rationale Zahl, so gilt: $x, y \in \mathbb{Q}$ oder $x, y \in \mathbb{R} \setminus \mathbb{Q}$.

b) Seien p, q verschiedene Primzahlen. Zeigen Sie: Es gibt keine rationale Zahl x mit

$$x^2 = p \cdot q \,.$$

Hinweis: Benutzen Sie die Aussage, dass eine Primzahl p eine der beiden Zahlen m, $n \in \mathbb{Z}$ teilt, falls p das Produkt $m \cdot n$ teilt (vgl. Beweis von Aufg. 32).

Lösung

a) Für beide Fälle „+" und „$\cdot$" ist zu zeigen: $x \in \mathbb{Q} \iff y \in \mathbb{Q}$. Da die Verknüpfungen „+" und „$\cdot$" kommutativ sind, genügt es, $x \in \mathbb{Q} \Rightarrow y \in \mathbb{Q}$ zu beweisen.

  i. Sei $x = \frac{a}{b}$, $a, b \in \mathbb{Z}$, und $x \cdot y = \frac{c}{d}$, $c, d \in \mathbb{Z}$:

$$\Rightarrow y = \frac{c}{d \cdot x} = \frac{c \cdot b}{a \cdot d} \in \mathbb{Q}$$

  also ist $y \in \mathbb{Q}$.

ii. Sei nun $x = \frac{a}{b}$, $a, b \in \mathbb{Z}$, und $x + y = \frac{c}{d}$, $c, d \in \mathbb{Z}$:

$$\Rightarrow y = \frac{c}{d} - x = \frac{c}{d} - \frac{a}{b} = \frac{cb - ad}{bd} \in \mathbb{Q} \; ;$$

also ist auch hier $y \in \mathbb{Q}$.

b) Wir nehmen an, es gäbe ein $x \in \mathbb{Q}$ mit $x^2 = pq$. Dann läßt sich x schreiben als $x = \frac{a}{b}$ mit $a, b \in \mathbb{Z}$ teilerfremd. Damit gilt (s. Hinweis)

$$b^2 x^2 = a^2 \iff b^2 pq = a^2 \Rightarrow p|a^2 \Rightarrow p|a \Rightarrow a = mp, \; m \in \mathbb{Z}$$
$$\Rightarrow b^2 pq = m^2 p^2 \iff b^2 q = m^2 p \Rightarrow p|b^2 \Rightarrow p|b \, .$$

Also teilt p sowohl a als auch b im Widerspruch zu a, b teilerfremd.

Aufgabe 34

▶   **Primfaktorzerlegung, Betrag $| \cdot |_p$**

Sei $x = \frac{a}{b}$ eine rational Zahl, $b \neq 0$, und p eine Primzahl, für die mithilfe der Primfaktorzerlegung von $|a|$ und $|b|$ die folgende Darstellung gilt:

$$x = \frac{a}{b} = p^\nu \cdot \frac{a'}{b'} \quad \text{mit} \quad \nu \in \mathbb{Z}, \, a' \in \mathbb{Z}, \, b' \in \mathbb{N}, \, p \nmid |a'|, \, p \nmid b'$$

Wir definieren damit den *Betrag*

$$|x|_p := p^{-\nu} \, .$$

Dies ergänzen wir mit: $\quad |0|_p := 0 \, .$

Zeigen Sie, dass die obige Darstellung eindeutig ist, d. h. zu gegebenem p sind ν und a/b eindeutig bestimmt, und beweisen Sie die folgenden Eigenschaften für den Betrag $| \cdot |_p$:

a) $|x|_p = 0 \iff x = 0.$
b) $|x \cdot y|_p = |x|_p \cdot |y|_p \qquad \forall x, y \in \mathbb{Q}.$
c) $|x + y|_p \leq \max(|x|_p, |y|_p) \qquad \forall x, y \in \mathbb{Q}.$
d) $|x + y|_p \leq |x|_p + |y|_p \qquad \forall x, y \in \mathbb{Q}.$

Lösung

Wir beweisen zunächst, dass die Darstellung eindeutig ist. Dazu betrachten wir zwei Darstellungen

$$x = \frac{a}{b} = p^\nu \cdot \frac{a'}{b'} = p^\mu \cdot \frac{a''}{b''} \quad \text{mit} \quad \nu, \mu \in \mathbb{Z}, \, a', a'' \in \mathbb{Z}, \, b', b'' \in \mathbb{N},$$

wobei

$$(*) \quad p \nmid |a'|, \, p \nmid |a''|, \, p \nmid b', \, p \nmid b'' \, .$$

Betrachten wir den Fall $v \geq \mu$ und multiplizieren beide Seiten mit $p^{-\mu} \cdot b' \cdot b''$, dann erhalten wir

$$p^{v-\mu} \cdot a' \cdot b'' = a'' \cdot b'.$$

Aus Voraussetzung $(*)$ folgt zunächst $v = \mu$ und damit sofort

$$\frac{a'}{b'} = \frac{a''}{b''}.$$

Im Fall $v < \mu$ vertauscht man oben v und μ. (Werden a, b als teilerfremd vorausgesetzt, dann sind auch a', b' teilerfremd, und im Eindeutigkeitsbeweis erhält man noch $a' = a''$, $b' = b''$.)

a) Es gilt nach Definition

$$x = 0 \Rightarrow |x|_p = 0.$$

und weiter

$$x \neq 0 \Rightarrow x = p^v \cdot \frac{a'}{b'} \quad \text{mit} \quad a' \neq 0 \Rightarrow |x|_p = p^{-v} > 0.$$

b) Wir betrachten zunächst den Fall, dass eine der beiden Zahlen, z. B. x, gleich Null ist. Dann gilt einerseits

$$x = 0 \Rightarrow x \cdot y = 0 \Rightarrow |x \cdot y|_p = 0$$

und andererseits

$$|x|_p = 0 \Rightarrow |x|_p \cdot |y|_p = 0.$$

Falls beide Zahlen ungleich Null sind, lassen sie sich in eindeutiger Weise darstellen als

$$x = p^{v_1} \frac{a}{b} \quad \text{und} \quad y = p^{v_2} \frac{c}{d},$$

und für die zugehörigen „Beträge" erhält man

$$|x|_p = p^{-v_1} \quad \text{und} \quad |y|_p = p^{-v_2}.$$

Dann gilt für das Produkt

$$x \cdot y = p^{v_1 + v_2} \cdot \frac{ac}{bd}, \ p \nmid |ac|, \ p \nmid bd.$$

Damit folgt:

$$|xy|_p = p^{-(v_1 + v_2)} = p^{-v_1} \cdot p^{-v_2} = |x|_p \cdot |y|_p.$$

c) Wir betrachten wieder zuerst den Fall, dass eine der beiden Zahlen gleich null ist. Sei also o. B. d. A. $x = 0$. Dann gilt einerseits

$$|x|_p = 0 \Rightarrow \max(|x|_p, |y|_p) = |y|_p$$

und andererseits

$$|x + y|_p = |y|_p \, .$$

Für den Fall, dass beide Zahlen ungleich null sind, gilt wieder die obige eindeutige Darstellung, und für die folgende Summe betrachten wir verschiedene Fälle

$$x + y = p^{\nu_1} \frac{a}{b} + p^{\nu_2} \frac{c}{d} :$$

1. Fall: $\nu_1 < \nu_2 \Rightarrow \nu_2 - \nu_1 > 0$.

$$\Rightarrow -\nu_1 > -\nu_2 \Rightarrow p^{-\nu_1} > p^{-\nu_2} \Rightarrow \max(|x|_p, |y|_p) = p^{-\nu_1}$$

Durch Ausklammern von p^{ν_1} aus der Summe erhält man

$$x + y = p^{\nu_1} \left(\frac{a}{b} + p^{\nu_2 - \nu_1} \frac{c}{d} \right) = p^{\nu_1} \left(\frac{ad + p^{\nu_2 - \nu_1} bc}{bd} \right).$$

Nun gilt aber wegen der eindeutigen Darstellungen für x und y, dass

$$p \nmid |ad| \Rightarrow p \nmid |ad + p^{\nu_2 - \nu_1} bc| \, .$$

Außerdem gilt (wie oben)

$$p \nmid (bd)$$

und damit für den „Betrag" der Summe

$$|x + y|_p = p^{-\nu_1} = \max(|x|_p, |y|_p).$$

2. Fall: $\nu_1 > \nu_2$. Vertausche ν_1 und ν_2 im 1. Fall und argumentiere wie oben.

3. Fall: $\nu_1 = \nu_2$. Durch Ausklammern von p^{ν_1} aus der Summe erhält man

$$x + y = p^{\nu_1} \left(\frac{a}{b} + \frac{c}{d} \right) = p^{\nu_1} \left(\frac{ad + bc}{bd} \right).$$

Hier kann nun aber im Zähler eine Zahl auftreten, die durch $p^n, n \in \mathbb{N}_0$, teilbar ist. Die eindeutige Darstellung von $x + y$ besitzt also die Form

$$x + y = p^{\nu_1 + n} \left(\frac{e}{bd} \right).$$

Damit erhält man nun:

$$|x + y|_p = p^{-\nu_1 - n} \leq p^{-\nu_1} = \max(|x|_p, |y|_p).$$

Für $n > 0$ tritt an dieser Stelle eine echte Ungleichung auf.

d) Durch Anwendung des Aufgabenteils c) erhält man

$$|x + y|_p \leq \max(|x|_p, |y|_p) \leq |x|_p + |y|_p.$$

1.4   Wurzeln, Gauß-Klammern, symmetrische Differenz

Aufgabe 35

►   **Wurzeln, indirekter Beweis**

Beweisen Sie durch indirekten Beweis:

a) $\sqrt{6}$ ist irrational.

    Hinweis: Orientieren sie sich an dem Beweis, dass $\sqrt{2}$ nicht rational ist (vgl. z. B. [3], I.9).

b) $\sqrt{b} - \sqrt{a} < \sqrt{b-a} \quad a, b \in \mathbb{R}, \ b > a > 0;$

c) $\sqrt{2} + \sqrt{3}$ ist irrational.

    Hinweis: Sie dürfen benutzen, dass $\sqrt{6}$ irrational ist (vgl. Teil a)).

Lösung

a) Behauptung: $\sqrt{6}$ ist irrational.

     Annahme: $\sqrt{6}$ ist rational.

           $\sqrt{6}$ ist rational $\Rightarrow \exists\, p, q \in \mathbb{Z}$ mit $\frac{p}{q} = \sqrt{6}, q \neq 0, p, q$ teilerfremd

           $\Rightarrow \frac{p^2}{q^2} = 6 \Rightarrow p^2 = 2 \cdot 3 q^2$

           $(\Rightarrow p^2$ ist gerade $\Rightarrow p$ ist gerade $\Rightarrow \exists\, p' \in \mathbb{Z} : 2p' = p)$

           $\Rightarrow 4p'^2 = 2 \cdot 3 q^2$

           $\Rightarrow 2p'^2 = 3q^2 \Rightarrow q^2$ ist gerade, denn 3 ist ungerade $\Rightarrow q$ ist gerade.

           Das ist Widerspruch zur Voraussetzung, dass p, q teilerfremd sein sollen, denn p und q haben als gerade Zahlen den gemeinsamen Teiler 2. Somit ist die Annahme falsch, also ist die Behauptung richtig.

b) Behauptung: $\forall\, a, b \in \mathbb{R}$ mit $b > a > 0 : \sqrt{b} - \sqrt{a} < \sqrt{b-a}$

     Annahme: $\exists\, a, b \in \mathbb{R}$ mit $b > a > 0$ und $\sqrt{b} - \sqrt{a} \geq \sqrt{b-a}$

$$\sqrt{b} - \sqrt{a} \geq \sqrt{b-a} \ \Leftrightarrow\ \sqrt{b} \geq \sqrt{b-a} + \sqrt{a}$$

$$\overset{\text{beide Seiten} \geq 0}{\Rightarrow}\ b \geq b - a + 2\sqrt{(b-a)a} + a \ \Leftrightarrow\ 0 \geq \sqrt{(b-a)a}.$$

     Dies ist offensichtlich ein Widerspruch, denn wegen $b > a > 0$ gilt $(b-a)a > 0$ und damit auch $\sqrt{(b-a)a} > 0$. Somit ist die Annahme falsch, also ist die Behauptung richtig.

c) Behauptung: $\sqrt{2} + \sqrt{3}$ ist irrational.

     Annahme: $\sqrt{2} + \sqrt{3}$ ist rational.

$$\sqrt{2} + \sqrt{3} \in \mathbb{Q} \overset{\mathbb{Q}\ \text{Körper}}{\Rightarrow} (\sqrt{2} + \sqrt{3})^2 = 5 + 2\sqrt{6} \in \mathbb{Q}$$

$$\overset{5\in\mathbb{Q}}{\Rightarrow} 2\sqrt{6} \in \mathbb{Q} \overset{2\in\mathbb{Q}}{\Rightarrow} \sqrt{6} \in \mathbb{Q}\ (\text{Widerspruch!});$$

d. h. die Annahme ist falsch, also ist die Behauptung richtig.

Aufgabe 36

▶ **Satz von Archimedes, Wohlordnungssatz, Gauß-Klammern**

Zeigen Sie mit Hilfe des Satzes von Archimedes und des Wohlordnungssatzes, dass folgende Aussage gilt:

Zu jeder reellen Zahl x gibt es eine eindeutig bestimmte ganze Zahl $n \in \mathbb{Z}$ mit

$$n \leq x < n + 1.$$

Hinweise:

1) Für $x \in \mathbb{Z}$ ist die Aussage trivialerweise erfüllt. Für $x \in \mathbb{R} \setminus \mathbb{Z}$ unterscheide zwischen $x > 0$ und $x < 0$. Beweisen Sie die Eindeutigkeit indirekt.
2) Es gilt eine analoge Aussage der Form:
   Zu jeder reellen Zahl x gibt es eine eindeutig bestimmte ganze Zahl $m \in \mathbb{Z}$ mit

$$m - 1 < x \leq m.$$

3) Dadurch werden die Funktionen

$$\lfloor x \rfloor := n \quad \text{bzw.} \quad \lceil x \rceil := m$$

erklärt. Für $\lfloor x \rfloor$ ist auch die *Gauß-Klammer* $[x]$ üblich.

Lösung

Der *Satz von Archimedes* (vgl. z. B. [3], I.8) besagt:

$$\forall\, a, b \in \mathbb{R},\ a > 0,\ \exists\, n \in \mathbb{N} :\ na > b.$$

Fall 1: $x \in \mathbb{Z}$:

Setze $n := x$, dann ist die Bedingung offensichtlich erfüllt.

Fall 2: $x > 0$, $x \notin \mathbb{Z}$:

Setze im Satz von Archimedes $a := 1$ und $b := x$, dann gibt es eine natürliche Zahl $n_0 \in \mathbb{N}$ mit $n_0 > x$. Definiere nun die Menge V durch $V := \{v \in \mathbb{N} \mid x < v\}$. Diese ist wegen $n_0 \in V$ nicht leer. Nach dem Wohlordnungssatz (vgl. z. B. [3], I.6) gibt es dann ein kleinstes Element $k \in V$. Setze $n := k - 1 \in \mathbb{N}_0$, dann gilt nach Konstruktion von V

$$n = k - 1 \leq x < k = n + 1.$$

Fall 3: $x < 0$, $x \notin \mathbb{Z}$:

Setze $y := -x$. Dann gibt es nach Fall 2 ein $k_0' \in \mathbb{N}_0$ mit

$$k_0' \leq y = -x < k_0' + 1.$$

Da $x \notin \mathbb{Z}$ gilt sogar

$$k_0' < -x < k_0' + 1 \quad \Leftrightarrow \quad -k_0' - 1 < x < -k_0'.$$

Setze nun $n := -k_0' - 1 \in \mathbb{Z}$, dann gilt

$$n = -k_0' - 1 < x < -k_0' = n + 1$$

und daher auch

$$n \leq x < n + 1.$$

Eindeutigkeit:

Angenommen, es gäbe zwei verschiedene $n, n' \in \mathbb{Z}$, die die Bedingung erfüllen. Sei o. B. d. A. $n' < n$, dann gilt $n' + 1 \leq n$ und damit

$$x < n' + 1 \leq n \leq x \text{ (Widerspruch!)}.$$

Daher ist die Zahl $n \in \mathbb{Z}$ eindeutig bestimmt.

Aufgabe 37

▶   **Rechenregeln für Gauß-Klammern**

Beweisen Sie folgende Regeln für die Funktionen $\lfloor x \rfloor$ und $\lceil y \rceil$:

a) $\lceil x \rceil = -\lfloor -x \rfloor \quad \forall x \in \mathbb{R}$;
b) $\lceil x \rceil = \lfloor x \rfloor + 1 \quad \forall x \in \mathbb{R} \setminus \mathbb{Z}$;
c) $\lceil \frac{n}{k} \rceil = \lfloor \frac{n+k-1}{k} \rfloor \quad \forall n, k \in \mathbb{Z}, k \geq 1$.

Hinweis: Benutzen Sie die Ergebnisse von Aufg. 36.

Lösung

a) Zu zeigen: $\lceil x \rceil = -\lfloor -x \rfloor \ \ \forall x \in \mathbb{R}$

Nach Aufgabe 36, Hinweis ii), ist $m := \lceil x \rceil$ für beliebiges $x \in \mathbb{R}$ eindeutig bestimmt durch

$$m - 1 < x \le m$$

$$\overset{\cdot(-1)}{\Longrightarrow} \quad -m \le -x < -m + 1$$

Nach Aufgabe 36 ist daraus wiederum $-m$ eindeutig bestimmt als $-m = \lfloor -x \rfloor$. Insgesamt folgt

$$\lceil x \rceil = m = -(-m) = -\lfloor -x \rfloor \ .$$

b) Zu zeigen: $\lceil x \rceil = \lfloor x \rfloor + 1 \ \ \forall x \in \mathbb{R} \setminus \mathbb{Z}$

Sei $x \in \mathbb{R} \setminus \mathbb{Z}$. Dann gibt es nach Aufgabe 36 ein eindeutig bestimmtes $n \in \mathbb{Z}$ mit $n \le x < n + 1$; wegen $x \notin \mathbb{Z}$ gilt sogar $n < x < n + 1$. Es ist $n = \lfloor x \rfloor$. Nach Aufgabe 36, Hinweis ii), gilt aber auch $\lceil x \rceil = n + 1$, also insgesamt

$$\lceil x \rceil = \lfloor x \rfloor + 1 \ .$$

c) Zu zeigen: $\lceil \frac{n}{k} \rceil = \lfloor \frac{n+k-1}{k} \rfloor \ \ \forall n, k \in \mathbb{Z}, \ k \ge 1$

Seien $n, k \in \mathbb{Z}$ mit $k \ge 1$ beliebig. Ferner sei für $m \in \mathbb{Z}$

$$M_m := \{(x, y) \in \mathbb{R} \times \mathbb{R} \mid m - 1 < x \le m \le y < m + 1\} \ .$$

Dies bedeutet

$$\lceil x \rceil = m = \lfloor y \rfloor \ \ \forall (x, y) \in M_m.$$

Zu zeigen ist also: $\left(\dfrac{n}{k}, \dfrac{n + k - 1}{k} \right) \in M_{\lceil \frac{n}{k} \rceil} \ \ \forall n, k \in \mathbb{Z}, \ k \ge 1$

$$\Longleftrightarrow \quad \underbrace{\left\lceil \frac{n}{k} \right\rceil - 1 < \frac{n}{k} \le \left\lceil \frac{n}{k} \right\rceil}_{\text{klar nach Aufg. 36}} \overset{\text{I}}{\le} \frac{n + k - 1}{k} \overset{\text{II}}{<} \left\lceil \frac{n}{k} \right\rceil + 1 \ \ \forall n, k \in \mathbb{Z}, \ k \ge 1.$$

Es bleiben I und II nachzuweisen:

Zu II:

$$\frac{n}{k} \le \left\lceil \frac{n}{k} \right\rceil \ \Longrightarrow \ \frac{n}{k} + 1 \le \left\lceil \frac{n}{k} \right\rceil + 1$$

$$\overset{k \ge 1}{\Longrightarrow} \ \underbrace{\frac{n}{k} + 1 - \underbrace{\frac{1}{k}}_{>0}}_{= \frac{n+k-1}{k}} < \left\lceil \frac{n}{k} \right\rceil + 1$$

Zu I:

Es gilt:

$$\left\lceil \frac{n}{k} \right\rceil - 1 < \frac{n}{k} \Longrightarrow \left\lceil \frac{n}{k} \right\rceil < \frac{n + k}{k}$$

Wir machen nun die Widerspruchsannahme, dass

$$\frac{n+k-1}{k} < \left\lceil \frac{n}{k} \right\rceil$$

gilt. Es folgt:

$$\frac{n+k-1}{k} < \left\lceil \frac{n}{k} \right\rceil < \frac{n+k}{k}$$

$$\implies n+k-1 < \underbrace{k \cdot \left\lceil \frac{n}{k} \right\rceil}_{\in \mathbb{Z}} < n+k \ .$$

Dies ist ein Widerspruch, da zwischen $n+k-1$ und $n+k$ keine ganze Zahl mehr liegen kann.

Aufgabe 38

▶   **Symmetrische Differenz von Mengen**

Sei X Menge und seien $A, B \subset X$. Die *symmetrische Differenz* von A, B ist die Menge

$$\{x \in X \,|\, x \in A \cup B\, , \ x \notin A \cap B\}$$

und wir schreiben dafür $A \triangle B$. Zeigen Sie:

a) $A \triangle B = (A \cap B') \cup (A' \cap B)$.
b) $\emptyset \triangle A = A$.
c) $A \triangle B \subset (A \triangle C) \cup (B \triangle C)$ für alle $C \subset X$.
d) Zeigen Sie durch ein einfaches Beispiel, dass die Inklusion in c) echt ist.

Hinweis zu c): Es wird vorgeschlagen, einen indirekten Beweis zu verwenden und die Regel von de Morgan zu benutzen (vgl. Aufg. 3, b)).

Lösung

a)

$$x \in A \triangle B \iff x \in A \cup B \wedge x \notin A \cap B$$
$$\iff (x \in A \vee x \in B) \wedge \neg(x \in A \wedge x \in B)$$
$$\iff (x \in A \vee x \in B) \wedge (x \notin A \vee x \notin B)$$

$$\Longleftrightarrow \left[\underbrace{(x \in A \land x \notin A)}_{falsch} \lor (x \notin A \land x \in B) \right]$$

$$\lor \left[(x \in A \land x \notin B) \lor \underbrace{(x \in B \land x \notin B)}_{falsch} \right]$$

$$\Longleftrightarrow (x \notin A \land x \in B) \lor (x \in A \land x \notin B)$$

$$\Longleftrightarrow x \in (A' \cap B) \cup (A \cap B')$$

b)

$$x \in \emptyset \triangle A \Longleftrightarrow x \in \emptyset \cup A \land x \notin \emptyset \cap A$$

$$\Longleftrightarrow x \in A \land \underbrace{x \notin \emptyset}_{wahr} \Longleftrightarrow x \in A$$

c) Wendet man die Methode des indirekten Beweises an, dann ist zu zeigen:

$$\forall C \subset X, x \in X \quad \text{gilt:} \quad x \notin (A \triangle C) \cup (B \triangle C) \Rightarrow x \notin A \triangle B.$$

Bemerkung: $x \notin A \triangle B$ bedeutet, dass x entweder in A und in B liegt, oder x liegt in keiner der beiden Mengen. Weiter gilt nach der Regel von de Morgan:

$$x \notin (A \triangle C) \cup (B \triangle C) \Longleftrightarrow x \notin (A \triangle C) \land x \notin (B \triangle C).$$

Wir setzen nun $x \notin (A \triangle C) \cup (B \triangle C)$ voraus und machen eine Fallunterscheidung:

Fall 1: $x \in C$: In diesem Fall muss wegen der obigen Bemerkung sowohl $x \in A$, als auch $x \in B$ gelten $\Rightarrow x \in A \cap B \Rightarrow x \notin A \triangle B$.

Fall 2: $x \notin C$: Hier folgt analog $x \notin A \land x \notin B$ und damit $x \notin A \cup B \Rightarrow x \notin A \triangle B$.

d) Wir zeigen noch durch ein einfaches Gegenbeispiel, dass die Inklusion in c) echt ist, also keine Gleichheit gilt:

$$A = \{1,2\}, \ B = \{2,3\}, \ C = \{3,4\},$$

$$A \cup B = \{1,2,3\}, \ A \cap B = \{2\}, \ A \triangle B = \{1,3\},$$

$$A \triangle C = \{1,2,3,4\}, \ B \triangle C = \{2,4\}$$

$$\Rightarrow \ 4 \in A \triangle C \Rightarrow 4 \in (A \triangle C) \cup (B \triangle C)$$

$$\text{aber} \quad 4 \notin A \triangle B.$$

Aufgabe 39

▶ **Symmetrische Differenz von Mengen**

Sei X eine Menge; seien $A, B \subset X$. Die *symmetrische Differenz* $A \triangle B$ von A und B ist definiert durch (vgl. Aufg. 38)

$$A \triangle B := \{x \in X \mid x \in A \cup B,\ x \notin A \cap B\}.$$

Berechnen Sie $A \triangle B$ für die folgenden Mengen:

a)
$$A := \{x \in \mathbb{R} \mid x^2 > 1\} \quad \text{und} \quad B := \{x \in \mathbb{R} \mid |x + 0,5| < 1\};$$

b)
$$A := \{(x, y) \in \mathbb{R}^2 \mid x^2 + y^2 \le 2\} \quad \text{und} \quad B := \{(x, y) \in \mathbb{R}^2 \mid x^2 + y^2 \le 1\}.$$

c)
$$A := \left\{(x, y) \in \mathbb{R}^2 \,\middle|\, |x| + |y| \le \frac{3}{2}\right\}, \quad B := \left\{(x, y) \in \mathbb{R}^2 \,\middle|\, \max\{|x|, |y|\} < 1\right\}$$

Lösung

a)
$$
\begin{aligned}
x \in A \triangle B \ &\Leftrightarrow\ x \in (A \cap B') \cup (A' \cap B)\ (\text{vgl. Aufg. 38, a)}) \\
&\Leftrightarrow\ (x \in A \wedge x \notin B) \vee (x \notin A \wedge x \in B) \\
&\Leftrightarrow\ (x^2 > 1 \wedge |x + 0,5| \ge 1) \vee (x^2 \le 1 \wedge |x + 0,5| < 1) \\
&\Leftrightarrow\ ((x < -1 \vee x > 1) \wedge (x + 0,5 \ge 1 \vee x + 0,5 \le -1)) \\
&\qquad \vee (-1 \le x \le 1 \wedge -1 < x + 0,5 < 1) \\
&\Leftrightarrow\ ((x < -1 \vee x > 1) \wedge (x \ge 0,5 \vee x \le -1,5)) \\
&\qquad \vee (-1 \le x \le 1 \wedge -1,5 < x < 0,5) \\
&\Leftrightarrow\ (x < -1 \wedge x \ge 0,5) \vee (x < -1 \wedge x \le -1,5) \\
&\qquad \vee (x > 1 \wedge x \ge 0,5) \vee (x > 1 \wedge x \le -1,5) \vee (-1 \le x < 0,5) \\
&\Leftrightarrow\ x \le -1,5 \vee x > 1 \vee -1 \le x < 0,5\,.
\end{aligned}
$$

Somit gilt $A \triangle B = \left(-\infty, -\frac{3}{2}\right] \cup \left[-1, \frac{1}{2}\right) \cup (1, \infty)$.

b)
$$
\begin{aligned}
(x, y) \in A \triangle B \ &\Leftrightarrow\ (x, y) \in (A \cap B') \cup (A' \cap B) \\
&\Leftrightarrow\ ((x, y) \in A \wedge (x, y) \notin B) \vee ((x, y) \notin A \wedge (x, y) \in B) \\
&\Leftrightarrow\ (x^2 + y^2 \le 2 \wedge x^2 + y^2 > 1) \\
&\qquad \vee (x^2 + y^2 > 2 \wedge x^2 + y^2 \le 1) \\
&\Leftrightarrow\ 1 < x^2 + y^2 \le 2\,.
\end{aligned}
$$

Somit gilt $A \triangle B = \{(x, y) \in \mathbb{R}^2 \mid 1 < x^2 + y^2 \le 2\}$.

c)

$$x \in A \triangle B$$
$$\iff x \in (A \cap B') \cup (A' \cap B)$$
$$\iff (x \in A \wedge x \notin B) \vee (x \notin A \wedge x \in B)$$
$$\iff \left(|x| + |y| \le \frac{3}{2} \wedge \max\{|x|, |y|\} \ge 1 \right)$$
$$\vee \left(|x| + |y| > \frac{3}{2} \wedge \max\{|x|, |y|\} < 1 \right)$$
$$\iff \left(x + y \le \frac{3}{2} \wedge \max(x, y) \ge 1 \wedge x \ge 0 \wedge y \ge 0 \right)$$
$$\vee \left(x - y \le \frac{3}{2} \wedge \max(x, -y) \ge 1 \wedge x \ge 0 \wedge y < 0 \right)$$
$$\vee \left(-x + y \le \frac{3}{2} \wedge \max(-x, y) \ge 1 \wedge x < 0 \wedge y \ge 0 \right)$$
$$\vee \left(-x - y \le \frac{3}{2} \wedge \max(-x, -y) \ge 1 \wedge x < 0 \wedge y < 0 \right)$$
$$\vee \left(x + y > \frac{3}{2} \wedge \max(x, y) < 1 \wedge x \ge 0 \wedge y \ge 0 \right)$$
$$\vee \left(x - y > \frac{3}{2} \wedge \max(x, -y) < 1 \wedge x \ge 0 \wedge y < 0 \right)$$
$$\vee \left(-x + y > \frac{3}{2} \wedge \max(-x, y) < 1 \wedge x < 0 \wedge y \ge 0 \right)$$
$$\vee \left(-x - y > \frac{3}{2} \wedge \max(-x, -y) < 1 \wedge x < 0 \wedge y < 0 \right)$$

Beachtet man $\max(a, b) \ge s \iff a \ge s \vee b \ge s$ sowie $\max(a, b) < s \iff a < s \wedge b < s$, so führt man die Äquivalenzumformungen wie folgt weiter durch:

$$\iff \left(x + y \le \frac{3}{2} \wedge x \ge 1 \wedge x \ge 0 \wedge y \ge 0 \right)$$
$$\vee \left(x + y \le \frac{3}{2} \wedge y \ge 1 \wedge x \ge 0 \wedge y \ge 0 \right)$$
$$\vee \left(x - y \le \frac{3}{2} \wedge x \ge 1 \wedge x \ge 0 \wedge y < 0 \right)$$
$$\vee \left(x - y \le \frac{3}{2} \wedge -y \ge 1 \wedge x \ge 0 \wedge y < 0 \right)$$
$$\vee \left(-x + y \le \frac{3}{2} \wedge -x \ge 1 \wedge x < 0 \wedge y \ge 0 \right)$$
$$\vee \left(-x + y \le \frac{3}{2} \wedge y \ge 1 \wedge x < 0 \wedge y \ge 0 \right)$$

$$\vee \left(-x - y \leq \frac{3}{2} \wedge -x \geq 1 \wedge x < 0 \wedge y < 0 \right)$$

$$\vee \left(-x - y \leq \frac{3}{2} \wedge -y \geq 1 \wedge x < 0 \wedge y < 0 \right)$$

$$\vee \left(x + y > \frac{3}{2} \wedge x < 1 \wedge y < 1 \wedge x \geq 0 \wedge y \geq 0 \right)$$

$$\vee \left(x - y > \frac{3}{2} \wedge x < 1 \wedge -y < 1 \wedge x \geq 0 \wedge y < 0 \right)$$

$$\vee \left(-x + y > \frac{3}{2} \wedge -x < 1 \wedge y < 1 \wedge x < 0 \wedge y \geq 0 \right)$$

$$\vee \left(-x - y > \frac{3}{2} \wedge -x < 1 \wedge -y < 1 \wedge x < 0 \wedge y < 0 \right)$$

$$\Longleftrightarrow \quad \left(1 \leq x \leq \frac{3}{2} \wedge 0 \leq y \leq \frac{3}{2} - x \right)$$

$$\vee \left(0 \leq x \leq \frac{1}{2} \wedge 1 \leq y \leq \frac{3}{2} - x \right)$$

$$\vee \left(1 \leq x \leq \frac{3}{2} \wedge x - \frac{3}{2} \leq y < 0 \right)$$

$$\vee \left(0 \leq x \leq \frac{1}{2} \wedge x - \frac{3}{2} \leq y \leq -1 \right)$$

$$\vee \left(-\frac{3}{2} \leq x \leq -1 \wedge 0 \leq y \leq \frac{3}{2} + x \right)$$

$$\vee \left(-\frac{1}{2} \leq x \leq 0 \wedge 1 \leq y \leq \frac{3}{2} + x \right)$$

$$\vee \left(-\frac{3}{2} \leq x \leq -1 \wedge -\frac{3}{2} - x \leq y < 0 \right)$$

$$\vee \left(-\frac{1}{2} \leq x \leq 0 \wedge -\frac{3}{2} - x \leq y \leq -1 \right)$$

$$\vee \left(\frac{1}{2} < x < 1 \wedge -x + \frac{3}{2} < y < 1 \right)$$

$$\vee \left(\frac{1}{2} < x < 1 \wedge -\frac{1}{2} < y < x - \frac{3}{2} \right)$$

$$\vee \left(-1 < x < -\frac{1}{2} \wedge \frac{3}{2} + x < y < 1 \right)$$

$$\vee \left(-1 < x < -\frac{1}{2} \wedge -1 < y < \frac{3}{2} - x \right)$$

Bei zeichnerischer Lösung (bzw. geometrischer Veranschaulichung dieses Ergebnisses) findet man heraus, dass es sich bei $A \triangle B$ um die Zacken eines Sterns handelt, der

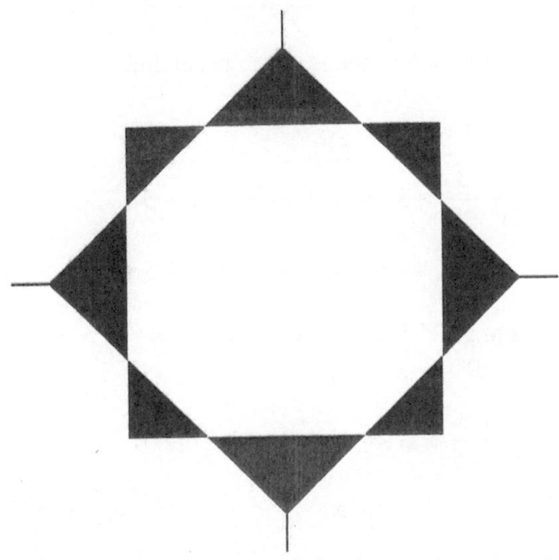

Abb. 1.1 Symmetrische Differenz $A \triangle B$ (Aufg. 39, Teil c))

entsteht, wenn man die zwei Quadrate mit den Eckpunkten

$$A(1,1),\, B(-1,1),\, C(-1,-1),\, D(1,-1)$$

bzw.

$$E(0,3/2),\, F(-3/2,0),\, G(0,-3/2),\, H(3/2,0)$$

übereinanderlegt (siehe Abb. 1.1).

1.5   Ungleichungen, Potenzen und Fakultäten

Aufgabe 40

▶   **Lösungsmengen von Ungleichungen**

Lösen Sie folgende Ungleichungen über $\mathbb{R}$. Skizzieren Sie zudem die Lösungsmenge auf der x−Achse.

a) $\dfrac{x+3}{2x-5} > 3;$

b) $\dfrac{|x|-1}{x^2-1} \geq \tfrac{1}{2};$

c) $|x - |x-1|| > -2x + 1.$

Hinweis: Machen Sie geeignete Fallunterscheidungen für x.

Lösung

Im Folgenden wird die Lösungsmenge mit $\mathbb{L}$ bezeichnet.

a) **Fall 1:** $2x - 5 > 0 \ \Leftrightarrow \ x > \frac{5}{2}$;

$$\frac{x + 3}{2x - 5} > 3 \ \Leftrightarrow \ x + 3 > 3(2x - 5)$$

$$\Leftrightarrow \ x + 3 > 6x - 15 \ \Leftrightarrow \ 18 > 5x \ \Leftrightarrow \ \frac{18}{5} > x;$$

insgesamt gilt daher: $x > \frac{5}{2} \wedge \frac{18}{5} > x \ \Leftrightarrow \ \frac{18}{5} > x > \frac{5}{2}$, also $\mathbb{L}_1 = \left(\frac{5}{2}, \frac{18}{5}\right)$;

Fall 2: $2x - 5 < 0 \ \Leftrightarrow \ x < \frac{5}{2}$;

$$\frac{x + 3}{2x - 5} > 3 \ \Leftrightarrow \ x + 3 < 3(2x - 5)$$

$$\Leftrightarrow \ x + 3 < 6x - 15 \ \Leftrightarrow \ 18 < 5x \ \Leftrightarrow \ \frac{18}{5} < x;$$

insgesamt gilt daher: $x < \frac{5}{2} \wedge \frac{18}{5} < x$ (Widerspruch!), also $\mathbb{L}_2 = \emptyset$;

Fall 3: $x = \frac{5}{2}$;

für $x = \frac{5}{2}$ ist der Ausdruck nicht definiert, also $\mathbb{L}_3 = \emptyset$;

für die Lösungsmenge $\mathbb{L}$ ergibt sich daher $\mathbb{L} = \mathbb{L}_1 \cup \mathbb{L}_2 \cup \mathbb{L}_3 = \left(\frac{5}{2}, \frac{18}{5}\right)$.

b) **Fall 1:** $x^2 - 1 > 0 \ \Leftrightarrow \ x^2 > 1 \ \Leftrightarrow \ x > 1 \vee x < -1$;

$$\frac{|x| - 1}{x^2 - 1} \geq \frac{1}{2} \ \Leftrightarrow \ |x| - 1 \geq \frac{1}{2}x^2 - \frac{1}{2} \ \Leftrightarrow \ 0 \geq x^2 - 2|x| + 1;$$

Fall 1.1: $x \geq 0$;

$$0 \geq x^2 - 2|x| + 1 \ \Leftrightarrow \ 0 \geq x^2 - 2x + 1 \ \Leftrightarrow \ 0 \geq (x - 1)^2 \ \Leftrightarrow \ x = 1;$$

insgesamt gilt daher $(x > 1 \vee x < -1) \wedge x \geq 0 \wedge x = 1$ (Widerspruch!), also $\mathbb{L}_{1.1} = \emptyset$;

Fall 1.2: $x < 0$;

$$0 \geq x^2 - 2|x| + 1 \ \Leftrightarrow \ 0 \geq x^2 + 2x + 1 \ \Leftrightarrow \ 0 \geq (x + 1)^2 \ \Leftrightarrow \ x = -1;$$

insgesamt gilt daher $(x > 1 \vee x < -1) \wedge x < 0 \wedge x = -1$ (Widerspruch!), also $\mathbb{L}_{1.2} = \emptyset$;

Fall 2: $x^2 - 1 < 0 \ \Leftrightarrow \ x^2 < 1 \ \Leftrightarrow \ -1 < x < 1$;

$$\frac{|x| - 1}{x^2 - 1} \geq \frac{1}{2} \ \Leftrightarrow \ |x| - 1 \leq \frac{1}{2}x^2 - \frac{1}{2} \ \Leftrightarrow \ 0 \leq x^2 - 2|x| + 1;$$

Fall 2.1: $x \geq 0$;

$$0 \leq x^2 - 2|x| + 1 \ \Leftrightarrow \ 0 \leq x^2 - 2x + 1 \ \Leftrightarrow \ 0 \leq (x - 1)^2 \ \Leftrightarrow \ x \in \mathbb{R};$$

insgesamt gilt daher $-1 < x < 1 \wedge x \geq 0 \wedge x \in \mathbb{R}$, also $\mathbb{L}_{2.1} = [0, 1)$;

Fall 2.2: $x < 0$;

$$0 \le x^2 - 2|x| + 1 \;\Leftrightarrow\; 0 \le x^2 + 2x + 1 \;\Leftrightarrow\; 0 \le (x+1)^2 \;\Leftrightarrow\; x \in \mathbb{R};$$

insgesamt gilt daher $(-1 < x < 1) \wedge x < 0 \wedge x \in \mathbb{R}$, also $\mathbb{L}_{2.2} = (-1, 0)$;

Fall 3: $x = -1 \vee x = 1$;

für $x = -1 \vee x = 1$ ist der Ausdruck nicht definiert, also $\mathbb{L}_3 = \emptyset$;

für die Lösungsmenge $\mathbb{L}$ ergibt sich daher $\mathbb{L} = \mathbb{L}_{1.1} \cup \mathbb{L}_{1.2} \cup \mathbb{L}_{2.1} \cup \mathbb{L}_{2.2} \cup \mathbb{L}_3 = (-1, 1)$.

c) **Fall 1:** $x - 1 \ge 0 \;\Leftrightarrow\; x \ge 1$;

$$|x - |x - 1|| > -2x + 1 \;\Leftrightarrow\; |x - (x - 1)| > -2x + 1$$
$$\Leftrightarrow\; |1| > -2x + 1 \;\Leftrightarrow\; 2x > 0 \;\Leftrightarrow\; x > 0;$$

insgesamt gilt daher $x \ge 1 \wedge x > 0 \;\Leftrightarrow\; x \ge 1$, also $\mathbb{L}_1 = [1, \infty)$;

Fall 2: $x - 1 < 0 \;\Leftrightarrow\; x < 1$;

$$|x - |x - 1|| > -2x + 1 \;\Leftrightarrow\; |x - (1 - x)| > -2x + 1 \;\Leftrightarrow\; |2x - 1| > -2x + 1;$$

Fall 2.1: $2x - 1 \ge 0 \;\Leftrightarrow\; 2x \ge 1 \;\Leftrightarrow\; x \ge \frac{1}{2}$;

$$|2x - 1| > -2x + 1 \;\Leftrightarrow\; 2x - 1 > -2x + 1 \;\Leftrightarrow\; 4x > 2 \;\Leftrightarrow\; x > \frac{1}{2};$$

insgesamt gilt daher $x < 1 \wedge x \ge \frac{1}{2} \wedge x > \frac{1}{2} \;\Leftrightarrow\; 1 > x > \frac{1}{2}$, also $\mathbb{L}_{2.1} = \left(\frac{1}{2}, 1\right)$;

Fall 2.2: $2x - 1 < 0 \;\Leftrightarrow\; 2x < 1 \;\Leftrightarrow\; x < \frac{1}{2}$;

$$|2x - 1| > -2x + 1 \;\Leftrightarrow\; 1 - 2x > -2x + 1 \;\Leftrightarrow\; 0 > 0 \text{ (Widerspruch!)};$$

insgesamt gilt daher $\mathbb{L}_{2.2} = \emptyset$;

für die Lösungsmenge $\mathbb{L}$ ergibt sich daher $\mathbb{L} = \mathbb{L}_1 \cup \mathbb{L}_{2.1} \cup \mathbb{L}_{2.2} = \left(\frac{1}{2}, \infty\right)$.

Aufgabe 41

▶   **Ungleichungen, vollständige Induktion**

Zeigen Sie:

a) $4 \cdot n \le n(n + 1)$, $n \in \mathbb{N}$, $n \ge 3$.

b) $2 \cdot n \le n^2$, $n \in \mathbb{N}$, $n \ge 2$.

(*Erinnerung*: $1 \cdot m := m$, $(k + 1) \cdot m := k \cdot m + m$,
      $m^1 := m$, $m^{k+1} := m \cdot m^k$, $m \in \mathbb{N}$).

Lösung

Beide Teilaufgaben werden durch vollständige Induktion über n bewiesen.

a) I. A.: $n = 3$: $12 \leq 12$ ist richtig.
   I. V.: Die Behauptung gelte bis $n \geq 3$.
   I. S.: $n \to n + 1$:

$$4(n + 1) = 4n + 4 \overset{\text{I. V.}}{\leq} n(n + 1) + 4$$

$$= n^2 + n + 4 \overset{(*)}{\leq} n^2 + n + 2n + 2$$

$$= n^2 + 3n + 2 = (n + 1)(n + 2)$$

wobei die Ungleichung $(*)$ wegen $2n + 2 \geq 4$, $n \geq 3$ gilt.

b) I. A.: $n = 2$: $4 \leq 4$ ist richtig.
   I. V.: Die Behauptung gelte bis $n \geq 2$.
   I. S.: $n \to n + 1$:

$$2(n + 1) = 2n + 2 \overset{\text{I. V.}}{\leq} n^2 + 2$$

$$\overset{n \geq 2}{\leq} n^2 + 2n + 1 = (n + 1)^2$$

Aufgabe 42

▶ **Ungleichungen, vollständige Induktion**

Für welche $n \in \mathbb{N}_0$ sind folgende Aussagen wahr?

a) $2n + 1 \leq 2^n$;
b) $n^2 \leq 2^n$.

Lösung

a) Die Ungleichung ist erfüllt für $n \in \mathbb{N}_0 \setminus \{1, 2\}$:
   $n = 0$: $2 \cdot 0 + 1 = 1 \leq 1 = 2^0$; $n = 1$: $2 \cdot 1 + 1 = 3 > 2 = 2^1$;
   $n = 2$: $2 \cdot 2 + 1 = 5 > 4 = 2^2$;
   Für $n \geq 3$ wird die Behauptung mit Hilfe der vollständigen Induktion gezeigt:
   I. A.: $n = 3$: $2 \cdot 3 + 1 = 7 \leq 8 = 2^3$;
   I. V.: Die Behauptung gelte bis n.
   I. S.: $n \to n + 1$: $2(n + 1) + 1 = (2n + 1) + 2 \overset{\text{I. V.}}{\leq} 2^n + 2 \overset{n \geq 3}{\leq} 2^n + 2^n = 2^{n+1}$.

b) Die Ungleichung ist erfüllt für $n \in \mathbb{N}_0 \setminus \{3\}$:
   $n = 0$: $0^2 = 0 \leq 1 = 2^0$; $n = 1$: $1^2 = 1 \leq 2 = 2^1$;
   $n = 2$: $2^2 = 4 \leq 4 = 2^2$; $n = 3$: $3^2 = 9 > 8 = 2^3$;
   Für $n \geq 4$ wird die Behauptung mit Hilfe der vollständigen Induktion gezeigt:

I. A.: $n = 4 : 4^2 = 16 \leq 16 = 2^4$;

I. V.: Die Behauptung gelte bis n.

I. S.: $n \to n + 1 : (n + 1)^2 = n^2 + 2n + 1 \overset{\text{I. V., a)}}{\leq} 2^n + 2^n = 2^{n+1}$.

Aufgabe 43

▶ **Ungleichungen für Potenzen**

Beweisen Sie:

a) $2^n < n!, \quad n \in \mathbb{N}, n \geq 4$;

b) $\displaystyle\sum_{k=0}^{n} \frac{1}{k!} < 3, \quad n \in \mathbb{N}$;

c) $\left(\dfrac{n}{3}\right)^n \leq \dfrac{1}{3}n!, \quad n \in \mathbb{N}$;

d) $\displaystyle\sum_{i=1}^{n} \frac{1}{i^3} < 2 - \frac{1}{n^2}, \quad n \in \mathbb{N}, n \geq 2$.

e) Sei $a \in \mathbb{R}$, $0 < a < 1$. Dann gilt: $0 < a^n < 1 \quad \forall n \in \mathbb{N}$.

Hinweise: Benutzen Sie für a) und c) vollständige Induktion. Verwenden Sie für b) Teil a)
und die Summenformel für die endliche geometrische Reihe sowie für c) Teil b).

Lösung

a) Vollständige Induktion:

I. A.: $n = 4 : 2^4 < 24 = 4!$ (w. A.);

I. V.: Die Behauptung gelte bis n.

I. S.: $n \to n + 1$:

$$2^{n+1} = 2 \cdot 2^n \overset{\text{I. V.}}{<} 2n! \overset{n \geq 4}{<} (n + 1)n! = (n + 1)!$$

b)

$$\sum_{k=0}^{n} \frac{1}{k!} = 1 + 1 + \frac{1}{2} + \frac{1}{6} + \sum_{k=4}^{n} \frac{1}{k!}$$

$$\overset{a)}{<} \frac{8}{3} + \sum_{k=4}^{n} \frac{1}{2^k}$$

$$= \frac{8}{3} - \left(1 + \frac{1}{2} + \frac{1}{4} + \frac{1}{8}\right) + \sum_{k=0}^{n} \left(\frac{1}{2}\right)^k$$

$$\overset{\text{S.formel}}{=} \frac{17}{24} + \frac{1 - \left(\frac{1}{2}\right)^{n+1}}{1 - \frac{1}{2}} < \frac{17}{24} + 2 < 3$$

c) Es gilt mit Hilfe des binomischen Lehrsatzes

$$\left(1 + \frac{1}{n}\right)^n = \sum_{k=0}^{n} \binom{n}{k}\frac{1}{n^k} = \sum_{k=0}^{n} \frac{n!}{k!(n-k)!n^k}$$

$$= \sum_{k=0}^{n} \frac{n(n-1)\cdots(n-k+1)}{n^k}\frac{1}{k!} \leq \sum_{k=0}^{n}\frac{1}{k!} \overset{b)}{<} 3,$$

was unten an der Stelle $(*)$ benutzt wird.

Vollständige Induktion:

I. A.: $n = 1$: $\left(\frac{1}{3}\right)^1 = \frac{1}{3} \leq \frac{1}{3}1!$ (w. A.);

I. V.: Die Behauptung gelte bis n.

I. S.: $n \to n + 1$:

$$\left(\frac{n+1}{3}\right)^{n+1} = \left(\frac{n+1}{n}\right)^n \frac{n^n}{3^{n+1}}(n+1) = \left(1 + \frac{1}{n}\right)^n (n+1)\frac{n^n}{3^{n+1}}$$

$$\overset{(*)}{<} 3\frac{n^n}{3^{n+1}}(n+1) = \left(\frac{n}{3}\right)^n (n+1)$$

$$\overset{\text{I. V.}}{\leq} \frac{1}{3}n!(n+1) = \frac{1}{3}(n+1)!\,.$$

d) I. A.: $n = 2$: $\sum_{i=1}^{2} \frac{1}{i^3} = 1 + \frac{1}{8} = 1{,}125 < 1{,}75 = 2 - \frac{1}{4}$ (w. A.);

I. V.: Die Behauptung gelte bis n.

I. S.: $n \to n + 1$:

$$\sum_{i=1}^{n+1} \frac{1}{i^3} = \sum_{i=1}^{n} \frac{1}{i^3} + \frac{1}{(n+1)^3} \overset{\text{I. V.}}{<} 2 - \frac{1}{n^2} + \frac{1}{(n+1)^3} \overset{!}{<} 2 - \frac{1}{(n+1)^2}\,.$$

Es bleibt also nur noch zu zeigen, dass die letzte Ungleichung gilt:

$$2 - \tfrac{1}{n^2} + \tfrac{1}{(n+1)^3} < 2 - \tfrac{1}{(n+1)^2} \quad \Leftrightarrow \quad \tfrac{1}{(n+1)^2} + \tfrac{1}{(n+1)^3} < \tfrac{1}{n^2}$$

$$\Leftrightarrow \quad n^2(n+1) + n^2 < (n+1)^3 \quad \Leftrightarrow \quad n^3 + 2n^2 < n^3 + 3n^2 + 3n + 1$$

$$\Leftrightarrow \quad 0 < n^2 + 3n + 1 \text{ (w. A.)}.$$

e) Induktion über n:

I. A.: $n = 1$: $0 < a^1 < 1$ ist richtig nach Voraussetzung.

I. V.: Die Behauptung gelte bis $n \geq 1$.

I. S.: $n \to n + 1$:

$$\underbrace{0 < a^n \wedge 0 < a}_{\text{I. V.}} \quad \Rightarrow \quad 0 < a \cdot a^n = a^{n+1}$$

$$\underbrace{a^n < 1 \wedge a < 1}_{\text{I. V.}} \quad \Rightarrow \quad a^{n+1} = a \cdot a^n < 1$$

Aufgabe 44

▶ **Ungleichungen für 2 reelle Zahlen**

Sei $0 < x \leq y$, $x, y \in \mathbb{R}$. Zeigen Sie:

a) $x^2 \leq \left(\dfrac{2xy}{x+y}\right)^2 \leq xy \leq \left(\dfrac{x+y}{2}\right)^2 \leq y^2$.

b) Tritt an irgendeiner Stelle dieser Ungleichheitskette das Gleichheitszeichen, so ist $x = y$.

Lösung

a) Die erste Ungleichung beweist man durch

$$x \leq y \iff x + y \leq 2y \iff (x+y)^2 \leq 4y^2$$
$$\iff x^2(x+y)^2 \leq (2xy)^2 \iff x^2 \leq \left(\frac{2xy}{x+y}\right)^2.$$

Zum Beweis der zweiten Ungleichung rechnet man nach:

$$0 \leq (x-y)^2 \iff 0 \leq x^2 - 2xy + y^2 \iff 4xy \leq (x+y)^2$$
$$\iff (2xy)^2 \leq xy(x+y)^2 \iff \left(\frac{2xy}{x+y}\right)^2 \leq xy.$$

Die dritte Ungleichung zeigt man mittels

$$0 \leq (x-y)^2 \iff 0 \leq x^2 - 2xy + y^2$$
$$\iff 4xy \leq (x+y)^2 \iff xy \leq \left(\frac{x+y}{2}\right)^2.$$

Die vierte Ungleichung ergibt sich schließlich aus

$$x \leq y \iff x + y \leq 2y$$
$$\iff (x+y)^2 \leq 4y^2 \iff \left(\frac{x+y}{2}\right)^2 \leq y^2.$$

b) Da in a) nur Äquivalenzumformungen durchgeführt wurden (Beachte $x, y > 0$), ergibt sich jeweils unmittelbar $x = y$, wenn die entsprechenden Beweise rückwärts mit einem Gleichheitszeichen anstelle des Ungleichheitszeichens gelesen werden.

Aufgabe 45

▶ **Ohmsche Widerstände**

Zwei Ohmsche Widerstände R_1 und R_2 werden zum einen in Reihe mit Gesamtwiderstand R_r und in einer zweiten Schaltung parallel mit Gesamtwiderstand R_p geschaltet. Zeigen Sie, dass zwischen den Gesamtwiderständen folgende Ungleichung gilt:

$$R_r \geq 4R_p.$$

Lösung

Werden die Widerstände in Reihe geschaltet, so gilt für den Gesamtwiderstand R_r:

$$R_r = R_1 + R_2.$$

Werden die Widerstände parallel geschaltet, so gilt für den Gesamtwiderstand R_p:

$$\frac{1}{R_p} = \frac{1}{R_1} + \frac{1}{R_2} = \frac{R_1 + R_2}{R_1 R_2}.$$

Damit erhält man:

$$R_r \geq 4R_p \; \Leftrightarrow \; R_1 + R_2 \geq 4\frac{R_1 R_2}{R_1 + R_2} \; \Leftrightarrow \; (R_1 + R_2)^2 \geq 4R_1 R_2$$

$$\Leftrightarrow \; R_1^2 - 2R_1 R_2 + R_2^2 \geq 0 \; \Leftrightarrow \; (R_1 - R_2)^2 \geq 0 \text{ (w. A.)},$$

wobei die letzte Aussage immer gilt (w. A. = wahre Aussage).

Aufgabe 46

▶ **Summen und Produkte von Zahlen, Ungleichungen**

Beweisen Sie mittels vollständiger Induktion für reelle Zahlen a_j, $j \in \{1, \ldots, n\}$:

a)

$$\prod_{j=1}^{n}(1 - a_j) \geq 1 - \sum_{j=1}^{n} a_j, \quad 0 \leq a_j \leq 1 \; \forall \; j \in \{1, 2, \ldots, n\};$$

b)

$$\left(\sum_{j=1}^{n} a_j\right)\left(\sum_{j=1}^{n} \frac{1}{a_j}\right) \geq n^2, \quad a_j \in \mathbb{R}, \, a_j > 0 \; \forall \; j \in \{1, 2, \ldots, n\}.$$

Lösung

a) Vollständige Induktion:

I. A.: $n = 1$: $1 - a_1 \geq 1 - a_1$

I. V.: Die Behauptung gelte bis $n \geq 1$.

I. S.: $n \to n + 1$:

$$\prod_{i=1}^{n+1}(1 - a_i) = \prod_{i=1}^{n}(1 - a_i) \underbrace{(1 - a_{n+1})}_{0 \leq \ldots \leq 1}$$

$$\overset{\text{I. V.}}{\geq} \left(1 - \sum_{i=1}^{n} a_i\right)(1 - a_{n+1})$$

$$= 1 - a_{n+1} - \sum_{i=1}^{n} a_i + a_{n+1}\underbrace{\sum_{i=1}^{n} a_i}_{0 \leq \ldots \leq n}$$

$$\geq 1 - \sum_{i=1}^{n+1} a_i.$$

b) Vollständige Induktion:

I. A.: $n = 1$: $\left(\sum_{j=1}^{1} a_j\right)\left(\sum_{j=1}^{1} \frac{1}{a_j}\right) = a_1\frac{1}{a_1} = 1 \geq 1^2$ (w. A.);

I. V.: Die Behauptung gelte bis n.

I. S.: $n \to n + 1$

$$\left(\sum_{j=1}^{n+1} a_j\right)\left(\sum_{j=1}^{n+1} \frac{1}{a_j}\right) = \left(\sum_{j=1}^{n} a_j + a_{n+1}\right)\left(\sum_{j=1}^{n} \frac{1}{a_j} + \frac{1}{a_{n+1}}\right)$$

$$\overset{\text{I. V.}}{\geq} n^2 + \frac{1}{a_{n+1}}\left(\sum_{j=1}^{n} a_j\right) + a_{n+1}\left(\sum_{j=1}^{n} \frac{1}{a_j}\right) + 1$$

$$= n^2 + \left(\sum_{j=1}^{n} \frac{a_j}{a_{n+1}}\right) + \left(\sum_{j=1}^{n} \frac{a_{n+1}}{a_j}\right) + 1$$

$$\overset{(*)}{\geq} n^2 + 2n + 1 = (n + 1)^2.$$

Zu $(*)$: Wegen $a_j > 0$, $j \in \{1, 2, \ldots, n, n + 1\}$ gilt $b_j := \frac{a_j}{a_{n+1}} > 0$, $j \in \{1, 2, \ldots, n\}$ und damit

$$(b_j - 1)^2 \geq 0 \Leftrightarrow b_j^2 - 2b_j + 1 \geq 0 \Leftrightarrow b_j^2 + 1 \geq 2b_j$$

$$\overset{b_j > 0}{\Leftrightarrow} b_j + \frac{1}{b_j} \geq 2, \quad j \in \{1, 2, \ldots, n\}.$$

Daraus folgt sofort die Ungleichung

$$\sum_{j=1}^{n} b_j + \sum_{j=1}^{n} \frac{1}{b_j} = \sum_{j=1}^{n} \left(b_j + \frac{1}{b_j} \right) \geq \sum_{j=1}^{n} 2 = 2n,$$

womit die Abschätzung $(*)$ bewiesen ist.

Aufgabe 47

▶ **Potenzen und Fakultäten**

Beweisen Sie:

a)
$$\prod_{i=1}^{n-1} \left(1 + \frac{1}{i} \right)^{i} = \frac{n^n}{n!}, \qquad n \in \mathbb{N}, \, n \geq 2 .$$

b)
$$\prod_{i=1}^{n-1} \left(1 + \frac{1}{i} \right)^{i+1} = \frac{n^n}{(n-1)!}, \qquad n \in \mathbb{N}, \, n \geq 2 .$$

c)
$$\left(1 + \frac{1}{n} \right)^{n} < 3 , \qquad \left(1 + \frac{1}{n} \right)^{n+1} > 2, \qquad n \in \mathbb{N} .$$

d)
$$3 \left(\frac{n}{3} \right)^{n} \leq n! \leq 2 \left(\frac{n}{2} \right)^{n}, \qquad n \in \mathbb{N} .$$

Hinweise: Verwenden Sie im 1. Teil von c) die Binomische Formel und zeigen Sie, dass darin $\binom{n}{k} \frac{1}{n^k} \leq \frac{1}{2^{k-1}}, 1 \leq k \leq n$, gilt. Benutzen Sie für den 2. Teil von c) die *Bernoullische Ungleichung* $(1+a)^n \geq 1 + na, \, a \in \mathbb{R}, a > -1, \, n \in \mathbb{N}$ (vgl. z. B. Aufg. 54).

Lösung

a) Wir beweisen die Formel mit vollständiger Induktion. Der Induktionsanfang ist für $n = 2$ offensichtlich erfüllt. Die Behauptung gelte bis $n \geq 2$.
$n \rightarrow n + 1$:

$$\prod_{i=1}^{n} (1 + \frac{1}{i})^i = \frac{n^n}{n!} (1 + \frac{1}{n})^n = \frac{n^n}{n!} \frac{(n+1)^n}{n^n} = \frac{(n+1)^{n+1}}{(n+1)!} .$$

b) Wir beweisen die Formel mit Teil a):

$$\prod_{i=1}^{n-1}\left(1+\frac{1}{i}\right)^{i+1} = \prod_{i=1}^{n-1}\left(1+\frac{1}{i}\right)^{i}\ \prod_{i=1}^{n-1}\left(1+\frac{1}{i}\right) \overset{a)}{=} \frac{n^n}{n!}\underbrace{\prod_{i=1}^{n-1}\left(\frac{i+1}{i}\right)}_{=n} = \frac{n^n}{n!}\cdot n = \frac{n^n}{(n-1)!}.$$

c) Nach der Binomischen Formel gilt:

$$\left(1+\frac{1}{n}\right)^{n} = \sum_{k=0}^{n}\binom{n}{k}\frac{1}{n^k}.$$

Für $k \geq 1$ gilt $1 \leq n - k + 1 \leq n$ und deshalb

$$\binom{n}{k}\frac{1}{n^k} = \frac{n\cdot(n-1)\cdots(n-k+1)}{k!\,n^k} \leq \frac{1}{k!} = \frac{1}{1\cdot2\cdot3\cdots k} \leq \frac{1}{2^{k-1}}.$$

Setzt man diese Abschätzung in die obige Summe ein, so folgt

$$\left(1+\frac{1}{n}\right)^{n} = \sum_{k=0}^{n}\binom{n}{k}\frac{1}{n^k} \leq 1 + \sum_{k=1}^{n}\frac{1}{2^{k-1}}$$

$$= 1 + \sum_{k=0}^{n-1}\left(\frac{1}{2}\right)^{k} = 1 + \frac{1-(\frac{1}{2})^n}{1-\frac{1}{2}} < 1 + \frac{1}{1-(\frac{1}{2})} = 3.$$

Aus der Bernoullischen Ungleichung folgt schließlich

$$\left(1+\frac{1}{n}\right)^{n+1} > \left(1+\frac{1}{n}\right)^{n} \geq 1 + n\frac{1}{n} = 2.$$

d) Nach Aufgabenteil a) und c) gilt

$$n! \overset{a)}{=} \frac{n^n}{\underbrace{\prod_{i=1}^{n-1}\left(1+\frac{1}{i}\right)^{i}}_{\geq 2}} \leq \frac{n^n}{2^{n-1}} \leq 2\left(\frac{n}{2}\right)^{n}$$

und

$$n! \overset{c)}{=} \frac{n^n}{\underbrace{\prod_{i=1}^{n-1}\left(1+\frac{1}{i}\right)^{i}}_{<3}} \geq \frac{n^n}{3^{n-1}} = 3\left(\frac{n}{3}\right)^{n}.$$

Aufgabe 48

► **Binomialkoeffizienten**

a) Zeigen Sie die folgende Gleichheit für die Binomialkoeffizienten:

$$\binom{n}{k} + \binom{n}{k+1} = \binom{n+1}{k+1}, \ n, k \in \mathbb{N}_0.$$

b) Zeigen Sie mittels vollständiger Induktion, dass für beliebige $n, k \in \mathbb{N}$ gilt:

$$\sum_{j=1}^{n} \binom{k+j-1}{k} = \binom{n+k}{k+1}.$$

Hinweise: Die Binomialkoeffizienten sind erklärt durch

$$\binom{n}{k} := \frac{n!}{(n-k)!\,k!};$$

definitionsgemäß ist $0! = 1$, und für $k > n$ setzt man $\binom{n}{k} := 0$. Behandeln Sie in a) auch die Fälle $k \geq n$.

Lösung

a) **Fall 1:** $k < n$:

$$\binom{n}{k} + \binom{n}{k+1} = \frac{n!}{(n-k)!\,k!} + \frac{n!}{(n-(k+1))!\,(k+1)!}$$

$$= n! \left(\frac{(k+1) + ((n+1)-(k+1))}{((n+1)-(k+1))!\,(k+1)!} \right)$$

$$= \frac{(n+1)!}{((n+1)-(k+1))!\,(k+1)!} = \binom{n+1}{k+1};$$

Fall 2: $k = n$:

$$\binom{n}{k} + \binom{n}{k+1} = \binom{n}{n} + \binom{n}{n+1} = 1 + 0 = 1 = \binom{n+1}{n+1} = \binom{n+1}{k+1};$$

Fall 3: $k > n$:

$$\binom{n}{k} + \binom{n}{k+1} = 0 + 0 = 0 = \binom{n+1}{k+1}.$$

b) Vollständige Induktion über n, wobei $k \in \mathbb{N}$ beliebig, aber fest ist:

$$\text{I. A.: } n = 1 : \sum_{j=1}^{1} \binom{k + j - 1}{k} = \binom{k}{k} = \frac{k!}{0!k!} = 1 = \frac{(k+1)!}{0!(k+1)!} = \binom{k+1}{k+1}.$$

I. V.: Die Behauptung gelte bis n.

I. S.: $n \to n + 1$:

$$\sum_{j=1}^{n+1} \binom{k+j-1}{k} = \sum_{j=1}^{n} \binom{k+j-1}{k} + \binom{k+(n+1)-1}{k}$$

$$\overset{\text{I. V.}}{=} \binom{n+k}{k+1} + \binom{n+k}{k} \overset{\text{a)}}{=} \binom{(n+1)+k}{k+1}.$$

1.6 Maximum und Minimum, Supremum und Infimum

Aufgabe 49

▶ **Maximum, Minimum**

Zeigen Sie, dass für alle $x, y \in \mathbb{R}$ gilt:

a) $\max(x, y) = \frac{1}{2}(x + y + |x - y|)$;
b) $\min(x, y) = \frac{1}{2}(x + y - |x - y|)$.

Dabei bezeichnet $\max(x, y)$ bzw. $\min(x, y)$ die größere bzw. kleinere von zwei Zahlen x, y.

Lösung

a) Zu zeigen: $\max(x, y) = \frac{1}{2}(x + y + |x - y|)$
   Sei o. B. d. A. $x \geq y$, d. h. $x = \max(x, y)$.
   Zu zeigen: $x = \frac{1}{2}(x + y + |x - y|)$.
   Es gilt

$$\frac{1}{2}(x + y + \underbrace{| x - y |}_{\geq 0}) = \frac{1}{2}(x + y + x - y) = \frac{2x}{2} = x \, .$$

b) Zu zeigen: $\min(x, y) = \frac{1}{2}(x + y - |x - y|)$
   Sei o. B. d. A. $x \leq y$, d. h. $x = \min(x, y)$.
   Zu zeigen: $x = \frac{1}{2}(x + y - |x - y|)$.
   Es gilt

$$\frac{1}{2}(x + y - \underbrace{| x - y |}_{\leq 0}) = \frac{1}{2}(x + y + x - y) = \frac{2x}{2} = x \, .$$

Aufgabe 50

► **Supremum reeller Zahlenmengen, Vollständigkeitsaxiom**

Seien $A, B \subset \mathbb{R}$, $A \neq \emptyset$, $B \neq \emptyset$.

a) Es gelte
   1) $A \cup B = \mathbb{R}$.
   2) $x \in A$, $y \in B \implies x < y$
   Zeigen Sie: $\exists x \in \mathbb{R}$ mit $A = \{z \in \mathbb{R} \mid z \leq x\}$ oder $A = \{z \in \mathbb{R} \mid z < x\}$.
b) Seien A, B nach oben beschränkt. Setze

$$C := \{z \in \mathbb{R} \mid z = a + b \text{ mit } a \in A,\ b \in B\}.$$

Zeigen Sie: $\sup_{z \in C} z = \sup_{a \in A} a + \sup_{b \in B} b$.

Bemerkungen zum Supremum: Für eine nichtleere, nach oben beschränkte Menge $A \subset \mathbb{R}$ existiert nach dem Vollständigkeitsaxiom ein Supremum, d. h. eine kleinste obere Schranke dieser Menge. Eine solche Zahl S ist eine obere Schranke und keine Zahl kleiner als S ist obere Schranke, d. h. zu jedem $\varepsilon > 0$ gibt es mindestens ein $a \in A$ mit $S - \varepsilon < a$. Dies ist eine *Charakterisierung des Supremums* (vgl. z. B. [3], I.8). Eine analoge Charakterisierung gilt für das Infimum.

Lösung

a) Nach Voraussetzung ist $A \neq \emptyset$ und die Menge ist nach oben beschränkt, denn jedes $y_0 \in B \neq \emptyset$ ist obere Schranke von A, da

$$\forall x \in A : x \overset{2)}{<} y_0.$$

Nach dem Vollständigkeitsaxiom besitzt A demnach ein Supremum $x := \sup A$.
1. Fall: $x \in A$
   Wir zeigen, dass dann $A = \{z \in \mathbb{R} : z \leq x\} =: C$.
   $A \subset C$: Sei $z \in A$. Da x obere Schranke von A ist, gilt $z \leq x \Rightarrow z \in C$.
   $C \subset A$: Sei $z \in C$. Angenommen $z \notin A$.

$$\overset{1)}{\Rightarrow} z \in B \overset{x \in A}{\Rightarrow} x < z.$$

   Dies steht allerdings im Widerspruch zu $z \in C$. z muss also in A liegen.
2. Fall: $x \notin A$
   Wir zeigen, dass dann $A = \{z \in \mathbb{R} : z < x\} =: D$.

$A \subset D$: Sei $z \in A$.

$$x \notin A \overset{1)}{\Rightarrow} x \in B \overset{2)}{\Rightarrow} z < x \Rightarrow z \in D.$$

$D \subset A$: Sei $z \in D$. Nehmen wir an, dass $z \notin A$.

$$\Rightarrow z \in B \Rightarrow z \text{ obere Schranke von A} \Rightarrow x \leq z.$$

Die letzte Ungleichung steht allerdings im Widerspruch zu $z \in D$; z muss also in A liegen.

b) Wir definieren $A + B := \{z \in \mathbb{R} \mid z = a + b \quad \text{mit} \quad a \in A, b \in B\}$ und zeigen, dass $\sup(A + B) = \sup A + \sup B$. Sei $\alpha := \sup A$ und $\beta := \sup B$, so müssen wir zeigen, dass $\alpha + \beta$ die kleinste obere Schranke von $A + B$ ist. Offensichtlich ist $\alpha + \beta$ eine obere Schranke dieser Menge, denn es gilt für $z \in A + B$:

$$z = a + b \leq \alpha + \beta.$$

Zu beliebigem $\varepsilon > 0$ existieren $a \in A, b \in B$ mit

$$\alpha - \varepsilon/2 < a \quad \text{und} \quad \beta - \varepsilon/2 < b$$

$$\Rightarrow (\alpha + \beta) - \varepsilon < (a + b) =: z,$$

und damit ist $\alpha + \beta$ die *kleinste* obere Schranke von $A + B$.

Aufgabe 51

▶ **Infimum und Supremum**

a) Entscheiden Sie, ob die folgenden Aussagen richtig oder falsch sind. Beweisen Sie die richtigen Aussagen und geben Sie für die falschen Aussagen ein Gegenbeispiel an.
   1) Jedes Maximum ist ein Supremum.
   2) Zu jeder Teilmenge von $\mathbb{R}$ gibt es ein Supremum.
   3) Infimum und Minimum sind dasselbe.
   4) Ist s das Supremum einer Teilmenge von $\mathbb{R}$, so ist $s + 1$ eine obere Schranke dieser Teilmenge.

b) Bestimmen Sie – falls vorhanden – das Infimum, Supremum, Minimum und Maximum der Menge M, die durch

$$M := \left\{ \frac{|x|}{1 + |x|} \;\middle|\; x \in \mathbb{R} \right\} \subset \mathbb{R}$$

definiert ist.

a) 1) Diese Aussage ist **wahr**.

Sei m das Maximum der betrachteten Menge M, dann gilt

$$m \geq x \ \forall \ x \in M \wedge m \in M.$$

Wegen $m \geq x \ \forall \ x \in M$ ist m offensichtlich eine obere Schranke von M und wegen $m \in M$ zugleich auch die kleinste obere Schranke, also ist m das Supremum von M.

2) Diese Aussage ist **falsch**.

Betrachte die Menge $\mathbb{R}^+ := (0, \infty) \subset \mathbb{R}$. $\mathbb{R}^+$ besitzt aber kein Supremum, denn $\mathbb{R}^+$ ist nach oben unbeschränkt, so dass keine kleinste obere Schranke existieren kann. Wäre $M \in \mathbb{R}$ beliebig eine obere Schranke, dann müßte gelten

$$x \leq M \ \forall \ x \in \mathbb{R}^+.$$

Wegen

$$M \in \mathbb{R} \ \Rightarrow \ |M| \in \mathbb{R}_0^+ \ \Rightarrow \ |M| + 1 \in \mathbb{R}^+$$

kann man $x := |M| + 1 \in \mathbb{R}^+$ setzen. Dann gilt $x = |M| + 1 > M$ (Widerspruch!). Somit ist $\mathbb{R}^+$ nach oben unbeschränkt und besitzt daher auch kein Supremum.

3) Diese Aussage ist **falsch**.

Betrachte die Menge $(0, 1]$. Diese besitzt nach dem Vollständigkeitsaxiom ein Infimum, da $(0, 1]$ nach unten beschränkt ist. Sei nun $m \in (0, 1]$ das Minimum dieser Menge. Wegen der Eigenschaften von $\mathbb{R}$ gilt

$$m \in (0, 1] \ \Rightarrow \ 0 < m \leq 1 \ \Rightarrow \ 0 < \frac{m}{2} \leq \frac{1}{2} \ \Rightarrow \ \frac{m}{2} \in (0, 1],$$

so dass man $x := \frac{m}{2}$ setzen kann. Somit läßt sich wegen $\frac{m}{2} < m$ zu jedem angenommenen Minimum $m \in (0, 1]$ ein Element der Menge finden, dass noch kleiner ist. Daher kann kein Minimum vorliegen.

4) Diese Aussage ist **wahr**.

Ist s das Supremum der betrachteten Menge M, so ist s auch eine obere Schranke von M. Offensichtlich gilt dann

$$s + 1 > s \geq x \ \forall \ x \in M,$$

d. h. $s + 1$ ist eine obere Schranke von M.

b) Das Infimum und das Minimum der Menge M ist null: Es gilt

$$\frac{|x|}{1 + |x|} \geq 0 \Leftrightarrow |x| \geq 0 \ (\text{w. A.});$$

also ist null eine untere Schranke der Menge. Für $x = 0$ gilt $\frac{|x|}{1+|x|} = 0$, so dass $0 \in M$ ist.

Das Supremum von M ist 1, es gibt aber kein Maximum: Es gilt

$$\frac{|x|}{1+|x|} \leq 1 \;\Leftrightarrow\; |x| \leq 1 + |x| \;\Leftrightarrow\; 0 \leq 1 \text{ (w. A.)},$$

also ist 1 eine obere Schranke der Menge. Angenommen, es gäbe eine kleinere obere Schranke. Sei dazu $\varepsilon > 0$ beliebig. Es müßte also gelten

$$\frac{|x|}{1+|x|} \leq 1 - \varepsilon \;\Leftrightarrow\; |x| \leq 1 + |x| - (1 + |x|)\varepsilon \;\Leftrightarrow\; (1 + |x|)\varepsilon \leq 1.$$

Setze $x = \frac{1}{\varepsilon} \in \mathbb{R}$, dann erhält man

$$1 \geq (1 + |x|)\varepsilon = \left(1 + \frac{1}{\varepsilon}\right)\varepsilon = \varepsilon + 1 \;\Leftrightarrow\; 0 \geq \varepsilon \text{ (Widerspruch!)}.$$

Somit ist 1 das Supremum von M. Weiterhin gilt

$$\frac{|x|}{1+|x|} = 1 \;\Leftrightarrow\; |x| = 1 + |x| \;\Leftrightarrow\; 0 = 1 \text{ (Widerspruch!)},$$

also liegt 1 nicht in M, es gibt also kein Maximum.

Aufgabe 52

▶ **Supremum und Infimum**

Es seien A, B nichtleere Teilmengen von $\mathbb{R}$. Es gelte

$$a \leq b \;\forall\, a \in A,\, b \in B.$$

Beweisen Sie:

a)
$$s := \sup A \quad \text{und} \quad t := \inf B \quad \text{existieren};$$

b)
$$\sup A \leq \inf B;$$

c)
$$\sup A = \inf B \;\Leftrightarrow\; \forall\, \varepsilon > 0\, \exists\, a \in A,\, b \in B : b - a < \varepsilon.$$

Lösung

a) Nach Voraussetzung sind A und B nicht leer, d. h. es gibt mindestens ein $a' \in A$ und ein $b' \in B$. Daher gilt

$$a \leq b' \; \forall \, a \in A \quad \text{und} \quad a' \leq b \; \forall \, b \in B.$$

Damit ist A nach oben und B nach unten beschränkt. Nach dem Vollständigkeitsaxiom existieren somit $s := \sup A$ und $t := \inf B$.

b) Angenommen es würde $t < s$ gelten. Setze $u := \frac{s+t}{2}$, dann gilt offensichtlich $t < u < s$. Da t das Infimum von B ist, also die größte untere Schranke, gibt es ein $\tilde{b} \in B$ mit $t \leq \tilde{b} < u$ (sonst wäre u eine größere untere Schranke, was einen Widerspruch liefern würde). Da s das Supremum von A ist, also die kleinste obere Schranke, gibt es ein $\tilde{a} \in A$ mit $u < \tilde{a} \leq s$ (sonst wäre u eine kleinere obere Schranke, was einen Widerspruch liefern würde). Insgesamt liefert dies

$$t \leq \tilde{b} < u < \tilde{a} \leq s \; \Rightarrow \; \tilde{b} < \tilde{a} \text{ (Widerspruch zur Voraussetzung!)}.$$

c) „$\Rightarrow$": Es gilt

$$\forall \, \varepsilon' > 0 \; \exists \, a \in A : s - \varepsilon' \leq a,$$
$$\forall \, \varepsilon'' > 0 \; \exists \, b \in B : b \leq s + \varepsilon''.$$

Sei nun $\varepsilon > 0$ beliebig. Setze $\varepsilon' = \varepsilon'' := \frac{\varepsilon}{4}$. Wegen

$$s - \varepsilon' \leq a \wedge b \leq s + \varepsilon'' \; \Rightarrow \; b + s - \varepsilon' \leq a + s + \varepsilon'' \; \Rightarrow \; b - a \leq \varepsilon' + \varepsilon'' = \frac{\varepsilon}{2} < \varepsilon$$

folgt: $\exists \, a \in A, \, b \in B : b - a \leq \varepsilon.$

„$\Leftarrow$": Diese Richtung wird mit Hilfe von

$$(p \Rightarrow q) \; \Leftrightarrow \; (\neg q \Rightarrow \neg p)$$

geführt. Es bleibt also zu zeigen, dass folgende Implikation gilt:

$$\sup A > \inf B \vee \sup A < \inf B \; \Rightarrow \; \exists \, \varepsilon > 0 \; \forall \, a \in A, \, b \in B : b - a > \varepsilon.$$

Der Fall $\sup A > \inf B$ kann wegen Teil b) nie eintreten, so dass er nicht mehr betrachtet werden muss. Es gelte also $\sup A < \inf B$, d. h. $s < t$. Setze nun $\varepsilon := \frac{t-s}{2} > 0$. Man hat

$$\forall \, a \in A \text{ gilt } a \leq s, \quad \text{und} \quad \forall \, b \in B \text{ gilt } t \leq b.$$

Wegen

$$a \leq s \wedge t \leq b \; \Rightarrow \; a + t \leq b + s \; \Rightarrow \; b - a \geq t - s,$$

liefert dies sofort

$$\forall \, a \in A, \, b \in B : b - a \geq t - s > \frac{t - s}{2} =: \varepsilon > 0.$$

Aufgabe 53

▶ **Supremum, Infimum, Maximum, Minimum**

Bestimmen Sie – falls vorhanden – das Infimum, Supremum, Minimum und Maximum der folgenden Teilmengen der reellen Zahlen. Benutzen Sie dazu die Charakterisierung des Infimums bzw. Supremums (vgl. Aufg. 50).

a)
$$A_1 := \left\{ \frac{1}{m} + \frac{1}{n} \;\middle|\; m, n \in \mathbb{N} \right\};$$

b)
$$A_2 := \left\{ x + \frac{1}{x} \;\middle|\; \frac{1}{2} < x \le 2 \right\}.$$

Lösung

a) Das Infimum von A_1 ist 0, es existiert aber kein Minimum: Es gilt für alle $m, n \in \mathbb{N}$

$$0 \le \frac{1}{m} + \frac{1}{n} \;\Leftrightarrow\; 0 \le n + m \;(\text{w. A.}),$$

d. h. Null ist eine untere Schranke von A_1. Angenommen, es gäbe eine größere untere Schranke ε mit $\varepsilon > 0$ beliebig. Setzt man $m, n > \frac{2}{\varepsilon}$, was nach dem Archimedischen Axiom möglich ist, dann gilt

$$\frac{1}{m} + \frac{1}{n} < \frac{\varepsilon}{2} + \frac{\varepsilon}{2} = \varepsilon.$$

Also gibt es keine größere untere Schranke. Wegen

$$0 = \frac{1}{m} + \frac{1}{n} \;\Leftrightarrow\; \frac{1}{n} = -\frac{1}{m} \;\Leftrightarrow\; m = -n \;(\text{Widerspruch!})$$

liegt kein Minimum vor.

Das Supremum und das Maximum von A_1 ist 2: Wegen

$$m, n \in \mathbb{N} \;\Rightarrow\; m, n \ge 1 \;\Rightarrow\; 1 \ge \frac{1}{m} \wedge 1 \ge \frac{1}{n} \;\Rightarrow\; 2 \ge \frac{1}{m} + \frac{1}{n}$$

ist 2 eine obere Schranke und, wegen $2 \in A_1$ ($m = n = 1$), auch die kleinste.

b) Das Infimum und das Minimum von A_2 ist 2: Es gilt:

$$2 \le x + \frac{1}{x} \;\Leftrightarrow\; 2x \le x^2 + 1 \;\Leftrightarrow\; 0 \le x^2 - 2x + 1 = (x - 1)^2 \;(\text{w. A.}),$$

d. h. 2 ist eine untere Schranke von A_2. Wegen $2 \in A_2$ ($x = 1$) ist dies auch die größte.

Das Supremum und das Maximum von A_2 ist 2,5: Es gilt

$$
\begin{aligned}
& x + \tfrac{1}{x} \le 2{,}5 && \Leftrightarrow && x^2 + 1 \le 2{,}5x \\
\Leftrightarrow \quad & x^2 - 2{,}5x + \tfrac{25}{16} \le \tfrac{25}{16} - 1 && \Leftrightarrow && (x - \tfrac{5}{4})^2 \le \tfrac{9}{16} \\
\Leftrightarrow \quad & |x - \tfrac{5}{4}| \le \tfrac{3}{4} && \Leftrightarrow && -\tfrac{3}{4} \le x - \tfrac{5}{4} \wedge x - \tfrac{5}{4} \le \tfrac{3}{4} \\
\Leftrightarrow \quad & \tfrac{1}{2} \le x \wedge x \le 2 && \Leftrightarrow && \tfrac{1}{2} \le x \le 2,
\end{aligned}
$$

d. h. 2,5 ist eine obere Schranke von A_2. Wegen $2{,}5 \in A_2$ $(x = 2)$ ist dies auch die kleinste.

Aufgabe 54

▶ **Bernoullische Ungleichung, Supremum und Infimum**

a) Beweisen Sie die *Bernoullische Ungleichung:*
Sei $a \in \mathbb{R}$, $a > -1$, sei $n \in \mathbb{N}$, dann gilt

$$
(1 + a)^n \ge 1 + na.
$$

b) Bestimmen Sie das Supremum und das Infimum von

$$
M := \left\{ \left(1 - \frac{1}{n^2}\right)^n \; \middle| \; n \in \mathbb{N} \right\}.
$$

Hinweise:
1) Sie können benutzen, dass für $n \in \mathbb{N}$ und $a \in \mathbb{R}$, $0 < a < 1$, die Ungleichung $0 < a^n < 1$ gilt (s. Aufg. 43e).
2) Verwenden Sie Teil a) zum Beweis von b).

Lösung

a) Vollständige Induktion:
I. A.: $n = 1$: $(1 + a)^1 = 1 + a \ge 1 + 1 \cdot a$ (w. A.);

I. V.: Die Behauptung gelte bis n.

I. S.: $n \to n + 1$:

$$
(1 + a)^{n+1} = (1 + a)^n (1 + a) \overset{\text{I. V.}}{\ge} (1 + na)(1 + a)
$$
$$
= 1 + na + a + na^2 \ge 1 + (n + 1)a,
$$

wobei ausgenutzt wurde, dass sowohl $a^2 \ge 0$ als auch $1 + a > 0$ wegen $a > -1$ gilt.

b) Offensichtlich gilt aufgrund des Hinweises für alle $n \in \mathbb{N}$

$$0 \le \left(1 - \frac{1}{n^2}\right)^n < 1.$$

Da für $n = 1$ der Wert 0 angenommen wird, besitzt die Menge M das Minimum 0 und damit auch das Infimum 0.

Das Supremum von M ist 1, was sich mit Hilfe der Charakterisierung des Supremums beweisen läßt. Es bleibt also noch zu zeigen, dass

$$\forall\, \varepsilon > 0\; \exists\, m \in M : 1 - \varepsilon \le m.$$

Aufgrund des Satzes von Archimedes existiert zu jedem beliebigen $\varepsilon > 0$ ein $n' \in \mathbb{N}$ mit $n' \ge \frac{1}{\varepsilon}$. Setze nun

$$m := \left(1 - \frac{1}{(n')^2}\right)^{n'},$$

dann gilt

$$n' \ge \frac{1}{\varepsilon} \;\Leftrightarrow\; \varepsilon \ge \frac{1}{n'} \;\Leftrightarrow\; -\frac{1}{n'} \ge -\varepsilon$$

$$\Rightarrow\; 1 - \varepsilon \le 1 - \frac{1}{n'} = 1 - n'\frac{1}{(n')^2} \overset{a)}{\le} \left(1 - \frac{1}{(n')^2}\right)^{n'} =: m.$$

Aufgabe 55

▶ **Supremum und Infimum**

Bestimmen Sie Infimum und Supremum von

$$M_v := \left\{ \left(1 - \frac{1}{n^v}\right)^n \;\middle|\; n \in \mathbb{N} \right\}$$

für die Fälle $v = 3, 4$.

Hinweis: Sie können die Bernoullische Ungleichung benutzen (s. Aufg. 54).

Lösung

Mittels vollständiger Induktion zeigt man leicht, dass aus $a \in \mathbb{R}$ mit $0 < a < 1$ für alle $n \in \mathbb{N}$ die Ungleichung $0 < a^n < 1$ folgt (s. Aufg. 43e). Somit gilt auch $0 \le \left(1 - \frac{1}{n^v}\right)^n < 1, n \in \mathbb{N}$. Da für $n = 1$ der Wert 0 angenommen wird, ist

$$\inf_{n \in \mathbb{N}} \left(1 - \frac{1}{n^v}\right)^n = 0\,.$$

Für $0 < \rho < 1$ gilt mit der Bernoullischen Ungleichung:

$$\left(1 - \frac{1}{n^{\nu}}\right)^{n} \geq 1 - n \cdot \frac{1}{n^{\nu}} = 1 - \frac{1}{n^{\nu-1}} > \rho \quad \text{für} \quad n > \sqrt[\nu-1]{\frac{1}{1-\rho}} \; .$$

Mit der Charakterisierung für das Supremum $x = 1$ ist zu zeigen:

$$\forall \varepsilon > 0 \;\; \exists a \in M : x - \varepsilon \leq a \, .$$

Setze $\rho = 1 - \varepsilon$; o. B. d. A. sei $0 < \varepsilon < 1$. Dann gibt es nach dem Satz von Archimedes ein n mit $n > \sqrt[\nu-1]{\frac{1}{1-\rho}}$. Wie oben gezeigt ergibt sich daraus $(1 - \frac{1}{n^{\nu}})^{n} \geq \rho = 1 - \varepsilon$, woraus folgt:

$$\sup_{n \in \mathbb{N}} \left(1 - \frac{1}{n^{\nu}}\right)^{n} = 1 \, .$$

Aufgabe 56

▶   **Wurzeln**

Sei $a \in \mathbb{R}$, $a > 0$, und sei $n \in \mathbb{N}$, $n \geq 2$.
   Zeigen Sie: Es gibt genau eine positive reelle Zahl x, so dass $x^{n} = a$.

Hinweise: Betrachten Sie $A := \{z \in \mathbb{R} \mid z \geq 0, z^{n} \leq a\}$ und benutzen Sie das Vollständigkeitsaxiom. Benutzen Sie weiter die Identität

$$z^{n} - x^{n} = (z - x)(z^{n-1} + z^{n-2}x + \cdots + x^{n-1}) \, , \quad 0 < x < z \, ,$$

und die daraus folgende Ungleichung $z^{n} - x^{n} < (z - x)n\, z^{n-1}$.

___

Lösung

Sei $A := \{z \in \mathbb{R} \mid z \geq 0, z^{n} \leq a\}$. Die Zahl $t = \frac{a}{1+a}$ liegt in A, denn $0 < t < 1$ und daher $t^{n} \leq t < a$. Damit ist A nichtleer. Weiter ist $1 + a$ obere Schranke von A, denn

$$z > 1 + a \;\Rightarrow\; z^{n} \geq z > a \;\Rightarrow\; z \notin A \, .$$

Nach dem Vollständigkeitsaxiom gibt es eine obere Grenze $x = \sup_{z \in A} z$ in $\mathbb{R}$. Wir werden zeigen, dass $x^{n} = a$ gilt, d. h. wir zeigen (indirekt) $x^{n} \geq a$ und $x^{n} \leq a$.
   Angenommen $x^{n} < a$. Die Identität

$$z^{n} - x^{n} = (z - x)(z^{n-1} + z^{n-2}x + \cdots + x^{n-1}), \, 0 < x < z,$$

führt auf die Ungleichung (siehe Hinweis)

$$z^n - x^n < (z - x)nz^{n-1}.$$

Wähle h so, dass $0 < h < 1$ und

$$h < \frac{a - x^n}{n(x + 1)^{n-1}}$$

gilt. Setze $z = x + h$, dann folgt (siehe oben)

$$(x + h)^n - x^n < hn(x + h)^{n-1} < hn(x + 1)^{n-1} < a - x^n,$$

und $(x + h)^n < a$, d. h. $x + h \in A$ (Widerspruch zu $x = \sup_{z \in A} z$!).

Sei nun $x^n > a$ angenommen. Setze

$$k = \frac{x^n - a}{nx^{n-1}}.$$

Dann ist $0 < k < x$ (da $x^n - a < x^n < nx^n \; \forall n$), und für beliebiges $z \geq x - k$ folgt

$$x^n - z^n \leq x^n - (x - k)^n < knx^{n-1} = x^n - a.$$

Also ist $z^n > a$ und $z \notin A$. Damit ist $x - k$ eine obere Schranke von A im Widerspruch dazu, dass x kleinste obere Schranke ist.

Die Eindeutigkeit folgt aus der Implikation $0 < x < y \Rightarrow x^n < y^n$.

Aufgabe 57

▶ **Unbeschränkte Mengen**

Sei $a \in \mathbb{R}$, $a > 1$. Zeigen Sie:

a) $\exists n \in \mathbb{N} : a > 1 + \dfrac{1}{n}$.

b) $A := \{a^n | n \in \mathbb{N}\}$ ist nicht nach oben beschränkt.

Lösung

Sei $a \in \mathbb{R}$, $a > 1$.

a) Wähle $n > \frac{1}{a-1}$. Damit folgt

$$n > \frac{1}{a - 1} \iff a - 1 > \frac{1}{n} \iff a > 1 + \frac{1}{n}.$$

b) Sei $C \in \mathbb{R}$ beliebig, aber fest. Es ist zu zeigen, dass ein Element aus A größer als C ist, d. h. man findet ein $n \in \mathbb{N}$ mit $a^n > C$. Setze dazu $a = 1 + b$, $b > 0$. Wähle weiter ein $n \in \mathbb{N}$ mit $n > \frac{C-1}{b} = \frac{C-1}{a-1}$. Dann gilt offenbar

$$1 + nb > 1 + C - 1 = C.$$

Mit Hilfe der Bernoullischen Ungleichung (vgl. z. B. Aufgabe 54, Teil a)) folgt also:

$$a^n = (1 + b)^n \geq 1 + nb > C.$$

Jede Konstante $C \in \mathbb{R}$ wird also für $n > \frac{C-1}{a-1}$ von a^n übertroffen, d. h. A ist nicht nach oben beschränkt.

1.7 Wahrscheinlichkeiten, komplexe Zahlen

Aufgabe 58

▶ **Laplace-Wahrscheinlichkeit**

a) Warum erscheint beim Wurf dreier Würfel die Augensumme 10 häufiger als die Augensumme 9, obwohl beide Summen auf genau 6 Arten eintreten können? Geben Sie für beide Fälle die Laplace-Wahrscheinlichkeit an.

b) Sie spielen Poker in der Variante *Texas Hold'em*, d. h. sie stellen sich ihr Blatt aus den besten 5 von 7 Karten zusammen. Wie groß ist die Wahrscheinlichkeit, einen *Royal Flush* zu bekommen?

Lösung

a) Es gilt:

$$9 = 1 + 2 + 6 = 1 + 3 + 5 = 1 + 4 + 4 = 2 + 2 + 5 = 2 + 3 + 4 = 3 + 3 + 3;$$
$$10 = 1 + 3 + 6 = 1 + 4 + 5 = 2 + 2 + 6 = 2 + 3 + 5 = 2 + 4 + 4 = 3 + 3 + 4.$$

Um eine 9 zu werfen, gibt es jeweils $3!/1! = 6$ Möglichkeiten für die Fälle $1 + 2 + 6$, $1 + 3 + 5$, $2 + 3 + 4$ (drei verschiedene Augenzahlen), jeweils $3!/2! = 3$ Möglichkeiten für die Fälle $1+4+4$ und $2+2+5$ (zwei verschiedene Augenzahlen) und $3!/3! = 1$ Möglichkeit (immer dieselbe Augenzahl) für den Fall $3 + 3 + 3$, insgesamt also 25 Möglichkeiten.

Um eine 10 zu werfen, gibt es jeweils $3!/1! = 6$ Möglichkeiten für die Fälle $1 + 3 + 6$, $1 + 4 + 5$, $2 + 3 + 5$ (drei verschiedene Augenzahlen) und jeweils $3!/2! = 3$ Möglichkeiten für die Fälle $2 + 2 + 6$, $2 + 4 + 4$, $3 + 3 + 4$ (zwei verschiedene Augenzahlen), insgesamt also 27 Möglichkeiten.

Da es insgesamt $6^3 = 216$ Möglichkeiten gibt, lauten die Laplace-Wahrscheinlichkeiten somit

$$P_L(B_9) = \frac{25}{216} \quad \text{und} \quad P_L(B_{10}) = \frac{27}{216}.$$

b) Um einen *Royal Flush* zu erhalten, müssen unter den 7 Karten die Karten Zehn, Bube, Dame, König, As von derselben Spielfarbe sein. Insgesamt ergeben sich daher genau

$$\frac{1 \cdot 1 \cdot 1 \cdot 1 \cdot 1 \cdot (52-5)(52-6)}{2!} 4 = 4324$$

Möglichkeiten. Die Einsen kommen daher, dass die Karten genau festgelegt sind (z. B. in Herz), der Faktor 4 berücksichtigt die Anzahl der Spielfarben (Karo, Herz, Pik, Kreuz), während der Faktor 2! berücksichtigt, dass die Reihenfolge der beiden nicht zum *Royal Flush* gehörenden Karten egal ist. Da es insgesamt $\binom{52}{7}$ Möglichkeiten gibt, liegt die Wahrscheinlichkeit, einen *Royal Flush* zu erhalten bei

$$\frac{4324}{\binom{52}{7}} = \frac{1}{30940} \approx 0,003232\,\%.$$

Aufgabe 59

▶ **Relative Häufigkeit**

Auf der Erde leben zur Zeit etwa $6 \cdot 10^9$ Menschen. Die relative Häufigkeit, dass zwei verschiedene Personen ununterscheidbaren Fingerabdruck haben, wird mit $\frac{1}{64 \cdot 10^9}$ angegeben, d. h. unter $64 \cdot 10^9$ Paaren ist eines mit ununterscheidbarem Fingerabdruck.

a) Auf wieviele Möglichkeiten kann man auf der Erde Paare von Menschen bilden?
b) Wieviele Paare von Einwohnern der Bundesrepublik haben ununterscheidbaren Fingerabdruck? (Einwohnerzahl der alten BRD: Etwa $6 \cdot 10^7$).
c) Wie groß muss die Einwohnerzahl einer Stadt in der Bundesrepublik mindestens sein, dass darin ein Paar mit ununterscheidbarem Fingerabdruck lebt?

(Es werden nur gerundete Rechnungen erwartet).

Lösung

a) Sei n die Anzahl der Menschen, die auf der Erde leben (hier: $n \approx 6 \cdot 10^9$). Dann ist die Anzahl a_1 der Möglichkeiten auf der Erde unterschiedliche (homo- und heterosexuelle) Paare von Menschen zu bilden gleich der Anzahl der 2–elementigen Teilmengen einer n-elementigen Menge. Um die Kardinalität dieser Menge mit den Hilfsmitteln der Kombinatorik zu bestimmen, geht man folgendermaßen vor. Sei

$$M = \{\{a,b\} \mid a,b \in \mathbb{N}_n, a \neq b\}.$$

Gesucht ist $m = \text{card}\,(M)$. Wir betrachten die Menge

$$\mathcal{F} = \{f : \{1,2\} \to \mathbb{N}_n \mid f \text{ ist injektiv}\}.$$

Dann liegen wegen $\text{card}\,(\{1,2\}) = 2$ und $\text{card}\,(\mathbb{N}_n) = n$ nach [8], 2.16, 2-Permutationen ohne Wiederholung vor, deren Anzahl sich wie folgt ergibt,

$$\text{card}\,(\mathcal{F}) = 2!\binom{n}{2} = n \cdot (n-1).$$

Sei $f \in \mathcal{F}$ mit $f(1) = a$ und $f(2) = b$, $a, b \in \mathbb{N}_n$. Dann ist $a \neq b$ auf Grund der Injektivität von f, denn andernfalls würde gelten

$$a = b \Leftrightarrow f(1) = f(2) \Rightarrow 1 = 2,$$

was nicht möglich ist.

Jede Funktion $f \in \mathcal{F}$ lässt sich also mit einem geordneten Paar $(a,b) \in \mathbb{N}_n \times \mathbb{N}_n$, $a \neq b$, identifizieren. In der Menge der möglichen injektiven Abbildungen sind auch die Permutationen (als Bilder) enthalten. Die Anzahl der möglichen Permutationen von 2–elementigen Mengen beträgt $2! = 2$. Wählt man nur jeweils eine Permutation als Repräsentanten aus, so ist die Anzahl der möglichen Paare aus einer Menge von n Elementen gerade gleich der Anzahl der möglichen injektiven Abbildungen von 2–elementigen Mengen dividiert durch $2!$, also $\frac{n(n-1)}{2}$.

Anschaulich erhält man die Formel für die Anzahl der möglichen Paare, indem man das folgende Schema betrachtet.

	1	2	3	$\cdots$	$n-1$	n
1	$(1,1)$	$(1,2)$	$(1,3)$	$\cdots$	$(1, n-1)$	$(1, n)$
2	$(2,1)$	$(2,2)$	$(2,3)$	$\cdots$	$(2, n-1)$	$(2, n)$
1	$(3,1)$	$(3,2)$	$(3,3)$	$\cdots$	$(3, n-1)$	$(3, n)$
$\cdot$	$\cdot$	$\cdot$	$\cdot$	$\cdots$	$\cdot$	$\cdot$
$\cdot$	$\cdot$	$\cdot$	$\cdot$	$\cdots$	$\cdot$	$\cdot$
$\cdot$	$\cdot$	$\cdot$	$\cdot$	$\cdots$	$\cdot$	$\cdot$
$n-1$	$(n-1,1)$	$(n-1,2)$	$(n-1,3)$	$\cdots$	$(n-1, n-1)$	$(n-1, n)$
n	$(n,1)$	$(n,2)$	$(n,3)$	$\cdots$	$(n, n-1)$	(n, n)

Interpretieren wir die n^2 Einträge in diesem Schema als Paare von Menschen, so stellen wir fest, dass die n Einträge in der Diagonalen unzulässig sind. Darüber hinaus treten die Einträge, die unterhalb der Diagonalen stehen, gespiegelt oberhalb der Diagonalen noch einmal auf. Um die Anzahl der Paare zu erhalten, muss man also die Anzahl der zulässigen Einträge noch einmal durch 2 teilen. Es ist wieder

$$m = \frac{n^2 - n}{2} = \frac{n \cdot (n-1)}{2}.$$

Wir erhalten also

$$a_1 = \text{card}\,(M) = m = \frac{n(n-1)}{2}$$

$$\approx \frac{36 \cdot 10^{18}}{2} = 18 \cdot 10^{18}.$$

b) Die Anzahl a_2 der Paare von Einwohnern in der Bundesrepublik ($n_2 \approx 6 \cdot 10^7$) mit ununterscheidbarem Fingerabdruck ergibt sich als Produkt der Anzahl aller möglichen Paare verschiedener Personen in der Bundesrepublik und der relativen Häufigkeit dafür, dass zwei verschiedene Personen ununterscheidbaren Fingerabdruck haben. Also

$$a_2 = \frac{n_2(n_2-1)}{2} \cdot \frac{1}{64 \cdot 10^9} \approx \frac{18}{64} \cdot \frac{10^{14}}{10^9} \approx 28 \cdot 10^3.$$

c) Für die Anzahl n_3 der Einwohner muss gelten:

$$1 \leq \frac{n_3(n_3-1)}{2} \cdot \frac{1}{64 \cdot 10^9} \leq \frac{n_3^2}{128 \cdot 10^9}$$

$$\Rightarrow \quad n_3^2 \geq 128 \cdot 10^9 = 12{,}8 \cdot 10^{10} \approx (3{,}5 \cdot 10^5)^2$$

$$\Rightarrow \quad n_3 \geq 3{,}5 \cdot 10^5.$$

Aufgabe 60

▶ **Komplexe Zahlen**

a) Bringen Sie die folgenden Ausdrücke auf die Form $x + iy$, $x, y \in \mathbb{R}$:

  i) $i^4 + i^5 + i^6 + i^7$;   ii) $\frac{i}{1-i}$;   iii) $\frac{1}{i} + \frac{3}{1+i}$;   iv) $\left(\frac{1+i\sqrt{3}}{1-i\sqrt{3}}\right)^2$.

b) Beweisen Sie für $z \in \mathbb{C}$ mit $|Re(z)| < 1$ die Ungleichung

$$\left|\frac{z}{1-z^2}\right| \leq \frac{|z|}{1-(Re(z))^2}.$$

a) i) Es gilt

$$i^2 = -1,\ i^3 = -i,\ i^4 = 1;$$

  dies liefert

$$i^4 + i^5 + i^6 + i^7 = i^4(1 + i + i^2 + i^3) = 1(1 + i - 1 - i) = 0;$$

  ii)

$$\frac{i}{1-i} = \frac{i(1+i)}{(1-i)(1+i)} = \frac{i+i^2}{1-i^2} = \frac{-1+i}{2} = -\frac{1}{2} + \frac{1}{2}i;$$

iii)
$$\frac{1}{i} + \frac{3}{1+i} = \frac{-i}{-i^2} + \frac{3(1-i)}{(1+i)(1-i)} = -i + \frac{3-3i}{2} = \frac{3}{2} - \frac{5}{2}i;$$

iv)
$$\left(\frac{1+i\sqrt{3}}{1-i\sqrt{3}}\right)^2 = \left(\frac{(1+i\sqrt{3})^2}{(1-i\sqrt{3})(1+i\sqrt{3})}\right)^2$$

$$= \left(\frac{1+2i\sqrt{3}+3i^2}{4}\right)^2 = \left(\frac{-2+2i\sqrt{3}}{4}\right)^2$$

$$= \left(\frac{-1+i\sqrt{3}}{2}\right)^2 = \frac{1-2i\sqrt{3}+3i^2}{4} = -\frac{1}{2} - \frac{\sqrt{3}}{2}i.$$

b) Wegen $|Re(z)| < 1$ gilt $1 - z^2 \neq 0$ und $1 - (Re(z))^2 \neq 0$. Für $z = 0$ ist die Ungleichung offensichtlich erfüllt. Setze im weiteren Verlauf $z := x + iy \neq 0$. Umformen der Ungleichung liefert

$$\left|\frac{z}{1-z^2}\right| \leq \frac{|z|}{1-(Re(z))^2} \overset{z \neq 0}{\Leftrightarrow} \frac{1}{|1-z^2|} \leq \frac{1}{1-(Re(z))^2}$$

$$\Leftrightarrow |1-z^2| \geq 1-(Re(z))^2.$$

Weiterhin gilt $(x = Re(z))$

$$|Re(z)| < 1 \ \Leftrightarrow \ |x| < 1 \ \Leftrightarrow \ x^2 < 1 \ \Leftrightarrow \ 0 < 1-x^2 \ \Rightarrow \ 0 < 1-x^2+y^2.$$

Insgesamt erhält man somit

$$|1-z^2| = |1-(x+iy)^2| = |(1-x^2+y^2) - 2xyi|$$

$$= \sqrt{(1-x^2+y^2)^2 + (2xy)^2}$$

$$\geq \sqrt{(1-x^2+y^2)^2} = |1-x^2+y^2| = 1-x^2+y^2$$

$$\geq 1-x^2 = 1-(Re(z))^2.$$

Aufgabe 61

▶ **Komplexe Zahlen, Ungleichungen und Rechenregeln**

Beweisen Sie die folgenden Rechenregeln für komplexe Zahlen:

a) $|z| = |\bar{z}| = (z\bar{z})^{1/2}$;
b) $Re(z) \leq |z|$;
c) $Im(z) \leq |z|$;
d) $|z + w| \leq |z| + |w|$.

Hinweis: Verwenden Sie in d) die Ergebnisse aus Teil a) und b) sowie bekannte Rechenregeln für komplexe Zahlen (z. B. [8], 8.1.).

Lösung

Setze im weiteren Verlauf $z := x + iy$:

a) $|z| = |x + iy| = \sqrt{x^2 + y^2} = \sqrt{x^2 + (-y)^2} = |x + i(-y)| = |x - iy| = |\bar{z}|;$

$(z\bar{z})^{1/2} = ((x + iy)(x - iy))^{1/2} = \sqrt{x^2 + y^2} = |x + iy| = |z|;$

b) $Re(z) = x \leq |x| = \sqrt{x^2} \leq \sqrt{x^2 + y^2} = |z|;$

c) $Im(z) = y \leq |y| = \sqrt{y^2} \leq \sqrt{x^2 + y^2} = |z|;$

d) Es gilt

$$|z + w|^2 = (z + w)\overline{(z + w)} = (z + w)(\bar{z} + \bar{w}) = z\bar{z} + z\bar{w} + w\bar{z} + w\bar{w}$$

$$= |z|^2 + 2Re(z\bar{w}) + |w|^2 \overset{\text{Teil b)}}{\leq} |z|^2 + 2|z\bar{w}| + |w|^2$$

$$= |z|^2 + 2|z||\bar{w}| + |w|^2 \overset{\text{Teil a)}}{=} |z|^2 + 2|z||w| + |w|^2 = (|z| + |w|)^2.$$

Zieht man jetzt auf beiden Seiten der Ungleichung die Wurzel, so erhält man die Dreiecksungleichung.

Aufgabe 62

► **Mengen komplexer Zahlen**

Bestimmen Sie die Teilmengen von $\mathbb{C}$, die durch die folgenden Gleichungen bzw. Ungleichungen charakterisiert werden, und skizzieren Sie diese:

a)
$$|z - 1| = |z + 1|;$$

b)
$$|z - 2| \leq |z + 2|;$$

c)
$$|z + 1| \leq |z - 2|;$$

d)
$$Re\left(\frac{z + 1}{z - 1}\right) \geq 2, \; z \neq 1.$$

Lösung

Setze im weiteren Verlauf $z := x + iy$.

a)
$$|z - 1| = |z + 1| \Leftrightarrow |(x - 1) + iy| = |(x + 1) + iy|$$
$$\Leftrightarrow \sqrt{(x - 1)^2 + y^2} = \sqrt{(x + 1) + y^2}$$
$$\Leftrightarrow (x - 1)^2 + y^2 = (x + 1)^2 + y^2$$
$$\Leftrightarrow x^2 - 2x + 1 = x^2 + 2x + 1$$
$$\Leftrightarrow 0 = 4x \Leftrightarrow x = 0.$$

Die gesuchte Menge ist also $\{iy \mid y \in \mathbb{R}\}$, d. h. die imaginäre Achse.

b)
$$|z - 2| \leq |z + 2| \Leftrightarrow |(x - 2) + iy| \leq |(x + 2) + iy|$$
$$\Leftrightarrow \sqrt{(x - 2)^2 + y^2} \leq \sqrt{(x + 2) + y^2}$$
$$\Leftrightarrow (x - 2)^2 + y^2 \leq (x + 2)^2 + y^2$$
$$\Leftrightarrow x^2 - 4x + 4 \leq x^2 + 4x + 4$$
$$\Leftrightarrow 0 \leq 8x \Leftrightarrow 0 \leq x.$$

Die gesuchte Menge ist also $\{z \in \mathbb{C} \mid Re(z) \geq 0\}$, d. h. die rechte Halbebene.

c)
$$|z + 1| \leq |z - 2| \Leftrightarrow |(x + 1) + iy| \leq |(x - 2) + iy|$$
$$\Leftrightarrow \sqrt{(x + 1)^2 + y^2} \leq \sqrt{(x - 2) + y^2}$$
$$\Leftrightarrow (x + 1)^2 + y^2 \leq (x - 2)^2 + y^2$$
$$\Leftrightarrow x^2 + 2x + 1 \leq x^2 - 4x + 4$$
$$\Leftrightarrow 6x \leq 3 \Leftrightarrow x \leq \frac{1}{2}.$$

Die gesuchte Menge ist also $\{z \in \mathbb{C} \mid Re(z) \leq \frac{1}{2}\}$.

d)
$$Re\left(\frac{z + 1}{z - 1}\right) \geq 2 \Leftrightarrow Re\left(\frac{x + 1 + iy}{x - 1 + iy}\right) \geq 2$$
$$\Leftrightarrow Re\left(\frac{((x + 1) + iy)((x - 1) - iy)}{((x - 1) + iy)((x - 1) - iy)}\right) \geq 2$$
$$\Leftrightarrow Re\left(\frac{(x^2 - 1) - (x + 1)iy + (x - 1)iy - i^2y^2}{(x - 1)^2 - i^2y^2}\right) \geq 2$$
$$\Leftrightarrow \frac{x^2 - 1 + y^2}{(x - 1)^2 + y^2} \geq 2$$
$$\Leftrightarrow x^2 - 1 + y^2 \geq 2(x^2 - 2x + 1 + y^2)$$
$$\Leftrightarrow x^2 - 1 + y^2 \geq 2x^2 - 4x + 2 + 2y^2$$

$$\Leftrightarrow\ 0 \geq x^2 - 4x + 3 + y^2$$
$$\Leftrightarrow\ 1 \geq (x - 2)^2 + y^2.$$

Die gesuchte Menge ist also $\{z \in \mathbb{C} \mid (x - 2)^2 + y^2 \leq 1,\ z \neq 1\}$. D. h. dies ist der abgeschlossene Kreis in $\mathbb{C}$ mit Mittelpunkt $(2, 0)$ und Radius 1.

Aufgabe 63

▶ **Gleichungen mit komplexen Zahlen**

a) Ein Schiff fährt $3\sqrt{2}$ km in Richtung Nordost, danach 5 km nach Westen, dann 1 km nach Süden und schließlich $2\sqrt{2}$ km nach Nordwest. Wie weit entfernt und in welcher Richtung vom Ausgangspunkt befindet sich das Schiff. Benutzen Sie zur Berechnung die Gaußsche Zahlenebene.

b) Sie finden eine Anleitung zur Schatzsuche auf einer Insel:

„Auf der Insel befinden sich zwei Bäume A und B sowie ein Galgen. Man gehe vom Galgen direkt zu Baum A und zähle die Schritte, wende sich im rechten Winkel nach links und gehe die gleiche Schrittzahl geradeaus und markiere den Endpunkt. Die gleiche Prozedur vollziehe man für Baum B, wende sich in diesem Fall aber nach rechts. Auf der Hälfte der Strecke der zwei markierten Punkte fange man an zu graben."

Sie fahren zur Insel und finden die Situation wie beschrieben vor – nur der Galgen ist verschwunden. Sie sind zunächst bestürzt, überlegen eine Weile und freuen sich dann allerdings, in der Analysis die Gaußsche Zahlenebene und die komplexen Zahlen kennengelernt zu haben. Sie können den Grabungspunkt nämlich ohne Kenntnis der Position des Galgens bestimmen. Gibt es mehrere mögliche Grabungspunkte?

Hinweis: Wählen Sie den Nullpunkt geeignet. Was bedeutet die Multiplikation mit i bzw. $-i$ geometrisch?

Lösung

a) Es bietet sich an, den Standpunkt des Schiffes mit dem Nullpunkt der Gaußschen Zahlenebene zu identifizieren. Das Koordinatenkreuz gibt die 4 Himmelsrichtungen vor. Eine Fahrt von 1 km nach Osten entspricht der Addition von 1, nach Westen der Addition von -1, nach Norden der Addition von i und nach Süden der Addition von $-i$. Entsprechend bedeutet die Fahrt von 1 km nach Nordosten der Addition von $\frac{1}{\sqrt{2}}(1 + i)$ etc., wobei der Faktor $\frac{1}{\sqrt{2}}$ eine Normierung auf 1 km liefert. Insgesamt ergibt sich damit

$$0 + 3\sqrt{2}\frac{1}{\sqrt{2}}(1 + i) + 5(-1) + 1(-i) + 2\sqrt{2}\frac{1}{\sqrt{2}}(-1 + i)$$
$$= -4 + 4i = 4\sqrt{2}\frac{1}{\sqrt{2}}(-1 + i),$$

d. h. das Boot befindet sich zum Schluß $4\sqrt{2}$ km nordwestlich vom Ausgangspunkt.

b) Die Multiplikation mit i bewirkt eine Drehung um $90°$ gegen den Uhrzeigersinn, die Multiplikation mit $-i$ eine Drehung um $90°$ im Uhrzeigersinn. Wähle nun als Ursprung der Gaußschen Zahlenebene den Punkt, wo der Baum B steht. Weiterhin sei der Baum A am Punkt $a \in \mathbb{C}$, und der Galgen sei am Punkt $g = a+(g-a) \in \mathbb{C}$. Die Punkte P_A und P_B bezeichnen die markierten Punkte bzgl. der Bäume A und B. Die Schatzkarte liefert nun für diese beiden Punkte

$$P_A = -i(g-a)+a \quad \text{und} \quad P_B = ig.$$

Somit ergibt sich für den Schatz der Punkt

$$S = \frac{1}{2}(P_A + P_B) = \frac{1}{2}(a - i(g-a) + ig) = \frac{1}{2}(a + ia),$$

d. h. man gelangt zum Punkt S, indem man sich auf der Hälfte der Strecke von B nach A nach links wendet und die Hälfte der Strecke von B nach A geradeaus läuft. Es gibt jedoch noch einen weiteren Punkt, an dem der Schatz begraben sein kann, denn es ist ja nicht klar, welcher der beiden Bäume Baum A ist. Vertauscht man die Rollen der Bäume, so muss man sich bzgl. der ursprünglichen Anordnung bei der Ermittlung nach S nur nach rechts wenden statt nach links, d. h.

$$S' = \frac{1}{2}(a - ia).$$

1.8 Zahlenfolgen

Aufgabe 64

▶ **Konvergenz von Zahlenfolgen**

Untersuchen Sie die Folgen auf Konvergenz und bestimmen Sie ggf. ihren Grenzwert:

a)
$$a_n := 2^{-n}(2^n - (-2)^n), \ n \in \mathbb{N};$$

b)
$$b_n := (-1)^{-n}\frac{n^2 - n + (-1)^n}{3n^3 - 4n + 5}, \ n \in \mathbb{N};$$

c)
$$c_n := \sum_{k=1}^{n} \frac{1}{k(k+1)}, \ n \in \mathbb{N};$$

Hinweis: Schreiben Sie die Summe in eine Teleskopsumme um.

d)
$$d_n := \sqrt{n+4} - \sqrt{n+2}, \ n \in \mathbb{N}.$$

Lösung

a)

$$a_n = 2^{-n}(2^n - (-2)^n) = \frac{2^n}{2^n} - \frac{(-2)^n}{2^n} = 1 - (-1)^n = \left\{ \begin{array}{ll} 0, & n \text{ gerade} \\ 2, & n \text{ ungerade} \end{array} \right\},$$

d. h. die Folge konvergiert offensichtlich nicht, da sie mit 2 und 0 zwei verschiedene Häufungswerte hat.

b)

$$b_n = (-1)^{-n}\frac{n^2 - n + (-1)^n}{3n^3 - 4n + 5} = \frac{(-1)^n - \frac{(-1)^n}{n} + \frac{1}{n^2}}{3n - \frac{4}{n} + \frac{5}{n^2}} \to 0 \ (n \to \infty);$$

c)

$$c_n = \sum_{k=1}^{n} \frac{1}{k(k+1)} = \sum_{k=1}^{n} \left(\frac{1}{k} - \frac{1}{k+1} \right) = \frac{1}{1} - \frac{1}{n+1} \to 1 \ (n \to \infty);$$

d)

$$d_n = \sqrt{n+4} - \sqrt{n+2} = \frac{(\sqrt{n+4} - \sqrt{n+2})(\sqrt{n+4} + \sqrt{n+2})}{\sqrt{n+4} + \sqrt{n+2}}$$

$$= \frac{(n+4) - (n+2)}{\sqrt{n+4} + \sqrt{n+2}} = \frac{2}{\sqrt{n+4} + \sqrt{n+2}} \to 0 \ (n \to \infty).$$

Aufgabe 65

▶ **Konvergenz von Zahlenfolgen**

Untersuchen Sie die Folgen $(a_n)_{n\in\mathbb{N}}$ und $(b_n)_{n\in\mathbb{N}}$ auf Konvergenz:

a) $a_n := n(\sqrt{n^2 + 1} - \sqrt{n+1}\sqrt{n-1})$, $n \in \mathbb{N}$;

b) $b_1 := 1$, $\quad b_{n+1} := b_n + \left(\frac{1}{3+(-1)^n} \right)^n$, $n \in \mathbb{N}$.

Lösung

a) Unter Benutzung der dritten binomischen Formel erhält man

$$n(\sqrt{n^2 + 1} - \sqrt{n+1}\sqrt{n-1}) = n(\sqrt{n^2 + 1} - \sqrt{n^2 - 1})\frac{\sqrt{n^2 + 1} + \sqrt{n^2 - 1}}{\sqrt{n^2 + 1} + \sqrt{n^2 - 1}}$$

$$= \frac{2n}{\sqrt{n^2 + 1} + \sqrt{n^2 - 1}} = \frac{2}{\sqrt{1 + \frac{1}{n^2}} + \sqrt{1 - \frac{1}{n^2}}} \to 1 \ (n \to \infty).$$

b) Eine monotone, beschränkte Folge konvergiert. Somit ist die Folge $(b_n)_{n\in\mathbb{N}}$ konvergent, denn es gilt:

$$\left(\frac{1}{3+(-1)^n}\right)^n = \left\{ \begin{array}{ll} \frac{1}{4^n}, & n \text{ gerade} \\ \frac{1}{2^n}, & n \text{ ungerade} \end{array} \right\} > 0\,.$$

Damit hat man

$$b_n + \left(\frac{1}{3+(-1)^n}\right)^n > b_n \iff b_{n+1} > b_n\,,$$

d. h. die Folge ist streng monoton wachsend. Weiter ist (s. oben)

$$0 < b_n = b_1 + \sum_{k=1}^{n-1}\left(\frac{1}{3+(-1)^k}\right)^k \le 1 + \sum_{k=1}^{\infty}\frac{1}{2^k} = 2,$$

wegen der Konvergenz der geometrischen Reihe. D. h. die Folge ist beschränkt.

Aufgabe 66

▶ **Konvergenz von Zahlenfolgen**

Zeigen Sie mit Hilfe der Definition, dass die unten angegebenen Folgen konvergieren und geben Sie den Grenzwert an:

a)
$$a_n := \frac{2}{2n^2-1},\ n \in \mathbb{N};$$

b)
$$b_n := \frac{4}{n^4+1},\ n \in \mathbb{N};$$

c)
$$c_n := \frac{n^2+2n-1}{n^2+1},\ n \in \mathbb{N};$$

d)
$$d_n := \frac{n^2+2^n+3^n}{3^n+1},\ n \in \mathbb{N}.$$

Lösung

Im Beweis wird die Gauß-Klammer $[\cdot]$ benutzt (s. Aufg. 36). Die positive Zahl ε sei immer beliebig gewählt.

a) Beh.: $\displaystyle\lim_{n\to\infty} a_n = \lim_{n\to\infty} \frac{2}{2n^2-1} = 0.$

Wähle $N := \left[\sqrt{\frac{1}{\varepsilon} + \frac{1}{2}}\,\right] + 1 \in \mathbb{N}$, dann gilt für $n \geq N$:

$$n \geq N \quad\Rightarrow\quad n > \sqrt{\tfrac{1}{\varepsilon} + \tfrac{1}{2}} \quad\Leftrightarrow\quad n^2 > \tfrac{1}{\varepsilon} + \tfrac{1}{2} \quad\Leftrightarrow\quad 2n^2 > \tfrac{2}{\varepsilon} + 1$$

$$\Leftrightarrow\ 2n^2 - 1 > \tfrac{2}{\varepsilon} \ \overset{n\in\mathbb{N}}{\Leftrightarrow}\ \varepsilon > \tfrac{2}{2n^2-1} \ \Leftrightarrow\ \left|0 - \tfrac{2}{2n^2-1}\right| < \varepsilon.$$

b) Beh.: $\lim\limits_{n\to\infty} b_n = \lim\limits_{n\to\infty} \frac{4}{n^4+1} = 0$.

Wähle $N := \left[\sqrt[4]{\frac{4}{\varepsilon}}\,\right] + 1 \in \mathbb{N}$, dann gilt für $n \geq N$:

$$n \geq N \quad\Rightarrow\quad n > \sqrt[4]{\tfrac{4}{\varepsilon}} \quad\Leftrightarrow\quad n^4 > \tfrac{4}{\varepsilon} \ \Leftrightarrow\ \varepsilon > \tfrac{4}{n^4}$$

$$\Rightarrow\ \varepsilon > \tfrac{4}{n^4+1} \ \Leftrightarrow\ \left|0 - \tfrac{4}{n^4+1}\right| < \varepsilon.$$

c) Beh.: $\lim\limits_{n\to\infty} c_n = \lim\limits_{n\to\infty} \frac{n^2+2n-1}{n^2+1} = \lim\limits_{n\to\infty} \frac{1+\frac{2}{n}-\frac{1}{n^2}}{1+\frac{1}{n^2}} = 1$.

Wähle $N := \left[\frac{2}{\varepsilon}\right] + 1 \in \mathbb{N}$, dann gilt für $n \geq N$:

$$n \geq N \quad\Rightarrow\quad n > \tfrac{2}{\varepsilon} \quad\Leftrightarrow\quad \varepsilon > \tfrac{2n}{n^2}$$

$$\Rightarrow\ \varepsilon > \tfrac{2n}{n^2+1} \ \overset{n\in\mathbb{N}}{\Rightarrow}\ \varepsilon > \tfrac{2n-2}{n^2+1} \quad\Leftrightarrow\quad \varepsilon > \tfrac{n^2+1}{n^2+1} + \tfrac{2n-2}{n^2+1} - 1$$

$$\Leftrightarrow\ \varepsilon > \tfrac{n^2+2n-1}{n^2+1} - 1 \ \Leftrightarrow\ \left|1 - \tfrac{n^2+2n-1}{n^2+1}\right| < \varepsilon.$$

d) Beh.: $\lim\limits_{n\to\infty} d_n = \lim\limits_{n\to\infty} \frac{n^2+2^n+3^n}{3^n+1} = \lim\limits_{n\to\infty} \frac{\frac{n^2}{3^n} + \left(\frac{2}{3}\right)^n + 1}{1 + \frac{1}{3^n}} = 1$.

Es gilt:
$$\forall\, \varepsilon' > 0 \ \exists\, N_1(\varepsilon') \in \mathbb{N} \ \forall\, n \geq N_1(\varepsilon') : \left|0 - \left(\tfrac{2}{3}\right)^n\right| < \varepsilon'$$

und
$$\forall\, \varepsilon'' > 0 \ \exists\, N_2(\varepsilon'') \in \mathbb{N} \ \forall\, n \geq N_2(\varepsilon'') : \left|0 - \tfrac{n^2}{3^n}\right| < \varepsilon''.$$

Sei $\varepsilon > 0$ beliebig, setze $\varepsilon' = \varepsilon'' = \frac{\varepsilon}{2}$. Wähle $N := \max\{N_1(\tfrac{\varepsilon}{2}),\ N_2(\tfrac{\varepsilon}{2})\} \in \mathbb{N}$, dann gilt für $n \geq N$:

$$n \geq N \Leftrightarrow\ n \geq N_1\left(\tfrac{\varepsilon}{2}\right) \wedge n \geq N_2\left(\tfrac{\varepsilon}{2}\right)$$

$$\Rightarrow\ \frac{\varepsilon}{2} > \frac{n^2}{3^n} \ \wedge\ \frac{\varepsilon}{2} > \left(\frac{2}{3}\right)^n$$

$$\Rightarrow\ \frac{\varepsilon}{2} > \frac{n^2}{3^n+1} \ \wedge\ \frac{\varepsilon}{2} > \frac{2^n-1}{3^n+1}$$

$$\Rightarrow\ \varepsilon > \frac{n^2+2^n-1}{3^n+1} \quad\Leftrightarrow\quad \varepsilon > \frac{3^n+1}{3^n+1} + \frac{n^2+2^n-1}{3^n+1} - 1$$

$$\Leftrightarrow\ \varepsilon > \frac{n^2+2^n+3^n}{3^n+1} - 1 \quad\Leftrightarrow\quad \left|1 - \frac{n^2+2^n+3^n}{3^n+1}\right| < \varepsilon.$$

Aufgabe 67

▶ **Konvergenz und Monotonie von Zahlenfolgen**

Beweisen Sie:

a) $\left(\sqrt{n}(\sqrt[n]{n}-1)\right)_{n\in\mathbb{N}}$ ist Nullfolge.

b) $\displaystyle\lim_{n\to\infty}\left(\frac{3^n-5n^3+1}{2\cdot 3^n+n^5+n^2}\right)=\frac{1}{2}$.

c) $(n^4-2n^3)_{n\in\mathbb{N}}$ ist streng monoton wachsend.

d) $\left(n\sqrt{1+\dfrac{1}{n^2}}\right)_{n\in\mathbb{N}}$ ist streng monoton wachsend.

Hinweis: Sie können benutzen, dass für nichtnegative Zahlen $x_1,\ldots,x_n,\ n\in\mathbb{N}$, die folgende Ungleichung zwischen dem arithmetischen und dem geometrischen Mittel gilt (vgl. z. B. [3], 12.2 und 59.1; Abk.: *AGM-Ungleichung*):

$$\sqrt[n]{x_1 x_2\cdots x_n}\leq \frac{x_1+x_2+\cdots x_n}{n}. \tag{1.3}$$

Lösung

a) Mit der AGM-Ungleichung (1.3) hat man

$$\sqrt{n}(\sqrt[n]{n}-1)=\sqrt{n}\left(\Big(\underbrace{\sqrt[4]{n}\cdot\sqrt[4]{n}\cdot\sqrt[4]{n}\cdot\sqrt[4]{n}\cdot 1\cdot\ldots\cdot 1}_{n-4\ \text{Faktoren}}\Big)^{1/n}-1\right)$$

$$\overset{(1.3)}{\leq}\ \sqrt{n}\left(\frac{1}{n}(4\sqrt[4]{n}+n-4)-1\right)$$

$$=4\frac{\sqrt[4]{n}}{\sqrt{n}}+\sqrt{n}-\frac{4}{\sqrt{n}}-\sqrt{n}$$

$$=\frac{4}{\sqrt[4]{n}}-\frac{4}{\sqrt{n}}\ \longrightarrow\ 0\quad\text{für}\quad n\longrightarrow\infty.$$

b) Es ist

$$\lim_{n\to\infty}\left(\frac{3^n-5n^3+1}{2\cdot 3^n+n^5+n^2}\right)=\lim_{n\to\infty}\frac{1-\frac{5n^3}{3^n}+\frac{1}{3^n}}{2+\frac{n^5}{3^n}+\frac{n^2}{3^n}}=\frac{1}{2},$$

da die nicht konstanten Folgen in dem betrachteten Quotienten sämtlich Nullfolgen sind.

c) Zu zeigen ist

$$\forall\, n\in\mathbb{N}:\quad (n+1)^4-2(n+1)^3>n^4-2n^3.$$

Man rechnet nach, dass

$$(n+1)^4 - 2(n+1)^3$$
$$= n^4 + 4n^3 + 6n^2 + 4n + 1 - 2(n^3 + 3n^2 + 3n + 1)$$
$$= n^4 + 2n^3 - 2n - 1$$
$$= n^4 - 2n^3 + \underbrace{4n^3 - 2n - 1}_{>0}$$
$$> n^4 - 2n^3.$$

d) Zu zeigen ist

$$\forall\, n \in \mathbb{N}: \quad (n+1)\sqrt{1 + \frac{1}{(n+1)^2}} > n\sqrt{1 + \frac{1}{n^2}}.$$

Äquivalent dazu ist

$$(n+1)^2\left(1 + \frac{1}{(n+1)^2}\right) > n^2\left(1 + \frac{1}{n^2}\right)$$
$$\Longleftrightarrow (n+1)^2 + 1 > n^2 + 1$$
$$\Longleftrightarrow n + 1 > n,$$

was offensichtlich wahr ist.

Aufgabe 68

▶ **Limites von Zahlenfolgen**

Zeigen Sie:

a) Für alle $y \geq 0$ gilt: $(1+y)^{1/n} \leq 1 + \frac{1}{n}y$, $\quad n \in \mathbb{N}$.

b) $\lim_n (1 + x^n)^{1/n} = 1$, $\quad x \in [0, 1]$.

c) Bestimmen Sie $\lim_n (a^n + b^n)^{1/n}$ für alle $a, b \in \mathbb{R}$, $a, b \geq 0$.

Lösung

a) Die Behauptung folgt sofort aus der Bernoullischen Ungleichung (vgl. Aufg. 54):

$$\left(1 + \frac{1}{n}y\right)^n \geq 1 + y \quad \forall y \geq -1, n \in \mathbb{N}.$$

b) Aus Teil a) folgt

$$1 \leq (1 + x^n)^{\frac{1}{n}} \leq 1 + \frac{x^n}{n}, \; n \in \mathbb{N}.$$

Für $0 \leq x \leq 1$ konvergiert x^n/n gegen 0 $(n \to \infty)$. Nach dem Einschließungsprinzip für Folgen gilt die Behauptung.

c) Wir nehmen ohne Einschränkung an, dass $0 \leq a \leq b$, und haben dann (nach Teil b) mit $x = 1$)

$$b \leq (a^n + b^n)^{\frac{1}{n}} \leq (2b^n)^{\frac{1}{n}} \leq \sqrt[n]{2} \cdot b \to b \quad (n \to \infty).$$

Also gilt

$$\lim_{n \to \infty} (a^n + b^n)^{\frac{1}{n}} = \max\{a, b\}.$$

Aufgabe 69

▶ **Konvergenz von Zahlenfolgen**

Zeigen Sie:

a) $\lim_{n} \sqrt[n]{n} = 1$

b) $\lim_{n} \dfrac{1}{\sqrt[n]{n!}} = 0$

c) $\lim_{n} \sqrt[n]{a} = 1$ für alle $a > 0$.

Hinweis: Sie können für a) und c) die AGM-Ungleichung (1.3) benutzen. In b) können Sie das Ergebnis von Aufg. 43, Teil c), benutzen.

Lösung

a) Für nichtnegative Zahlen $x_1, \ldots, x_n$, $n \in \mathbb{N}$, gilt die Ungleichung (1.3) zwischen dem arithmetischen und dem geometrischen Mittel (vgl. Aufg. 67). Damit hat man:

$$|\sqrt[n]{n} - 1| \overset{\sqrt[n]{n} \geq 1}{=} (\sqrt{n} \cdot \sqrt{n} \cdot \underbrace{1 \cdot \ldots \cdot 1}_{n-2 \text{ Faktoren}})^{\frac{1}{n}} - 1$$

$$\overset{(1.3)}{\leq} \frac{2\sqrt{n} + n - 2 - n}{n}$$

$$= \frac{2\sqrt{n}}{n} - \frac{2}{n} = \frac{2}{\sqrt{n}} - \frac{2}{n} \longrightarrow 0 \quad (n \to \infty)$$

b) Es gilt:

$$\sqrt[n]{n!} \overset{\text{Hinw.}}{\geq} \sqrt[n]{3\left(\frac{n}{3}\right)^n} = \sqrt[n]{3} \cdot \frac{n}{3} \geq \frac{n}{3}.$$

Daraus folgt unter Beachtung von

$$\frac{1}{\sqrt[n]{n!}} \leq \frac{3}{n} \to 0 \quad (n \to \infty)$$

unmittelbar die Behauptung.

c) Mit Hilfe der AGM-Ungleichung (s. (1.3)) folgert man im Fall $a \geq 1$:

$$|\sqrt[n]{a} - 1| = (a \cdot \underbrace{1 \cdot \ldots \cdot 1}_{n-1\text{-mal}})^{\frac{1}{n}} - 1 \leq \frac{a + n - 1 - n}{n} = \frac{a - 1}{n} \to 0 \quad (n \to \infty).$$

Im Fall $0 < a < 1$ ist $\tilde{a} = \frac{1}{a} > 1$, und folglich gilt:

$$\lim_{n\to\infty} \sqrt[n]{a} = \lim_{n\to\infty} \sqrt[n]{\frac{1}{\tilde{a}}} = \lim_{n\to\infty} \frac{1}{\sqrt[n]{\tilde{a}}} = 1$$

Aufgabe 70

▶ **Konvergenz von Zahlenfolgen**

Die Folge (a_n) sei definiert durch

$$a_0 := \frac{4}{25}, \quad a_n := \frac{4}{25} + a_{n-1}^2 .$$

Zeigen Sie, dass (a_n) konvergiert, und berechnen Sie den Grenzwert.

Hinweis: Beweisen Sie (induktiv) $0 < a_n \leq \frac{1}{5}$ und $a_{n+1} - a_n > 0$.

Lösung

Wir gehen nach dem Hinweis vor und beweisen zunächst induktiv:

$$\forall n \in \mathbb{N}_0 \quad 0 < a_n \leq \frac{1}{5} \wedge (a_{n+1} - a_n) > 0.$$

I. A.: $n = 0$: Die Beschränktheit ist klar. Außerdem gilt:

$$a_1 - a_0 = \frac{4}{25} + a_0^2 - a_0 = a_0^2 = \frac{16}{625} > 0.$$

I. V.: Die Behauptung gelte für $n \geq 0$.

I. S.: $n \to n + 1$: Es gilt:

$$a_{n+1} = \underbrace{\frac{4}{25}}_{>0} + \underbrace{a_n^2}_{>0} > 0$$

sowie

$$a_{n+1} = \frac{4}{25} + \underbrace{a_n^2}_{\leq \frac{1}{25}} \leq \frac{1}{5}.$$

Darüberhinaus folgt aus der Induktionsvoraussetzung $a_n > a_{n-1} > 0$, dass $a_n^2 - a_{n-1}^2 > 0$, und man erhält:

$$a_{n+1} - a_n = \frac{4}{25} + a_n^2 - a_n = \frac{4}{25} + a_n^2 - \left(\frac{4}{25} + a_{n-1}^2\right) = a_n^2 - a_{n-1}^2 > 0.$$

Insgesamt ist $(a_n)_{n\in\mathbb{N}}$ also eine beschränkte, streng monoton wachsende Folge und es existiert daher $a := \lim_{n\to\infty} a_n$. Der Grenzwert muss wegen

$$\lim_{n\to\infty} a_n = \lim_{n\to\infty} \frac{4}{25} + a_{n-1}^2 = \frac{4}{25} + \lim_{n\to\infty} a_{n-1} \cdot \lim_{n\to\infty} a_{n-1}$$

die Gleichung

$$a = \frac{4}{25} + a^2$$

erfüllen. Die quadratische Gleichung

$$a^2 - a + \frac{4}{25} = 0$$

besitzt die zwei Lösungen

$$a_{1,2} = \frac{1}{2} \pm \sqrt{\frac{1}{4} - \frac{4}{25}} = \frac{1}{2} \pm \sqrt{\frac{25-16}{100}} = \frac{1}{2} \pm \frac{3}{10} = \begin{cases} \frac{4}{5} \\ \frac{1}{5} \end{cases}.$$

Wegen $a_n \le \frac{1}{5} \forall n \in \mathbb{N}$ ist auch $a \le \frac{1}{5}$, und es folgt also

$$a = a_2 = \frac{1}{5}.$$

Aufgabe 71

▶ **Konvergenz von Zahlenfolgen**

Beweisen Sie:

a) $\left(\dfrac{n+2}{n^2}\right)_{n\in\mathbb{N}}$ ist Nullfolge.

b) $\left(\dfrac{n}{2^n}\right)_{n\in\mathbb{N}}$ ist Nullfolge.

c) $\lim\limits_{n} \left(\sqrt{4n^2 + 5n + 2} - 2n\right) = \dfrac{5}{4}.$

Lösung

a)

$$\frac{n+2}{n^2} = \frac{1+2/n}{n} = \underbrace{\frac{1}{n}}_{\to 0} \cdot (1 + \underbrace{\underbrace{2/n}_{\to 0}}) \to 0.$$

$$\phantom{\frac{n+2}{n^2}}_{\to 1}$$

b) Wir zeigen, dass $2^n \geq n^2$ ist. Damit erhalten wir dann nämlich:

$$\frac{n}{2^n} \leq \frac{n}{n^2} = \frac{1}{n} \to 0.$$

Beh. 1: Für $n \in \mathbb{N}, n \geq 3$ gilt: $n^2 \geq 2n + 1$.

Beweis: (durch Induktion über n)

I. A.: $n = 3$: $3^2 = 9 \geq 7 = 2 \cdot 3 + 1$

I. V.: Die Behauptung gelte bis $n \geq 3$.

I. S.: $n \to n + 1$: Nach Induktionsvoraussetzung gilt $n^2 \geq 2n + 1$. Damit erhalten wir:

$$(n + 1)^2 = n^2 + 2n + 1 \overset{\text{I.V}}{\geq} 2n + 1 + 2n + 1 = 4n + 1 + 1$$

$$\overset{n\geq 1}{\geq} (3n + 2) + 1 \overset{n\geq 0}{\geq} (2n + 2) + 1 = 2(n + 1) + 1.$$

Damit beweisen wir nun die

Beh. 2: Für $n \in \mathbb{N}, n \geq 4$ gilt: $2^n \geq n^2$.

Beweis: (durch Induktion über n)

I. A.: $n = 4$: $2^4 = 16 = 4^2$.

I. V.: Die Behauptung gelte bis $n \geq 4$.

I. S.: $n \to n + 1$: Nach Induktionsvoraussetzung gilt $2^n \geq n^2$. Damit erhalten wir:

$$2^{n+1} = 2 \cdot 2^n \overset{\text{I. V.}}{\geq} 2 \cdot n^2 \overset{\text{Beh. 1}}{\geq} n^2 + 2n + 1 = (n + 1)^2.$$

c) Wir betrachten

$$\sqrt{4n^2 + 5n + 2} \, \frac{\sqrt{4n^2 - 5n + 2}}{\sqrt{4n^2 - 5n + 2}} = \frac{\sqrt{16n^4 - 9n^2 + 2}}{\sqrt{4n^2 + 5n + 2}}$$

und erhalten für die Folgenglieder

$$\sqrt{4n^2 + 5n + 2} - 2n = \frac{\sqrt{16n^4 - 9n^2 + 4} - 2n\sqrt{4n^2 + 5n + 2}}{\sqrt{4n^2 + 5n + 2}}$$

$$= \frac{2n\left(\sqrt{4n^2 - \frac{9}{4} + \frac{1}{n^2}} - \sqrt{4n^2 + 5n + 2}\right)}{2n\sqrt{1 + \frac{5}{4n} + \frac{1}{2n^2}}}.$$

Kürzen durch $2n$, und die Konvergenz des Nenners gegen 1 (für $n \to \infty$) zeigen, dass die behauptete Konvergenz bewiesen ist, wenn

$$d_n := \sqrt{4n^2 - \frac{9}{4} + \frac{1}{n^2}} - \sqrt{4n^2 + 5n + 2} \to \frac{5}{4} \quad (n \to \infty).$$

Dies erhält man aus den folgenden Beziehungen

$$d_n = \frac{\left(\sqrt{4n^2 - \frac{9}{4} + \frac{1}{n^2}} - \sqrt{4n^2 + 5n + 2}\right)\left(\sqrt{4n^2 - \frac{9}{4} + \frac{1}{n^2}} + \sqrt{4n^2 + 5n + 2}\right)}{\sqrt{4n^2 - \frac{9}{4} + \frac{1}{n^2}} + \sqrt{4n^2 + 5n + 2}}$$

$$= \frac{4n^2 - \frac{9}{4} + \frac{1}{n^2} - (4n^2 - 5n + 2)}{\sqrt{4n^2 - \frac{9}{4} + \frac{1}{n^2}} + \sqrt{4n^2 + 5n + 2}}$$

$$= \frac{5n - \frac{17}{4} + \frac{1}{n^2}}{\sqrt{4n^2 - \frac{9}{4} + \frac{1}{n^2}} + \sqrt{4n^2 + 5n + 2}}$$

$$= \frac{n}{n} \cdot \frac{5 - \frac{17}{4n} + \frac{1}{n^3}}{\sqrt{4 - \frac{9}{4n^2} + \frac{1}{n^4}} + \sqrt{4 + \frac{5}{n} + \frac{2}{n^2}}} \to \frac{5}{2+2} \quad (n \to \infty).$$

Aufgabe 72

▶ **Monotone Zahlenfolge**

Sei $(a_n)_{n \in \mathbb{N}}$ definiert durch

$$a_1 := 1, \ a_{n+1} := \frac{a_n}{1 + \sqrt{1 + a_n^2}}, \qquad n \in \mathbb{N}.$$

Zeigen Sie:

a) $0 \le a_n \le 1$, $\quad n \in \mathbb{N}$.
b) $(a_n)_{n \in \mathbb{N}}$ ist monoton fallend.
c) $(a_n)_{n \in \mathbb{N}}$ ist Nullfolge.

Lösung

a) Wir beweisen die erste Aussage mit vollständiger Induktion. Der Induktionsanfang ist für beide Ungleichungen erfüllt. Sei also $a_n \ge 0$, dann ist offensichtlich auch $a_{n+1} \ge 0$. Für die andere Ungleichung sei

$$a_n \le 1 \Rightarrow a_{n+1} = \frac{a_n}{1 + \underbrace{\sqrt{1 + a_n^2}}_{\ge 0}} \le a_n \le 1.$$

b) Aus der gerade bewiesenen Ungleichung folgt sofort, dass a_n monoton fallend ist.

c) Es gilt

$$a_{n+1} = \frac{a_n}{1 + \sqrt{1 + a_n^2}} \leq \frac{a_n}{2}$$

$$\Rightarrow a_n \leq \frac{a_{n-1}}{2} \leq \frac{a_{n-2}}{4} \leq \cdots \leq \frac{1}{2^{n-1}}$$

$$\Rightarrow a_n \leq \frac{1}{2^{n-1}} \, .$$

Da $\lim_{n \to \infty} \frac{1}{2^{n-1}} = 0$ und $a_n \geq 0$ folgt $\lim a_n = 0$.

Aufgabe 73

▶ **Grenzwerte von Zahlenfolgen**

Sei die Folge $(x_n)_{n \in \mathbb{N}}$ induktiv definiert durch

$$x_1 \in (0, 1) \, , \quad x_{n+1} := 2x_n(1 - x_n) \, , n \in \mathbb{N}.$$

a) Zeigen Sie: $x_n \in (0, 1) \quad \forall n \in \mathbb{N}$.
b) Was sind die möglichen Grenzwerte der Folge?
c) Zeigen Sie: $\lim_n x_n = \dfrac{1}{2}$.

Lösung

a) Wir beweisen die Behauptung mittels vollständiger Induktion nach n.

I. A.: $n = 1$: $x_1 \in (0, 1)$ nach Definition.

I. V.:   Die Behauptung gelte bis $n \geq 1$.

I. S.: $n \to n + 1$: Nach Induktionsvoraussetzung ist $x_n \in (0, 1)$ und damit auch $(1 - x_n) \in (0, 1)$. Es folgt sofort $x_{n+1} = 2 x_n (1 - x_n) > 0$. Es bleibt noch zu zeigen, dass $x_{n+1} < 1$ gilt. Wir betrachten zwei Fälle.

1. Fall: $x_n \leq 1/2$

$$\Rightarrow 2 \cdot x_n \cdot (1 - x_n) \leq 2 \cdot 1/2 \cdot (1 - x_n) < 1$$

2. Fall: $x_n > 1/2 \Rightarrow 1 - x_n < 1/2$

$$\Rightarrow 2 \cdot x_n \cdot (1 - x_n) < 2 \cdot x_n \cdot 1/2 < 1$$

Also ist $x_{n+1} \in (0, 1)$.

b) Nach dem ersten Aufgabenteil liegen alle Glieder der Folge im abgeschlossenen und beschränkten Intervall $[0, 1]$. Nach dem Satz von Bolzano–Weierstraß besitzt die Folge demnach mindestens einen Häufungspunkt im Intervall $[0, 1]$.

Nehmen wir an, die Folge sei konvergent mit Grenzwert $x = \lim\limits_{n \in \mathbb{N}} x_n$ in $[0, 1]$. Nach Definition der Folge gilt für diesen Grenzwert

$$x = \lim_{n \in \mathbb{N}} x_{n+1} = \lim_{n \in \mathbb{N}} \{2 \cdot x_n \cdot (1 - x_n)\} = 2 \cdot x \cdot (1 - x) = 2x - 2x^2$$

$$\Leftrightarrow\ 2x^2 - x = 0 \quad \Leftrightarrow \quad x = 0 \vee x = \frac{1}{2}.$$

Die möglichen Grenzwerte sind also $x = 0$ und $x = 1/2$.

c) Für die Differenz zweier benachbarter Folgenglieder erhält man:

$$x_{n+1} - x_n = 2 \cdot x_n \cdot (1 - x_n) - x_n = x_n - 2x_n^2 = x_n \cdot (1 - 2x_n).$$

Weiter gilt für alle $n \in \mathbb{N}$:

$$1/2 - x_{n+1} = 1/2 - 2x_n + 2x_n^2 = 2\big(1/4 - x_n + x_n^2\big) = 2(x_n - 1/2)^2 \geq 0,$$

was bedeutet, dass außer x_1 alle Glieder der Folge in $(0, 1/2]$ liegen müssen. Wir betrachten nun die Folge $\{a_n\}_{n \in \mathbb{N}}$ mit $a_n = x_{n+1}$. Dann ist $a_n \in (0, 1/2), n \in \mathbb{N}$, und es gilt:

$$a_{n+1} - a_n = a_n(1 - 2a_n) \geq a_n(1 - 2 \cdot 1/2) = 0.$$

$\{a_n\}_{n \in \mathbb{N}}$ ist also monoton wachsend und durch $1/2$ nach oben beschränkt. Dann ist $\{a_n\}_{n \in \mathbb{N}}$ aber auch konvergent mit $0 < \lim a_n = a \overset{b)}{=} 1/2$. Da sich die Folge $\{x_n\}_{n \in \mathbb{N}}$ in nur endlich vielen Gliedern von $\{a_n\}_{n \in \mathbb{N}}$ unterscheidet, gilt auch

$$\lim x_n = 1/2.$$

Aufgabe 74

▶ **Monotone Zahlenfolgen**

Die Folgen $(a_n)_{n \in \mathbb{N}}$ und $(b_n)_{n \in \mathbb{N}}$ seien definiert durch

$$0 < a_1 < b_1,\ a_{n+1} = \frac{2a_n b_n}{a_n + b_n},\ b_{n+1} = \frac{1}{2}(a_n + b_n).$$

a) Zeigen Sie, dass die Folgen $(a_n)_{n \in \mathbb{N}}$ und $(b_n)_{n \in \mathbb{N}}$ beschränkt und monoton sind.
b) Zeigen Sie, dass die Folgen gegen denselben Grenzwert konvergieren, und bestimmen Sie diesen.

Lösung

a) Für beliebige positive reelle Zahlen x, y gilt

$$\frac{2xy}{x + y} \leq \frac{1}{2}(x + y) \quad (*)$$

d. h. das harmonische Mittel zweier Zahlen ist entweder kleiner als das oder gleich dem arithmetischen Mittel. Man hat nämlich

$$0 \le (x - y)^2 \ \Leftrightarrow \ 0 \le x^2 - 2xy + y^2 \ \Leftrightarrow \ 4xy \le x^2 + 2xy + y^2$$

$$\Leftrightarrow \ 4xy \le (x + y)^2 \ \Leftrightarrow \ \frac{2xy}{x + y} \le \frac{1}{2}(x + y).$$

Beh.: $a_n \le a_{n+1} \le b_{n+1} \le b_n$, $n \in \mathbb{N}$; Beweis durch vollständige Induktion.
I. A.: $n = 1$:

$$a_1 = \frac{2}{\frac{1}{a_1} + \frac{1}{a_1}} \overset{b_1 > a_1}{\le} \frac{2}{\frac{1}{a_1} + \frac{1}{b_1}} = \underbrace{\frac{2a_1 b_1}{a_1 + b_1}}_{=a_2} \overset{(*)}{\le} \underbrace{\frac{1}{2}(a_1 + b_1)}_{=b_2} \overset{b_1 > a_1}{\le} \frac{1}{2}(b_1 + b_1) = b_1;$$

also gilt

$$a_1 \le a_2 \le b_2 \le b_1.$$

I. V.: Die Behauptung gelte bis n.
I. S.: $n \to n + 1$: Nach I. V. gilt

$$a_{n+1} = \frac{2}{\frac{1}{a_{n+1}} + \frac{1}{a_{n+1}}} \overset{\text{I. V.}}{\le} \frac{2}{\frac{1}{a_{n+1}} + \frac{1}{b_{n+1}}} = \underbrace{\frac{2a_{n+1}b_{n+1}}{a_{n+1} + b_{n+1}}}_{=a_{n+2}}$$

$$\overset{(*)}{\le} \underbrace{\frac{1}{2}(a_{n+1} + b_{n+1})}_{=b_{n+2}} \overset{\text{I. V.}}{\le} \frac{1}{2}(b_{n+1} + b_{n+1}) = b_{n+1}.$$

Also folgt

$$a_{n+1} \le a_{n+2} \le b_{n+2} \le b_{n+1}.$$

Somit ist die Folge $(a_n)_{n \in \mathbb{N}}$ monoton steigend und durch b_1 nach oben beschränkt, die Folge $(b_n)_{n \in \mathbb{N}}$ ist monoton fallend und durch a_1 nach unten beschränkt.

b) Nach Teil a) sind die Folgen $(a_n)_{n \in \mathbb{N}}$ und $(b_n)_{n \in \mathbb{N}}$ beschränkt und monoton, also konvergent. Somit gilt

$$a = \lim_{n \to \infty} a_{n+1} = \lim_{n \to \infty} \frac{2a_n b_n}{a_n + b_n} = \frac{2ab}{a + b},$$

$$b = \lim_{n \to \infty} b_{n+1} = \lim_{n \to \infty} \frac{1}{2}(a_n + b_n) = \frac{1}{2}\left(\lim_{n \to \infty} a_n + \lim_{n \to \infty} b_n\right) = \frac{1}{2}(a + b).$$

Somit gilt für die Grenzwerte unter der Berücksichtigung von $a \geq a_1 > 0$

$$a = \frac{2ab}{a+b} \;\Leftrightarrow\; a^2 + ab = 2ab \;\Leftrightarrow\; a^2 = ab \stackrel{a>0}{\Leftrightarrow} a = b$$

bzw.

$$b = \frac{1}{2}(a+b) \;\Leftrightarrow\; \frac{1}{2}b = \frac{1}{2}a \;\Leftrightarrow\; a = b.$$

Die beiden Folgen konvergieren also gegen denselben Grenzwert.

Beh.: $a_n b_n = a_1 b_1 \; \forall n \in \mathbb{N}$; Beweis durch vollständige Induktion.

I. A.: $n = 1 : \; a_1 b_1 = a_1 b_1$ (w. A.);

I. V.: Die Behauptung gelte bis n.

I. S.: $n \to n + 1 : \; a_{n+1} b_{n+1} = \dfrac{2 a_n b_n}{a_n + b_n} \dfrac{a_n + b_n}{2} = a_n b_n \stackrel{\text{I. V.}}{=} a_1 b_1.$

Weiterhin gilt

$$a = b = \lim_{n \to \infty} b_{n+1} = \lim_{n \to \infty} \frac{a_n b_n}{a_{n+1}} = \frac{a_1 b_1}{a}$$

$$\Leftrightarrow a^2 = a_1 b_1 \;\Leftrightarrow\; a = b = \sqrt{a_1 b_1},$$

d. h. die Folgen konvergieren gegen das geometrische Mittel der Zahlen a_1 und b_1.

Aufgabe 75

▶   **Arithmetisches Mittel**

Sei $(a_n)_{n \in \mathbb{N}}$ eine Zahlenfolge und

$$A(a_1, \ldots, a_n) = \frac{1}{n} \sum_{k=1}^{n} a_k$$

das *arithmetische Mittel* der Zahlen $a_1, \ldots, a_n$.

a) Zeigen Sie: Aus $\lim\limits_{n \to \infty} a_n = a$ folgt $\lim\limits_{n \to \infty} A(a_1, \ldots, a_n) = a$.

b) Geben Sie eine divergente Folge an, für welche die zugehörige Folge der arithmetischen Mittel konvergiert.

Lösung

a) Sei $\varepsilon > 0$ beliebig vorgegeben. Da $(a_n)_{n \in \mathbb{N}}$ konvergiert, gilt:

$$\exists a, N_1 \in \mathbb{N} \; \forall n \geq N_1 : |a_n - a| < \varepsilon / 2 \,.$$

Wir wählen nun mit der Gauß-Klammer

$$N_0 := \max\left\{ N_1, \left[\frac{2}{\varepsilon} \sum_{i=1}^{N_1} |a_n - a| \right] + 1 \right\} .$$

Dann gilt für $n \geq N_0$, dass $n > \frac{2}{\varepsilon} \sum_{i=1}^{N_1} |a_n - a|$ und

$$\left| \frac{1}{n} \sum_{i=1}^{n} a_i - a \right| = \left| \frac{1}{n} \sum_{i=1}^{n} a_i - a\frac{1}{n} \sum_{i=1}^{n} 1 \right| = \left| \frac{1}{n} \sum_{i=1}^{n} (a_i - a) \right|$$

$$\leq \frac{1}{n} \sum_{i=1}^{n} |a_i - a| = \frac{1}{n} \sum_{i=1}^{N_1} |a_i - a| + \frac{1}{n} \sum_{i=N_1+1}^{n} \underbrace{|a_i - a|}_{\leq \varepsilon/2}$$

$$\leq \frac{\displaystyle\sum_{i=1}^{N_1} |a_i - a|}{\underbrace{\frac{2}{\varepsilon} \sum_{i=1}^{N_1} |a_i - a|}} + \frac{\varepsilon}{2} \cdot \frac{n - N_1}{n} \leq \frac{\varepsilon}{2} + \frac{\varepsilon}{2} = \varepsilon.$$

Die Behauptung ist damit bewiesen.

b) Betrachte die Folge $a_k := (-1)^k$: Sie divergiert, und es gilt

$$\sum_{k=1}^{n} (-1)^k = -1 + 1 - 1 + 1 - + \cdots \pm 1 \begin{cases} \text{„+“ für } n \quad \text{gerade,} \\ \text{„−“ für } n \quad \text{ungerade} \end{cases}$$

$$= \begin{cases} 0, & n \quad \text{gerade,} \\ -1, & n \quad \text{ungerade.} \end{cases}$$

Die Folge der Partialsummen $s_n := \sum_{k=1}^{n} (-1)^k$ ist also beschränkt.

Die Folge $b_n := \dfrac{1}{n}$ konvergiert bekanntlich gegen 0. Damit ist dann die Folge $b_n s_n$ eine Nullfolge (vgl. z. B. [3], 22.). Da aber

$$A(a_1, \ldots, a_n) = b_n \cdot s_n ,$$

konvergiert die zu a_k gehörige Folge der arithmetischen Mittel gegen 0.

Aufgabe 76

▶ **Konvergenz und Divergenz**

Sei $(a_n)_{n \in \mathbb{N}}$ eine Folge. Zeigen Sie: Konvergiert $(a_n)_{n \in \mathbb{N}}$, so konvergiert auch $(|a_n|)_{n \in \mathbb{N}}$, und es gilt

$$\lim_{n \to \infty} |a_n| = \left| \lim_{n \to \infty} a_n \right| .$$

Gilt auch die Umkehrung?

Lösung

Da die Folge $(a_n)_{n \in \mathbb{N}}$ o. B. d. A. gegen a konvergiert, gilt

$$\forall\, \varepsilon > 0 \;\exists\, N \in \mathbb{N} \;\forall\, n \geq N : \; |a - a_n| < \varepsilon.$$

Daher gilt

$$\lim_{n \to \infty} |a_n| = |a| = \left| \lim_{n \to \infty} a_n \right|,$$

denn man hat aufgrund der Dreiecksungleichung

$$\big||a| - |a_n|\big| \leq |a - a_n| < \varepsilon \;\forall\, n \geq N.$$

Die Umkehrung gilt offensichtlich nicht, wie die Folge $(b_n)_{n \in \mathbb{N}}$ mit $b_n = (-1)^n$ zeigt: $(|b_n|)_{n \in \mathbb{N}}$ konvergiert gegen 1, aber $(b_n)_{n \in \mathbb{N}}$ ist divergent.

Aufgabe 77

▶   **Monotonie und Konvergenz**

Untersuchen Sie das Monotonieverhalten der Folge (a_n) mit $a_n = n^2 / 2^n$, folgern Sie die Existenz von $\lim a_n = a$ und bestimmen a durch Diskussion von $\lim a_{n+1}$. Wie lautet das größte Glied der Folge?

Lösung

Die ersten 5 Folgenglieder lauten:

$$a_1 = \frac{1}{2}$$

$$a_2 = 1$$

$$a_3 = \frac{9}{8}$$

$$a_4 = 1$$

$$a_5 = \frac{25}{32}.$$

Offenbar wächst die Folge bis zum dritten Folgenglied streng monoton und fällt anschließend streng monoton. Wir zeigen also induktiv:

$$\forall n \in \mathbb{N}, n \geq 3 \quad a_{n+1} < a_n$$

I. A.: $n = 3$: klar (siehe oben).
I. V.: Die Behauptung gelte bis $n \geq 3$.

I. S.: $n \to n + 1$:

$$a_{n+1} = \frac{(n+1)^2}{2^{n+1}} = \frac{n^2}{2^{n+1}} + \overbrace{\frac{2n+1}{2^{n+1}}}^{\leq n^2,\ \text{falls } n \geq 3} \leq \frac{n^2}{2^n} = a_n.$$

Die Folge ist also beschränkt, und zwar nach oben durch das größte Folgenglied $a_3 = \frac{9}{8}$ und nach unten trivialerweise durch 0.

Weiter gilt:

$$a_{n+1} = \frac{1}{2}a_n + \underbrace{\frac{2n+1}{2^{n+1}}}_{\to 0\ (n \to \infty)}.$$

Der Grenzübergang $n \to \infty$ zeigt nun

$$a = \frac{1}{2}a;$$

also muss $a = 0$ sein.

Aufgabe 78

▶   **Cauchy-Kriterium**

Es sei eine Folge $(a_n)_{n \in \mathbb{N}}$ gegeben mit der folgenden Eigenschaft:

$$\exists\, q \in \mathbb{R} \quad \text{mit } 0 < q < 1 : \ |a_{n+1} - a_n| \leq q|a_n - a_{n-1}|, \ n \geq 2.$$

Zeigen Sie mit Hilfe des Cauchy-Kriteriums, dass $(a_n)_{n \in \mathbb{N}}$ konvergiert.

Hinweis: Benutzen Sie an geeigneter Stelle die geometrische Summenformel

$$\sum_{j=0}^{k} q^j = \frac{1 - q^{k+1}}{1 - q}, \ q \neq 1.$$

Aus $0 \leq c_{n+1} < qc_n$ mit $0 < q < 1$ ergibt sich, dass die Folge $(c_n)_{n \in \mathbb{N}}$ eine Nullfolge ist, denn es gilt

$$0 \leq \lim_{n \to \infty} c_n \leq \lim_{n \to \infty} q^{n-1} c_1 = c_1 \lim_{n \to \infty} q^{n-1} = 0 \quad \text{(Sandwich-Theorem)}.$$

Dies liefert direkt mit $\varepsilon' = (1 - q)\varepsilon$

$$\forall\, \varepsilon' > 0\, \exists\, N' \in \mathbb{N}\ \forall\, n \geq N' : |c_n| < \varepsilon'$$

$$\Leftrightarrow \forall\, \varepsilon > 0\, \exists\, N \in \mathbb{N}\ \forall\, n \geq N : |c_n| < (1 - q)\varepsilon.$$

Bei der Definition der Cauchy-Folge kann o. B. d. A. angenommen werden, dass $m > n$ gilt. Dies liefert mit $m = n + k$ sofort

$$\forall\, \varepsilon > 0\ \exists\, N \in \mathbb{N}\ \forall\, m, n \geq N : |a_n - a_m| < \varepsilon$$
$$\Leftrightarrow \forall\, \varepsilon > 0\ \exists\, N \in \mathbb{N}\ \forall\, n \geq N,\ k \in \mathbb{N} : |a_n - a_{n+k}| < \varepsilon.$$

Setze nun $c_n := |a_{n+1} - a_n|$. Dann gilt

$$|a_{n+k} - a_n| \overset{\text{Teleskopsumme}}{=} |a_{n+k} - a_{n+k-1} + a_{n+k-1} - \ldots + a_{n+1} - a_n|$$
$$\overset{\triangle-\text{Ungl.}}{\leq} |a_{n+k} - a_{n+k-1}| + \ldots + |a_{n+1} - a_n|$$
$$= \sum_{j=0}^{k-1} |a_{n+j+1} - a_{n+j}| \overset{\text{Vor.}}{\leq} \sum_{j=0}^{k-1} q^j |a_{n+1} - a_n|$$
$$= \frac{1-q^k}{1-q} |a_{n+1} - a_n| \leq \frac{1}{1-q} |a_{n+1} - a_n|$$
$$= \frac{1}{1-q} |c_n| < \varepsilon\ \forall\, n \geq N,\ k \in \mathbb{N}.$$

Somit ist die Folge $(a_n)_{n \in \mathbb{N}}$ eine Cauchy-Folge.

Aufgabe 79

▶   **Cauchy-Folgen**

a) Zeigen Sie, dass jede Cauchy-Folge beschränkt ist.
b) Überprüfen Sie, ob die unten angegebenen Folgen Cauchy-Folgen sind. Beweisen Sie Ihre Behauptungen.

1) $a_1 := 1$, $a_{n+1} := \dfrac{1}{1 + a_n}$, $n \in \mathbb{N}$;

2) $a_n := \displaystyle\sum_{k=1}^{n} \frac{1}{k}$, $n \in \mathbb{N}$.

Hinweis: Zeigen Sie in 1) zuerst induktiv, dass $1/2 \leq a_n \leq 1$.

Lösung

a) Sei also $(a_n)_{n \in \mathbb{N}}$ eine Cauchy-Folge, dann gilt

$$|a_n - a_m| < \varepsilon = 1\ \forall\, n, m \geq N = N(1).$$

Setze nun $m = N$. Dann gilt für alle $n \geq N$:

$$|a_n| = |a_n - a_N + a_N| \overset{\triangle-\text{Ungl.}}{\leq} |a_n - a_N| + |a_N| \leq 1 + |a_N|.$$

Setze $M := \max\{|a_1|, \ldots, |a_{N-1}|\}$, dann erhält man schließlich

$$|a_n| \leq \max\{M, \ |a_N| + 1\} \ \forall \ n \in \mathbb{N},$$

d. h. die Cauchy-Folge $(a_n)_{n \in \mathbb{N}}$ ist beschränkt.

b) 1) Wir zeigen, dass die angegebene Folge eine Cauchy-Folge ist.

Beh.: $\frac{1}{2} \leq a_n \leq 1 \ \forall \ n \in \mathbb{N}$; Beweis durch vollständige Induktion:

I. A.: $n = 1 : \frac{1}{2} \leq a_1 = 1 \leq 1$ (w. A.);

I. V.: Die Behauptung gelte bis n.

I. S.: $n \to n + 1$:

$$a_n \geq \frac{1}{2} \ \Rightarrow \ a_{n+1} = \frac{1}{1 + a_n} \leq \frac{1}{1 + \frac{1}{2}} = \frac{2}{3} \leq 1;$$

$$0 < \frac{1}{2} \leq a_n \leq 1 \ \Rightarrow \ a_{n+1} = \frac{1}{1 + a_n} \geq \frac{1}{1 + 1} = \frac{1}{2} \geq \frac{1}{2}.$$

Beh.: Es gilt $|a_{n+k} - a_n| \leq \left(\frac{4}{9}\right)^{n-1} |a_{k+1} - a_1| \ \forall \ n, \ k \in \mathbb{N}$;

Beweis durch vollständige Induktion:

I. A.: $n = 1$:

$$|a_{k+1} - a_1| \leq \left(\frac{4}{9}\right)^{1-1} |a_{k+1} - a_1| \ (\text{w. A.});$$

I. V.: Die Behauptung gelte bis n.

I. S.: $n \to n + 1$:

$$|a_{n+1+k} - a_{n+1}| = \left| \frac{1}{1 + a_{n+k}} - \frac{1}{1 + a_n} \right| = \left| \frac{1 + a_n - 1 - a_{n+k}}{(1 + a_{n+k})(1 + a_n)} \right|$$

$$= \frac{|a_{n+k} - a_n|}{|1 + a_{n+k}||1 + a_n|} \overset{\frac{1}{2} \leq a_n \leq 1}{\leq} \frac{|a_{n+k} - a_n|}{(1 + \frac{1}{2})^2}$$

$$\overset{\text{I. V.}}{\leq} \frac{4}{9} \left(\frac{4}{9}\right)^{n-1} |a_{k+1} - a_1| = \left(\frac{4}{9}\right)^n |a_{k+1} - a_1|.$$

Insgesamt gilt somit

$$|a_{n+k} - a_n| \leq \left(\frac{4}{9}\right)^{n-1} |a_{k+1} - a_1|$$

$$\leq \left(\frac{4}{9}\right)^{n-1} (|a_1| + |a_{k+1}|) \overset{\frac{1}{2} \leq a_n \leq 1}{\leq} 2 \left(\frac{4}{9}\right)^{n-1} \ \forall \ n, \ k \in \mathbb{N}.$$

Da aber $\left(2\left(\frac{4}{9}\right)^{n-1}\right)_{n\in\mathbb{N}}$ eine Nullfolge ist, läßt sich zu jedem beliebigen $\varepsilon > 0$ ein $N = N(\varepsilon) \in \mathbb{N}$ finden mit $2\left(\frac{4}{9}\right)^{N-1} < \varepsilon$. Damit hat man schließlich die Abschätzung

$$|a_{n+k} - a_n| \le |a_{N+k} - a_N| < 2\left(\frac{4}{9}\right)^{N-1} < \varepsilon \quad \forall\, n \ge N,\ k \in \mathbb{N},$$

d. h. die Folge $(a_n)_{n\in\mathbb{N}}$ ist eine Cauchy-Folge.

2) **Beh.:** Die Folge angegebene Folge ist keine Cauchy-Folge. Es gilt:

$$\begin{aligned}
\sum_{k=1}^{2^n} \frac{1}{k} &= 1 + \frac{1}{2} + \left(\frac{1}{3} + \frac{1}{4}\right) + \left(\frac{1}{5} + \frac{1}{6} + \frac{1}{7} + \frac{1}{8}\right) + \dots \\
&\quad + \left(\frac{1}{2^{n-1}} + \dots + \frac{1}{2^n}\right) \\
&\ge 1 + \frac{1}{2} + 2\frac{1}{4} + 4\frac{1}{8} + \dots + 2^{n-1}\frac{1}{2^n} \\
&= 1 + n\frac{1}{2} \to \infty \ (n \to \infty).
\end{aligned}$$

Da nach Teil a) jede Cauchy-Folge beschränkt ist, kann diese Folge aufgrund der Unbeschränktheit keine Cauchy-Folge sein. Man erhält also

$$\lim_{n\to\infty} a_n = \lim_{n\to\infty} \sum_{k=1}^{n} \frac{1}{k} = \sum_{k=1}^{\infty} \frac{1}{k} = \infty.$$

Aufgabe 80

▶   **Cauchy-Folge**

Die Folge $(a_n)_{n\in\mathbb{N}}$ sei induktiv erklärt durch

$$a_1 := 2\,, \quad a_{n+1} := a_n + \frac{1}{3^n}\,.$$

a) Zeigen Sie: $(a_n)_{n\in\mathbb{N}}$ ist Cauchy-Folge.
b) Bestimmen Sie den Limes.

Hinweis: Die folgende äquivalente Charakterisierung einer *Cauchy-Folge* kann ebenfalls benutzt werden:

$$\forall \varepsilon > 0\ \exists N \in \mathbb{N}\ \forall n \ge N\ \forall k \in \mathbb{N}: \quad |a_n - a_{n+k}| \le \varepsilon\,.$$

Lösung

Durch vollständige Induktion zeigt man zunächst, dass

$$a_n = 2 + \sum_{i=1}^{n-1} \frac{1}{3^i} \,. \tag{1.4}$$

I. A.: $n = 1$: $a_1 = 2 = 2 + \underbrace{\sum_{i=1}^{0} \frac{1}{3^i}}_{=0}$

I. V.: Die Behauptung gelte bis $n \geq 1$.

I. S.: $n \to n + 1$: $a_{n+1} = a_n + \dfrac{1}{3^n} \overset{\text{I. V.}}{=} 2 + \displaystyle\sum_{i=1}^{n-1} \frac{1}{3^i} + \frac{1}{3^n} = 2 + \sum_{i=1}^{n} \frac{1}{3^i}$

a)

$$|a_{n+k} - a_n| \overset{(1.4)}{=} \left| 2 + \sum_{i=1}^{n+k-1} \frac{1}{3^i} - 2 - \sum_{i=1}^{n-1} \frac{1}{3^i} \right| = \sum_{i=n}^{n+k-1} \frac{1}{3^i}$$

$$= \frac{1}{3^n} \sum_{i=0}^{k-1} \frac{1}{3^i} = \frac{1}{3^n} \frac{1 - (1/3)^k}{1 - (1/3)} = \frac{1}{3^{n-1}} \frac{1 - (1/3)^k}{2} \leq \frac{1}{2} \cdot \frac{1}{3^{n-1}} \to 0 \quad (n \to \infty)$$

b) Mit (1.4) folgt aus der Formel für die unendliche geometrischen Reihe wegen $\frac{1}{3} < 1$, dass

$$\lim_{n \to \infty} a_n = 2 + \frac{1}{1 - \frac{1}{3}} - 1 = 1 + \frac{3}{2} = \frac{5}{2} \,.$$

Aufgabe 81

▶ **Wurzelberechnung**

Für $b > 0$ sei die Folge $(a_n)_{n \in \mathbb{N}}$ folgendermaßen definiert:

$$a_1^2 \geq b, \quad a_{n+1} = \frac{1}{2} a_n + \frac{b}{2a_n}, \; n \in \mathbb{N}.$$

Zeigen Sie:

a) $a_n^2 \geq b \; \forall \, n \in \mathbb{N}$.

b) $(a_n)_{n \in \mathbb{N}}$ ist monoton fallend.

c) Der Limes $x := \lim\limits_{n\to\infty} a_n$ erfüllt die Gleichung

$$x = \frac{1}{2}x + \frac{b}{2x},$$

d. h. $x^2 = b$.

Hinweise:

1) Verwenden Sie in Teil a) vollständige Induktion sowie die Bernoullische Ungleichung (vgl. z. B. Aufg. 54).

2) In den Teilen a) und b) ist es hilfreich, die folgende Darstellung für a_{n+1} zu benutzen:

$$a_{n+1} = a_n\left(1 - \frac{1}{2}\left(1 - \frac{b}{a_n^2}\right)\right).$$

3) Verwenden Sie in Teil c) bekannte Rechenregeln für Grenzwerte und die Tatsache, dass mononotone, beschränkte Folgen konvergieren (vgl. z. B. [3], 23.).

Lösung

a) Vollständige Induktion:

    I. A.: $n = 1$: $a_1^2 \geq b$ gilt nach Voraussetzung.

    I. V.: Die Behauptung gelte bis n.

    I. S.: $n \to n + 1$: Mit Hilfe der Induktionsvoraussetzung gilt

$$a_n^2 \geq b > 0 \;\Leftrightarrow\; 1 \geq \frac{b}{a_n^2} > 0$$

$$\Rightarrow\; 1 > \frac{1}{2} \geq \frac{1}{2}\frac{b}{a_n^2} > -\frac{1}{2}\left(1 - \frac{b}{a_n^2}\right) = -\frac{1}{2} + \frac{1}{2}\frac{b}{a_n^2} > -\frac{1}{2} > -1.$$

Verwendet man noch an der Stelle $(*)$ die Bernoullische Ungleichung, dann folgt mit Hilfe von Hinweis 2):

$$a_{n+1}^2 = a_n^2\left(1 - \frac{1}{2}\left(1 - \frac{b}{a_n^2}\right)\right)^2 \overset{(*)}{\geq} a_n^2\left(1 - 2\frac{1}{2}\left(1 - \frac{b}{a_n^2}\right)\right) = a_n^2\frac{b}{a_n^2} = b.$$

b) Mit Hilfe von Teil a) gilt

$$\frac{1}{2} \geq \frac{1}{2}\frac{b}{a_n^2} > -\frac{1}{2} \;\Leftrightarrow\; 1 \geq 1 - \frac{1}{2}\left(1 - \frac{b}{a_n^2}\right) > 0.$$

Ist $a_1 > 0$, dann sind wegen $b > 0$ und der rekursiven Definition von a_{n+1}

$$a_{n+1} = \frac{1}{2}a_n + \frac{b}{2a_n}$$

auch alle anderen Folgeglieder positiv. Somit hat man wegen $a_n > 0$

$$a_{n+1} = a_n \left(1 - \frac{1}{2} \left(1 - \frac{b}{a_n^2} \right) \right) \leq a_n.$$

c) Die Folge $(a_n)_{n \in \mathbb{N}}$ konvergiert, da sie monoton und nach oben durch a_1 und nach unten durch $\sqrt{b}$ beschränkt ist. Damit ergibt sich für den Grenzwert

$$x = \lim_{n \to \infty} a_n = \lim_{n \to \infty} a_{n+1} \quad \Leftrightarrow \quad x = \lim_{n \to \infty} \left(\tfrac{1}{2} a_n + \frac{b}{2 a_n} \right)$$

$$\Leftrightarrow \quad x = \tfrac{1}{2} \lim_{n \to \infty} a_n + \frac{b}{2 \lim_{n \to \infty} a_n} \quad \Leftrightarrow \quad x = \tfrac{1}{2} x + \frac{b}{2x}$$

$$\Leftrightarrow \quad x^2 = \tfrac{1}{2} x^2 + \tfrac{1}{2} b \qquad\qquad \Leftrightarrow \quad x^2 = b.$$

Aufgabe 82

▶ **Wurzelberechnung für $q \geq 2$**

Sei $b > 0$, $q \in \mathbb{N}$, $q \geq 2$. Die Folge $(a_n)_{n \in \mathbb{N}}$ sei induktiv erklärt durch $a_1 > 0$ mit $a_1^q \geq b$ und $a_{n+1} := \left(1 - \dfrac{1}{q} \right) a_n + \dfrac{1}{q} \dfrac{b}{a_n^{q-1}}$, $n \in \mathbb{N}$.

Zeigen Sie:

a) $a_n^q \geq b \quad \forall n \in \mathbb{N}$;

b) $(a_n)_{n \in \mathbb{N}}$ ist monoton fallend und beschränkt;

c) für die Folge $(a_n)_{n \in \mathbb{N}}$ aus a) und b), dass sie konvergiert, $x := \lim_n a_n$, und dass für den Limes gilt

$$x^q = b.$$

Lösung

a) Wir zeigen die Behauptung induktiv:

   I. A.: $n = 1$: Ist klar nach Voraussetzung.

   I. V.: Die Behauptung gelte bis $n \geq 1$.

   I. S.: $n \to n + 1$: Unter Verwendung der Bernoullischen Ungleichung (vgl. z. B. Aufg. 54) erhält man

$$a_{n+1}^q = \left(a_n \left(\left(1 - \frac{1}{q} \right) + \frac{1}{q} \frac{b}{a_n^q} \right) \right)^q = a_n^q \left(1 - \frac{1}{q} \left(1 - \frac{b}{a_n^q} \right) \right)^q$$

$$\overset{\substack{\text{Bern. Ungl.}}}{\geq} a_n^q \left(1 - q \frac{1}{q} \left(1 - \frac{b}{a_n^q} \right) \right) = a_n^q \frac{b}{a_n^q} = b.$$

b) Es ist

$$a_{n+1}^q = \Big(a_n\Big(1 - \frac{1}{q} + \frac{1}{q}\underbrace{\frac{b}{a_n^q}}_{\leq 1}\Big)\Big)^q \leq a_n^q,$$

woraus unmittelbar durch Ziehen der q-ten Wurzel die Monotoniebehauptung folgt. Aus der Monotonie folgert man ebenfalls die Beschränktheit nach oben durch a_1; die Beschränktheit nach unten folgt aus a).

c) Die Konvergenz folgt aus Monotonie und Beschränktheit (s. Teil b)). Für den Limes gilt aufgrund der Rekursionsgleichung (Grenzübergang auf beiden Seiten!):

$$x = \Big(1 - \frac{1}{q}\Big)x + \frac{1}{q}\frac{b}{x^{q-1}} \implies x^q\frac{1}{q} = \frac{1}{q}b \implies x^q = b.$$

Aufgabe 83

▶ **Konvergenz von Zahlenfolgen**

Die rekursive Folge $(a_n)_{n\in\mathbb{N}}$ sei definiert durch

$$a_1 := \sqrt{6}, \ a_{n+1} = \sqrt{a_n + 6}, \ n \in \mathbb{N}.$$

Untersuchen Sie die Folge auf Konvergenz und bestimmen Sie ggf. ihren Grenzwert.

Lösung

Es wird gezeigt, dass die Folge monoton wachsend und beschränkt ist.

Beh.: $\sqrt{6} \leq a_n \leq 3, \ n \in \mathbb{N}$.
I.A.: $n = 1$: $\sqrt{6} \leq \sqrt{6} = a_1 \leq 3$ (w.A.).
I.V.: Die Behauptung gelte bis n.
I.S.: $n \to n + 1$

$$\sqrt{6} \leq a_{n+1} \leq 3 \ \Leftrightarrow \ \sqrt{6} \leq \sqrt{a_n + 6} \leq 3$$
$$\Leftrightarrow \ 6 \leq a_n + 6 \leq 9 \ \Leftrightarrow \ 0 \leq a_n \leq 3 \ \text{(w.A. nach I.V.)}.$$

Beh.: $(a_n)_{n\in\mathbb{N}}$ ist monoton wachsend.

$$a_{n+1} \geq a_n \quad \Leftrightarrow \quad \sqrt{a_n + 6} \geq a_n \quad \Leftrightarrow \quad 6 + a_n \geq a_n^2$$
$$\Leftrightarrow \ 6{,}25 \geq (a_n - 0{,}5)^2 \ \Leftrightarrow \ -2{,}5 \leq a_n - 0{,}5 \leq 2{,}5 \ \Leftrightarrow \ -2 \leq a_n \leq 3 \ \text{(w.A.)}.$$

Somit ist die Folge konvergent, und es gilt

$$\lim_{n\to\infty} a_n = \lim_{n\to\infty} a_{n+1} = a > 0.$$

Dies liefert dann

$$a = \lim_{n \to \infty} a_{n+1} = \lim_{n \to \infty} \sqrt{a_n + 6} = \sqrt{\lim_{n \to \infty} a_n + 6} = \sqrt{a + 6}.$$

Also gilt für den Grenzwert

$$a = \sqrt{a + 6} \Leftrightarrow a^2 = a + 6 \Leftrightarrow (a - 0{,}5)^2 = 6{,}25$$
$$\Leftrightarrow a - 0{,}5 = 2{,}5 \vee a - 0{,}5 = -2{,}5 \Leftrightarrow a = 3 \vee a = -2,$$

wobei $a = -2$ nach obigen Ausführungen keine Lösung sein kann, d. h. $\lim_{n \to \infty} a_n = 3$.

Aufgabe 84

▶ **Konvergenz von Zahlenfolgen**

Sei $(a_n)_{n \in \mathbb{N}}$ eine Folge mit $a_n \in \mathbb{Z} \; \forall \, n \in \mathbb{N}$. Zeigen Sie, dass die Folge $(a_n)_{n \in \mathbb{N}}$ genau dann gegen a konvergiert, wenn es einen Index $n_0 \in \mathbb{N}$ gibt mit $a_n = a \; \forall \, n \geq n_0$.

Hinweis: Diese Aufgabe behandelt Folgen mit Werten in $\mathbb{Z}$.

Lösung

„$\Rightarrow$": Die Folge $(a_n)_{n \in \mathbb{N}}$ sei konvergent. Somit existiert für $\varepsilon = \frac{1}{2}$ ein $n_0 := N(\frac{1}{2}) \in \mathbb{N}$, sodass gilt

$$|a - a_n| < \varepsilon = \frac{1}{2} \; \forall \, n \geq n_0.$$

Für jedes Folgeglied mit Index $n \geq n_0$ erhält man

$$|a_{n_0} - a_n| = |a_{n_0} - a + a - a_n| \overset{\triangle-\text{Ungl.}}{\leq} |a - a_{n_0}| + |a - a_n| < \frac{1}{2} + \frac{1}{2} = 1,$$

d. h. der Abstand zwischen den Folgegliedern a_{n_0} und a_n ist kleiner eins. Da aber der Abstand zweier ganzer Zahlen mindestens eins ist und $a_n \in \mathbb{Z} \; \forall \, n \in \mathbb{N}$ gilt, folgt insgesamt

$$a_n = a_{n_0} \; \forall \, n \geq n_0,$$

d. h. die Folge $(a_n)_{n \in \mathbb{N}}$ ist ab n_0 konstant. Die Eindeutigkeit des Grenzwertes liefert schließlich

$$a_n = a \; \forall \, n \geq n_0.$$

„$\Leftarrow$": Gilt nun $a_n = a \ \forall \, n \geq n_0$, dann ist die Folge offensichtlich konvergent, denn es gilt für $\varepsilon > 0$ beliebig mit $N(\varepsilon) := n_0 \in \mathbb{N}$

$$|a - a_n| = 0 < \varepsilon \ \forall \, n \geq N(\varepsilon) = n_0,$$

d. h. $\lim\limits_{n \to \infty} a_n = a$.

Aufgabe 85

▶   **Induktiv definierte Zahlenfolge, Konvergenz von Zahlenfolgen**

Betrachten Sie eine Flüssigkeit A_1 in einem Behälter B_1 und eine Flüssigkeit A_2 in einem Behälter B_2 von jeweils $100 \, \text{cm}^3$. $10 \, \text{cm}^3$ von A_1 werden nun zur Flüssigkeit A_2 in den Behälter B_2 gegeben. Nach gründlichem Vermischen werden $10 \, \text{cm}^3$ aus B_2 wieder zu der Flüssigkeit in B_1 gegeben. Anschließend wird die Flüssigkeit in B_1 gründlich vermischt. Im nächsten Schritt entnimmt man wiederum $10 \, \text{cm}^3$ aus B_1 und schüttet diese in den Behälter B_2, usw.; d. h. dieser Vorgang wird beliebig oft wiederholt. Die Folge $(c_n)_{n \in \mathbb{N}}$ bezeichne die relative Menge der Flüssigkeit A_1 im Behälter B_1 nach dem n-ten Schritt.

a) Geben Sie die Rekursionsformel für die Folge $(c_n)_{n \in \mathbb{N}}$ an.
b) Wie oft muss der Vorgang durchlaufen werden, bis sich in dem Behälter B_1 weniger als $70 \, \text{cm}^3$ der Flüssigkeit A_1 befinden?
c) Zeigen Sie, dass die Folge $(c_n)_{n \in \mathbb{N}}$ konvergiert, d. h. dass es eine *Grenzmischung* gibt.

Hinweis: Betrachten Sie parallel zur Folge $(c_n)_{n \in \mathbb{N}}$ eine Folge $(d_n)_{n \in \mathbb{N}}$ für den relativen Anteil von A_1 im Behälter B_2.

Lösung

a) c_n bezeichne den relativen Anteil der Flüssigkeit A_1 im Behälter B_1 nach dem n-ten Vorgang;
d_n bezeichne den relativen Anteil der Flüssigkeit A_1 im Behälter B_2 nach dem n-ten Vorgang.
Es gilt offensichtlich $c_n + d_n = 1$, da die Menge der Flüssigkeit A_1 konstant bleibt. Weiterhin hat man

$$d_{n+1} = \frac{10}{11} d_n + \frac{1}{11} c_n \quad \text{und} \quad c_{n+1} = \frac{9}{10} c_n + \frac{1}{10} d_{n+1}.$$

Damit lautet die gesuchte Rekursionsformel

$$c_{n+1} = \frac{9}{10} c_n + \frac{1}{10} \left(\frac{10}{11} d_n + \frac{1}{11} c_n \right) = \frac{9}{10} c_n + \frac{1}{10} \left(\frac{10}{11}(1 - c_n) + \frac{1}{11} c_n \right)$$

$$= \frac{1}{11} - \frac{1}{11} c_n + \frac{1}{110} c_n + \frac{9}{10} c_n = \frac{1}{11} + \frac{9}{11} c_n.$$

b) Es gilt

$$c_0 = 1; \quad c_1 = \frac{10}{11}; \quad c_2 = 0{,}8347; \quad c_3 = 0{,}7739; \quad c_4 = 0{,}7241; \quad c_5 = 0{,}6833;$$

also ist nach dem 5-ten Vorgang weniger als $70\,\text{cm}^3$ der Flüssigkeit A_1 im Behälter B_1.

c) Es wird gezeigt, dass die Folge monoton fallend und beschränkt ist.

Beh.: $0 \le c_n \le 1$, $n \in \mathbb{N}_0$; Beweis durch vollständige Induktion:

I. A.: $n = 0 : 0 \le 1 = c_0 \le 1$ (w. A.).

I. V.: Die Behauptung gelte bis n.

I. S.: $n \to n + 1$:

$$c_n \ge 0 \;\Rightarrow\; c_{n+1} = \frac{1}{11} + \frac{9}{11}c_n \overset{\text{I. V.}}{\ge} \frac{1}{11} \ge 0;$$

$$c_n \le 1 \;\Rightarrow\; c_{n+1} = \frac{1}{11} + \frac{9}{11}c_n \overset{\text{I. V.}}{\le} \frac{1}{11} + \frac{9}{11} = \frac{10}{11} \le 1;$$

Beh.: $c_{n+1} < c_n$, $n \in \mathbb{N}_0$; Beweis durch vollständige Induktion:

I. A.: $n = 0 : c_0 = 1 > \frac{10}{11} = \frac{1}{11} + \frac{9}{11} \cdot 1 = c_1$ (w. A.).

I. V.: Die Behauptung gelte bis n.

I. S.: $n \to n + 1$:

$$c_{n+1} = \frac{1}{11} + \frac{9}{11}c_n \overset{\text{I. V.}}{<} \frac{1}{11} + \frac{9}{11}c_{n-1} = c_n .$$

Somit ist die Folge konvergent und es gilt

$$\lim_{n\to\infty} c_n = \lim_{n\to\infty} c_{n+1} = c \ge 0.$$

Dies liefert dann

$$c = \lim_{n\to\infty} c_{n+1} = \lim_{n\to\infty} \left(\frac{1}{11} + \frac{9}{11}c_n \right) = \frac{1}{11} + \frac{9}{11}c.$$

Also gilt für den Grenzwert

$$c = \frac{1}{11} + \frac{9}{11}c \;\Leftrightarrow\; \frac{2}{11}c = \frac{1}{11} \;\Leftrightarrow\; c = \frac{1}{2}.$$

Aufgabe 86

▶ **Häufungswerte von Zahlenfolgen**

Berechnen Sie die Häufungswerte der unten angegebenen Folgen:

a) $a_n := \sqrt[n]{1 + (-1)^n}$, $n \in \mathbb{N}$;

b) $b_n := \left| \frac{1}{n} + i^n \right|$, $n \in \mathbb{N}$;

c) $c_n := \dfrac{|z|^n}{1 + |z|^n}$, $n \in \mathbb{N}$, $z \in \mathbb{C}$;

d) $d_n := nx - [nx]$, $n \in \mathbb{N}$, $x \in \mathbb{Q}$.

Lösung

a)

$$a_n = \sqrt[n]{1 + (-1)^n} = \left\{ \begin{array}{ll} 0, & n \text{ ungerade} \\ \sqrt[n]{2}, & n \text{ gerade} \end{array} \right\},$$

d. h. die Teilfolge mit den ungeraden Indizes ist konstant 0, konvergiert also gegen 0, und die Teilfolge mit den geraden Indizes konvergiert gegen 1 (vgl. z. B. Aufg. 69, Teil c)). Die Häufungswerte sind daher 0 und 1. Da mit den ungeraden und geraden Indizes alle Indizes betrachtet wurden, kann keine konvergente Teilfolge mit einem weiteren Grenzwert existieren.

b) Mit Hilfe der Dreiecksungleichung erhält man folgende Abschätzung für b_n:

$$1 - \frac{1}{n} = |i|^n - \left| \frac{1}{n} \right| = \left| |i^n| - \left| \frac{1}{n} \right| \right| \leq \left| \frac{1}{n} + i^n \right| = b_n \leq |i|^n + \left| \frac{1}{n} \right| = 1 + \frac{1}{n}.$$

Das Sandwich-Theorem liefert dann mit $\lim\limits_{n\to\infty} \left(1 - \frac{1}{n}\right) = \lim\limits_{n\to\infty} \left(1 + \frac{1}{n}\right) = 1$, dass $\lim\limits_{n\to\infty} b_n = 1$ gilt. Die Folge ist also konvergent und besitzt daher nur den Häufungswert 1.

c) Hier führt eine Fallunterscheidung zum Ziel:

Fall 1: $|z| < 1$:

Wegen $0 \leq c_n = \frac{|z|^n}{1+|z|^n} \leq |z|^n$ und $\lim\limits_{n\to\infty} |z|^n = 0$ liefert das Sandwich-Theorem

$$\lim_{n\to\infty} c_n = 0.$$

Somit ist 0 der einzige Häufungswert.

Fall 2: $|z| = 1$:

Wegen $c_n = \frac{|z|^n}{1+|z|^n} = \frac{1}{1+1} = \frac{1}{2}$, konvergiert die Folge offensichtlich gegen $\frac{1}{2}$. Somit ist $\frac{1}{2}$ der einzige Häufungswert.

Fall 3: $|z| > 1$:

Wegen $c_n = \frac{|z|^n}{1+|z|^n} = \frac{1}{1+\frac{1}{|z|^n}}$ und $\lim\limits_{n\to\infty} |z|^n = \infty$ konvergiert die Folge offensichtlich gegen 1. Somit ist 1 der einzige Häufungswert.

d) Nach Definition der Gaußklammer gilt

$$1 > x - [x] \geq 0.$$

Für $x \in \mathbb{Z}$ gilt $nx \in \mathbb{Z}$ für alle $n \in \mathbb{N}$, also

$$d_n = nx - [nx] = nx - nx = 0 \ \forall \, n \in \mathbb{N}.$$

Somit konvergiert die Folge für $x \in \mathbb{Z}$ gegen 0. Damit ist 0 auch der einzige Häufungswert.

Setze nun $\mathbb{Q} \setminus \mathbb{Z} \ni x = m + \frac{p}{q}$ mit $m = [x]$, $q \in \mathbb{N}$, $q > 1$, $p \in \{1, \dots, q-1\}$, wobei p und q teilerfremd sein sollen. Es gilt $0 < \frac{p}{q} < 1$.

Beh.: Die Häufungswerte sind $0, \frac{1}{q}, \dots, \frac{q-1}{q}$.

Sei $i \in \{1, \dots, q\}$ beliebig. Sei o. B. d. A. $j \geq i$. Es gilt einerseits

$$d_j = d_i \ \Leftrightarrow \ j\left(m + \tfrac{p}{q}\right) - \left[j\left(m + \tfrac{p}{q}\right)\right] = i\left(m + \tfrac{p}{q}\right) - \left[i\left(m + \tfrac{p}{q}\right)\right]$$

$$\Leftrightarrow \ jm + \tfrac{ip}{q} - \left[jm + \tfrac{ip}{q}\right] = im + \tfrac{ip}{q} - \left[im + \tfrac{ip}{q}\right]$$

$$\Leftrightarrow \ \tfrac{ip}{q} - \left[\tfrac{ip}{q}\right] = \tfrac{ip}{q} - \left[\tfrac{ip}{q}\right]$$

$$\Leftrightarrow \ \tfrac{(j-i)p}{q} = \left[\tfrac{jp}{q}\right] - \left[\tfrac{ip}{q}\right]$$

$$\Rightarrow \ \tfrac{(j-i)p}{q} \in \mathbb{N}_0$$

$$\Rightarrow \ q \text{ ist Teiler von } (j-i), \text{ da } p \text{ und } q \text{ teilerfremd sind}$$

$$\Rightarrow \ \exists \, \alpha \in \mathbb{N}_0 : \ j = i + \alpha q;$$

und mit $j := i + \alpha q, \quad \alpha \in \mathbb{N}_0,$

$$d_j = d_{i+\alpha q} = (i + \alpha q)\left(m + \frac{p}{q}\right) - \left[(i + \alpha q)\left(m + \frac{p}{q}\right)\right]$$

$$= im + \alpha qm + \alpha p + \frac{ip}{q} - \left[im + \alpha qm + \alpha p + \frac{ip}{q}\right]$$

$$= i\left(m + \frac{p}{q}\right) - \left[i\left(m + \frac{p}{q}\right)\right] = d_i.$$

Somit gilt, dass die Folgenglieder $d_1, \dots, d_q$ jeweils paarweise verschieden, und die q Teilfolgen von $(d_n)_{n \in \mathbb{N}}$, nämlich $(d_{i+kq})_{k \in \mathbb{N}_0}, i = 1, \dots, q$, konstant sind. Also besitzt die Folge q verschiedene Häufungswerte. Für die Häufungswerte $d_i \in \{0, \frac{1}{q}, \dots, \frac{q-1}{q}\} \ \forall \, i \in \{1, \dots, q\}$ gilt, dass

$$d_i q = imq + ip - q\left[i\left(m + \frac{p}{q}\right)\right] \in \mathbb{N}_0 \quad \text{und} \quad 0 \leq d_i q < q, \ i = 1, \dots, q.$$

Also muss $d_i q \in \{0, \dots, q-1\}$ sein. Da die Menge $\{0, \frac{1}{q}, \dots, \frac{q-1}{q}\}$ genau q Elemente hat, folgt schließlich

$$\{d_1, \dots, d_q\} = \left\{0, \frac{1}{q}, \dots, \frac{q-1}{q}\right\}.$$

Aufgabe 87

▶ **Limes inferior und Limes superior**

a) Bestimmen Sie alle Häufungswerte sowie $\liminf$ und $\limsup$ der Folge $(a_n)_{n \in \mathbb{N}}$, die definiert ist durch

$$a_n := \frac{(-1)^n}{2} + \frac{(-1)^{\frac{n(n+1)}{2}}}{3}.$$

b) Zeigen Sie, dass für jede reelle Folge $(a_n)_{n \in \mathbb{N}}$ die folgenden Gleichungen gelten:

$$\limsup_{n \to \infty} a_n = \inf\{x \in \mathbb{R} \mid x \geq a_n \text{ für fast alle } n\}$$

$$= \sup\{x \in \mathbb{R} \mid x \leq a_n \text{ für unendlich viele } n\}.$$

Lösung

a) Es gilt mit $k \in \mathbb{N}_0$

$$a_n = \frac{(-1)^n}{2} + \frac{(-1)^{\frac{n(n+1)}{2}}}{3} = \begin{cases} \frac{(-1)^{4k}}{2} + \frac{(-1)^{\frac{4k(4k+1)}{2}}}{3}, & n = 4k \\[2mm] \frac{(-1)^{4k+1}}{2} + \frac{(-1)^{\frac{(4k+1)(4k+2)}{2}}}{3}, & n = 4k+1 \\[2mm] \frac{(-1)^{4k+2}}{2} + \frac{(-1)^{\frac{(4k+2)(4k+3)}{2}}}{3}, & n = 4k+2 \\[2mm] \frac{(-1)^{4k+3}}{2} + \frac{(-1)^{\frac{(4k+3)(4k+4)}{2}}}{3}, & n = 4k+3 \end{cases}$$

$$= \begin{cases} \frac{1}{2} + \frac{(-1)^{2k(4k+1)}}{3}, & n = 4k \\[2mm] \frac{-1}{2} + \frac{(-1)^{(4k+1)(2k+1)}}{3}, & n = 4k+1 \\[2mm] \frac{1}{2} + \frac{(-1)^{(2k+1)(4k+3)}}{3}, & n = 4k+2 \\[2mm] \frac{-1}{2} + \frac{(-1)^{(4k+3)(2k+2)}}{3}, & n = 4k+3 \end{cases} = \begin{cases} \frac{1}{2} + \frac{1}{3}, & n = 4k \\[2mm] \frac{-1}{2} + \frac{-1}{3}, & n = 4k+1 \\[2mm] \frac{1}{2} + \frac{-1}{3}, & n = 4k+2 \\[2mm] \frac{-1}{2} + \frac{1}{3}, & n = 4k+3 \end{cases}$$

$$= \begin{cases} \frac{5}{6}, & n = 4k \\[2mm] \frac{-5}{6}, & n = 4k+1 \\[2mm] \frac{1}{6}, & n = 4k+2 \\[2mm] \frac{-1}{6}, & n = 4k+3 \end{cases},$$

d. h. die Häufungswerte sind $\frac{5}{6}, \frac{-5}{6}, \frac{1}{6}$ und $\frac{-1}{6}$. Somit gilt

$$\limsup_{n \to \infty} a_n = \frac{5}{6} \quad \text{und} \quad \liminf_{n \to \infty} a_n = \frac{-5}{6}.$$

b) Definiere die Mengen M_1 und M_2 durch

$$M_1 := \{x \in \mathbb{R} \mid x \geq a_n \text{ für fast alle } n\}$$

und

$$M_2 := \{x \in \mathbb{R} \mid x \leq a_n \text{ für unendlich viele } n\}.$$

Fall 1: $\lim\limits_{n\to\infty} a_n = -\infty$:

Dann gilt $M_1 = \mathbb{R}$ und $M_2 = \emptyset$. Dies liefert

$$-\infty = \lim_{n\to\infty} a_n = \limsup_{n\to\infty} a_n = \inf \mathbb{R} = \sup \emptyset.$$

Fall 2: $(a_n)_{n\in\mathbb{N}}$ ist nach oben unbeschränkt:

Dann existiert eine (uneigentlich) konvergente Teilfolge $(a_{n_k})_{k\in\mathbb{N}}$ mit $\lim\limits_{k\to\infty} a_{n_k} = \infty$, d. h. $\limsup\limits_{n\to\infty} a_n = \infty$. Weiterhin gilt $M_1 = \emptyset$ und $M_2 = \mathbb{R}$. Dies liefert

$$\infty = \lim_{k\to\infty} a_{n_k} = \limsup_{n\to\infty} a_n = \inf \emptyset = \sup \mathbb{R}.$$

Fall 3: $\limsup\limits_{n\to\infty} a_n = a \in \mathbb{R}$:

Nach Voraussetzung ist die Folge $(a_n)_{n\in\mathbb{N}}$ nach oben beschränkt, denn sonst würde Fall 2 auftreten, d. h. es würde gelten

$$\limsup_{n\to\infty} a_n = \infty \notin \mathbb{R} \text{ (Widerspruch!)}.$$

Wir benutzen nun die Charakterisierung des Supremums z. B. aus Aufgabe 50; entsprechend die Charakterisierung des Infimums.

Sei $\varepsilon > 0$ beliebig, aber fest. Es gilt $a + \varepsilon \in M_1$. Angenommen dies würde nicht gelten, dann gäbe es unendlich viele Folgeglieder a_n mit $a_n > a + \varepsilon$. Da dies unendlich viele sind, liefern diese Folgeglieder eine Teilfolge $(a_{n_k})_{k\in\mathbb{N}}$, die durch $a + \varepsilon$ nach unten sowie nach Voraussetzung nach oben beschränkt ist. Somit besitzt diese Teilfolge nach Bolzano-Weierstraß eine konvergente Teilfolge und somit auch die Folge $(a_n)_{n\in\mathbb{N}}$. Dies würde einen Häufungswert $a' \geq a + \varepsilon > a$ liefern, was ein Widerspruch zu $\limsup\limits_{n\to\infty} a_n = a$ ist. Weiterhin gilt $a - \varepsilon \notin M_1$, da nach Definition des Häufungswertes unendlich viele Folgeglieder in $(a - \varepsilon', a + \varepsilon')\ \forall\ \varepsilon' > 0$ liegen, also auch für $\varepsilon' = \varepsilon$. Insgesamt gilt daher

$$a - \varepsilon \leq \inf M_1 \leq a + \varepsilon\ \forall\ \varepsilon > 0;$$

also gilt $\inf M_1 = a$ wegen der Charakterisierung des Infimums.

Angenommen es würde $a + \varepsilon \in M_2$ gelten, dann gäbe es unendlich viele Folgeglieder a_n mit $a_n \geq a + \varepsilon$. Dieselbe Argumentation wie oben führt zu einem Widerspruch. Weiterhin gilt $a - \varepsilon \in M_2$, denn wegen der Existenz einer Teilfolge $(a_{n_k})_{k\in\mathbb{N}}$ mit $\lim\limits_{k\to\infty} a_{n_k} = a$ liegen fast alle Folgeglieder dieser Teilfolge in $(a - \varepsilon', a + \varepsilon')\ \forall\ \varepsilon' > 0$, also auch für $\varepsilon' = \varepsilon$. Somit gibt es also unendlich viele a_n mit $a_n > a - \varepsilon$. Insgesamt gilt daher

$$a - \varepsilon \leq \sup M_2 \leq a + \varepsilon\ \forall\ \varepsilon > 0,$$

also $\sup M_2 = a$ (Charakterisierung des Supremums).

Aufgabe 88

▶ **Limes inferior**

Sei $(a_n)_{n\in\mathbb{N}}$ eine beschränkte Folge.

Sei $b_n := \inf\{a_k \,|\, k \geq n\}$, $n \in \mathbb{N}$.

Zeigen Sie: $(b_n)_{n\in\mathbb{N}}$ ist beschränkt, monoton wachsend und es gilt:

$$\lim_n b_n = \liminf_{n\to\infty} a_n \,.$$

Da die Folge $\{a_n\}_{n\in\mathbb{N}}$ beschränkt ist, also $|a_n| \leq C$, $n \in \mathbb{N}$, für ein $C \in \mathbb{R}$, ist auch die Folge $\{b_n\}_{n\in\mathbb{N}}$ beschränkt, d. h.

$$|b_n| = \left| \inf_{k\geq n} a_k \right| \leq \sup_{k\in\mathbb{N}} |a_k| \leq C, \; n \in \mathbb{N}.$$

Offenbar gilt für $n_1 \leq n_2$, dass

$$b_{n_1} = \inf_{k\geq n_1} a_k \leq \inf_{k\geq n_2} a_k = b_{n_2} \,.$$

Die Folge $\{b_n\}_{n\in\mathbb{N}}$ ist somit monoton wachsend und beschränkt, also existiert der Grenzwert $b := \lim_{n\to\infty} b_n$. Nach Definition des Grenzwertes gibt es zu beliebigem $\varepsilon > 0$ ein $n_0 \in \mathbb{N}$ mit

$$b_{n_0} = \inf_{k\geq n_0} a_k > b - \varepsilon.$$

Daraus folgt für $\underline{a} := \liminf a_n$, dass $\underline{a} \geq b$ ist. Andernfalls wäre $\underline{a} < b$, so dass für unendlich viele a_n gilt: $a_n \leq \underline{a} + \varepsilon'$ für $\varepsilon' = \frac{b-a}{2}$; damit ist $a_n \leq b - \varepsilon'$, folglich auch $b_n \leq b - \varepsilon'$ für unendlich viele n (Widerspruch!).

Es bleibt zu zeigen, dass $\underline{a} \leq b$ ist. Nach Definition des Infimums gibt es zu jedem $n \in \mathbb{N}$ ein $\mu_n \in \mathbb{N}$, $\mu_n \geq n$ mit $b_n \leq a_{\mu_n} \leq b_n + \frac{1}{n}$ (vgl. z. B. [3], I.8). Die Teilfolge $\{a_{\mu_n}\}_{n\in\mathbb{N}}$ konvergiert gegen b,

$$\left| b - a_{\mu_n} \right| \leq \left| b - b_n \right| + \left| b_n - a_{\mu_n} \right| < \frac{\varepsilon}{2} + \frac{1}{n} < \varepsilon \; \forall n \geq N,$$

wobei man zu beliebigem $\varepsilon > 0$ hat, dass $|b - b_n| < \frac{\varepsilon}{2}$, $\forall n \geq N$ und $\frac{1}{N} \leq \frac{\varepsilon}{2}$. Dies zeigt $\underline{a} \leq b$, da $\underline{a}$ der kleinste Grenzwert von Teilfolgen von $\{a_n\}$ ist.

Aufgabe 89

▶ **Limes inferior und Limes superior**

Bestimmen Sie lim inf und lim sup der folgenden Zahlenfolgen (mit Beweis):

a)

$$a_n := \begin{cases} -\dfrac{n}{n-1} & \text{falls } n \text{ ungerade,} \\[2mm] 1 & \text{falls } n \text{ gerade;} \end{cases}$$

b)

$$a_n := \begin{cases} (1 + \frac{1}{n})^n & \text{falls } n \text{ ungerade,} \\[2mm] 2(1 + \frac{1}{n})^{n+1} & \text{falls } n \text{ gerade;} \end{cases}$$

c)

$$a_n := \sqrt[n]{n} + \frac{(-1)^n}{\sqrt[n]{n!}}$$

Lösung

a) Wegen

$$-\frac{n}{n-1} = \frac{-(n-1)-1}{n-1} = -1 - \frac{1}{n-1}$$

konvergiert die Teilfolge $(a_{2k-1})_{k\in\mathbb{N}}$ gegen -1, d.h.

$$\forall \varepsilon > 0\, \exists K_1 \in \mathbb{N}\, \forall k \geq K_1 \quad |a_{2k-1} + 1| < \varepsilon. \tag{1.5}$$

Die Teilfolge $(a_{2k})_{k\in\mathbb{N}}$ konvergiert gegen 1, d.h.

$$\forall \varepsilon > 0\, \exists K_2 \in \mathbb{N}\, \forall k \geq K_2: \quad |a_{2k} - 1| < \varepsilon. \tag{1.6}$$

Folglich sind -1 und 1 Häufungswerte von $(a_n)_{n\in\mathbb{N}}$ (vgl. z.B. [3], III.28). Wir zeigen nun indirekt, dass es keinen weiteren Häufungswert von $(a_n)_{n\in\mathbb{N}}$ gibt. Annahme:

$$\exists a \notin \{-1, 1\}\, \forall \varepsilon > 0\, \forall N \in \mathbb{N}\, \exists n \geq N \quad |a_n - a| < \varepsilon. \tag{1.7}$$

Sei nun $\varepsilon_0 := \dfrac{\min(|a - 1|, |a + 1|)}{2}$. Nach (1.5) und (1.6) existieren dann K_1, K_2, so dass

$$|a_{2k-1} + 1| < \frac{\varepsilon_0}{2} \wedge |a_{2k} - 1| < \frac{\varepsilon_0}{2} \quad \forall k \geq K_0 := \max(K_1, K_2). \tag{1.8}$$

Anderseits existiert zu $N_0 := 2K_0$ wegen (1.7) ein $n_0 \geq N_0$, so dass

$$|a_{n_0} - a| < \frac{\varepsilon_0}{2}$$

Ist n_0 gerade, also $2k_0 = n_0 \geq N_0 = 2K_0 (\Longrightarrow k_0 \geq K_0)$, so folgt aus (1.8)

$$|a_{n_0} - 1| < \frac{\varepsilon_0}{2}\,,$$

insgesamt also wegen der Wahl von ε_0 der Widerspruch

$$\varepsilon_0 < |a - 1| = |a - a_{n_0} + a_{n_0} - 1| \leq |a_{n_0} - a| + |a_{n_0} - 1| < \frac{\varepsilon_0}{2} + \frac{\varepsilon_0}{2} = \varepsilon_0\,.$$

Ist n_0 ungerade, also $2k_0 - 1 = n_0 \geq N_0 = 2K_0 > 2K_0 - 1 (\Longrightarrow k_0 \geq K_0)$, so folgt zunächst aus (1.8)

$$|a_{n_0} + 1| < \frac{\varepsilon_0}{2}\,,$$

und anschließend analog zum ersten Fall der Widerspruch

$$\varepsilon_0 < |a + 1| = |a - a_{n_0} + a_{n_0} + 1| \leq |a_{n_0} - a| + |a_{n_0} + 1| < \frac{\varepsilon_0}{2} + \frac{\varepsilon_0}{2} = \varepsilon_0\,.$$

Es sind folglich -1 und 1 die einzigen Häufungspunkte und somit

$$-1 = \liminf a_n \quad \text{und} \quad 1 = \limsup a_n.$$

b) Bekanntlich ist $\left(1 + \frac{1}{n}\right)^n$ eine monoton wachsende Folge, die gegen e konvergiert. Die Teilfolge $a_{2k} = 2 \cdot \left(1 + \frac{1}{2k}\right)^{2k+1}$, $k = 1, 2, \ldots$, konvergiert folglich gegen $2e$, denn

$$\lim_{n \to \infty} 2 \left(1 + \frac{1}{n}\right)^{n+1} = 2 \underbrace{\lim_{n \to \infty} \left(1 + \frac{1}{n}\right)^n}_{\to e} \cdot \underbrace{\lim_{n \to \infty} \left(1 + \frac{1}{n}\right)}_{\to 1} = 2e\,.$$

Die Teilfolge $a_{2k-1} = \left(1 + \frac{1}{2k-1}\right)^{2k-1}$, $k = 1, 2, \ldots$, konvergiert gegen e. Mit analoger Argumentation zu a) zeigt man, dass folglich

$$e = \liminf a_n \quad \text{und} \quad 2e = \limsup a_n$$

gelten muss.

c) **Beh. 1:** $\lim_{n \to \infty} \sqrt[n]{n} = 1$

Bew.:　Siehe Aufgabe 69, Teil a).

Beh. 2: $\lim_{n\to\infty} \frac{(-1)^n}{\sqrt[n]{n!}} = 0$

Bew.:   Nach Aufg. 43, c), hat man

$$\sqrt[n]{n!} \;>\; \sqrt[n]{3\left(\tfrac{n}{3}\right)^n} \;=\; \sqrt[n]{3}\cdot\tfrac{n}{3} \;\ge\; \tfrac{n}{3}\,.$$

Daraus folgt

$$0 < \left|\frac{(-1)^n}{\sqrt[n]{n!}}\right| = \frac{1}{\sqrt[n]{n!}} < \frac{3}{n} \;\longrightarrow\; 0\,,\quad n\to\infty\,.$$

Die Gesamtfolge konvergiert daher gegen 1, und man hat (vgl. z. B. [3], III.28)

$$1 = \limsup a_n = \liminf a_n = \lim_n a_n\,.$$

Aufgabe 90

▶   **Rechenregeln für Limes superior**

Seien $(a_n)_{n\in\mathbb{N}}$ und $(b_n)_{n\in\mathbb{N}}$ beschränkte Folgen mit nichtnegativen Gliedern. Zeigen Sie:

a) $\limsup\limits_{n}(a_n b_n) \le (\limsup\limits_{n} a_n)(\limsup\limits_{n} b_n)$

b) Ist $(a_n)_{n\in\mathbb{N}}$ konvergent, so gilt

$$\limsup_{n} a_n b_n = (\lim_{n} a_n)(\limsup_{n} b_n).$$

Lösung

Definiere

$$\alpha := \limsup a_n\,,\quad \beta := \limsup b_n\,,\quad \gamma := \limsup a_n b_n\,.$$

a) Zu zeigen: $\forall \varepsilon > 0\ \exists N \in \mathbb{N}\ \forall n \ge N : a_n b_n \le \alpha\cdot\beta + \varepsilon$

Definitionsgemäß hat man für beliebiges $\delta > 0$ die Existenz von $N_1, N_2 \in \mathbb{N}$, so dass

$$a_n \le \alpha + \delta\,,\ n \ge N_1 \quad \text{und} \quad b_n \le \beta + \delta\,,\ n \ge N_2\,.$$

Da alle betrachteten Folgeglieder nichtnegativ sind, folgt daraus mit $N_0 := \max(N_1, N_2)$ die Abschätzung

$$a_n b_n \le (\alpha + \delta)(\beta + \delta) \;=\; \alpha\beta + (\alpha + \beta)\delta + \delta^2\,,\quad n \ge N_0\,.$$

Wähle also $\delta > 0$ so, dass $(\alpha + \beta)\delta + \delta^2 = \varepsilon$,

$$\iff \quad \delta = -\left(\frac{\alpha + \beta}{2}\right) + \sqrt{\frac{(\alpha + \beta)^2}{4} + \varepsilon} > 0$$

$$\implies \quad a_n b_n \leq \alpha\beta + \varepsilon, \quad n \geq N_0$$

$$\implies \quad \gamma \leq \alpha\beta.$$

b) Aus a) hat man unmittelbar $\gamma \leq \alpha\beta$.

Es bleibt zu zeigen: $\alpha\beta \leq \gamma$. Da β Häufungspunkt von $(b_n)_{n\in\mathbb{N}}$ ist, existiert eine Teilfolge $(b_{n_k})_{k\in\mathbb{N}}$ mit $b_{n_k} \longrightarrow \beta \ (k \to \infty)$. Weil außerdem $a_{n_k} \longrightarrow \alpha \ (k \to \infty)$ konvergiert, folgt

$$a_{n_k} b_{n_k} \longrightarrow \alpha\beta \ (k \to \infty).$$

Also ist $\alpha\beta$ ein Häufungspunkt von $a_n b_n$ und somit gilt insbesondere $\alpha\beta \leq \gamma$.

Aufgabe 91

▶ **Konvergenz von Teilfolgen**

Sei $(a_n)_{n\in\mathbb{N}}$ eine Folge. Die Folgen $(b_n)_{n\in\mathbb{N}}$ und $(c_n)_{n\in\mathbb{N}}$ seien definiert durch $b_n := a_{2n}$ und $c_n := a_{2n+1}$. Beweisen Sie die folgenden Aussagen:

a) Konvergieren $(b_n)_{n\in\mathbb{N}}$ und $(c_n)_{n\in\mathbb{N}}$ beide gegen a, dann konvergiert auch $(a_n)_{n\in\mathbb{N}}$ gegen a.

b) Ist $(a_n)_{n\in\mathbb{N}}$ konvergent, dann sind auch $(b_n)_{n\in\mathbb{N}}$ und $(c_n)_{n\in\mathbb{N}}$ konvergent.

c) Es gibt eine Folge $(a_n)_{n\in\mathbb{N}}$, so dass die beiden Folgen $(b_n)_{n\in\mathbb{N}}$ und $(c_n)_{n\in\mathbb{N}}$ konvergieren, aber nicht die Folge $(a_n)_{n\in\mathbb{N}}$.

Lösung

a) Nach Voraussetzung konvergieren die beiden Folgen $(b_n)_{n\in\mathbb{N}}$ und $(c_n)_{n\in\mathbb{N}}$ gegen a, d. h.

$$\forall \, \varepsilon > 0 \, \exists \, N_1(\varepsilon) \in \mathbb{N} \, \forall \, n \geq N_1(\varepsilon) : \ |a - b_n| < \varepsilon,$$

$$\forall \, \varepsilon > 0 \, \exists \, N_2(\varepsilon) \in \mathbb{N} \, \forall \, n \geq N_2(\varepsilon) : \ |a - c_n| < \varepsilon.$$

Sei nun $\varepsilon > 0$ beliebig. Es gilt

$$|a - b_n| < \varepsilon \ \forall \, n \geq N_1(\varepsilon) \wedge |a - c_n| < \varepsilon \ \forall \, n \geq N_2(\varepsilon)$$

$$\Rightarrow \quad |a - b_n| < \varepsilon \wedge |a - c_n| < \varepsilon \ \forall \, n \geq N(\varepsilon) := \max\{N_1(\varepsilon); N_2(\varepsilon)\}$$

$$\Rightarrow \quad |a - a_n| < \varepsilon \ \forall \, n \geq 2N(\varepsilon).$$

b) Da jede Teilfolge einer konvergenten Folge (gegen denselben Grenzwert) konvergiert, konvergieren also auch die Folgen $(b_n)_{n\in\mathbb{N}}$ und $(c_n)_{n\in\mathbb{N}}$, da sie nach Definition Teilfolgen der konvergenten Folge $(a_n)_{n\in\mathbb{N}}$ sind.

c) Definiere die Folge $(a_n)_{n\in\mathbb{N}}$ durch

$$a_n := (-1)^n,$$

dann gilt $b_n = 1$ und $c_n = -1$ für alle $n \in \mathbb{N}$. Die Folge $(a_n)_{n\in\mathbb{N}}$ konvergiert offensichtlich nicht, da sie zwei verschiedene Häufungswerte hat, während die Folgen $(b_n)_{n\in\mathbb{N}}$ und $(c_n)_{n\in\mathbb{N}}$ als konstante Folgen konvergieren.

1.9   Zahlenreihen

Aufgabe 92

▶   **Konvergenz und Divergenz von Zahlenreihen, Wurzelkriterium**

a) Sei $\sum\limits_{n=1}^{\infty} a_n$ eine Reihe. Zeigen Sie:

Die Reihe konvergiert absolut, wenn $\limsup\limits_{n\to\infty} \sqrt[n]{|a_n|} < 1$ gilt;

die Reihe divergiert, wenn $\limsup\limits_{n\to\infty} \sqrt[n]{|a_n|} > 1$ gilt;

die Reihe kann sowohl divergent als auch konvergent sein, wenn $\limsup\limits_{n\to\infty} \sqrt[n]{|a_n|} = 1$ gilt.

b) Zeigen Sie die Divergenz folgender Reihen:

1) $\sum\limits_{n=1}^{\infty} (-1)^n \sqrt[n]{n}$;

2) $\sum\limits_{n=1}^{\infty} \dfrac{7^{2n}}{(4 + (-1)^n)^{3n}}$.

Hinweis: Für das Quotientenkriterium gilt eine zu a) analoge Aussage.

Lösung

a) Sei $b_n := \sqrt[n]{|a_n|}$ und $s := \limsup\limits_{n\to\infty} b_n$.

Gilt nun $s > 1$, dann gibt es eine Teilfolge $(b_{n_k})_{k\in\mathbb{N}}$, die gegen s konvergiert, und für eine (mögliche) Teilfolge $(b_{n_k})_{k\in\mathbb{N}'}$, $\mathbb{N}' \subset \mathbb{N}$, gilt $b_{n_k} > \frac{s+1}{2} > 1$ für alle $k \in \mathbb{N}'$. Wegen

$$b_{n_k} > 1 \;\Leftrightarrow\; \sqrt[n_k]{|a_{n_k}|} > 1 \;\Leftrightarrow\; |a_{n_k}| > 1$$

kann somit $(a_n)_{n\in\mathbb{N}}$ keine Nullfolge sein, also divergiert die Reihe $\sum\limits_{n=1}^{\infty} a_n$.

Ist jedoch $s < 1$, dann gilt nur für endlich viele Folgeglieder $b_n > \frac{s+1}{2} := q$. Somit existiert ein $N \in \mathbb{N}$, so dass gilt

$$b_n \leq q < 1 \ \forall \, n \geq N \ \Leftrightarrow \ \sqrt[n]{|a_n|} \leq q < 1 \ \forall \, n \geq N \ \Leftrightarrow \ |a_n| \leq q^n < 1 \ \forall \, n \geq N.$$

Daher konvergiert die Reihe $\sum\limits_{n=1}^{\infty} a_n$ absolut, denn man hat

$$\sum_{n=1}^{\infty} |a_n| = \sum_{n=1}^{N-1} |a_n| + \sum_{n=N}^{\infty} |a_n| \leq \sum_{n=1}^{N-1} |a_n| + \sum_{n=N}^{\infty} q^n \overset{0 \leq q < 1}{\leq} \sum_{n=1}^{N-1} |a_n| + \frac{1}{1-q} < \infty.$$

Wenn $s = 1$ gilt, ist keine Aussage über das Konvergenzverhalten der Reihe möglich. Man hat nämlich

$$\sum_{n=1}^{\infty} \frac{1}{n} = \infty \quad \text{und} \quad \sum_{n=1}^{\infty} \frac{1}{n^2} = \frac{\pi^2}{6},$$

d.h. die erste Reihe ist divergent und die zweite konvergent, aber es gilt (vgl. Aufg. 69)

$$\limsup_{n \to \infty} \sqrt[n]{\frac{1}{n}} = \limsup_{n \to \infty} \frac{1}{\sqrt[n]{n}} = 1 = \limsup_{n \to \infty} \left(\frac{1}{\sqrt[n]{n}} \right)^2 = \limsup_{n \to \infty} \sqrt[n]{\frac{1}{n^2}}.$$

b) 1) Es gilt $\lim\limits_{n \to \infty} \sqrt[n]{n} = 1$, d.h. die Folge $(a_n)_{n \in \mathbb{N}}$ mit $a_n := (-1)^n \sqrt[n]{n}$ ist keine Nullfolge. Somit ist die Reihe divergent.

2) Diese Reihe ist divergent nach dem Wurzelkriterium, denn es gilt

$$\limsup_{n \to \infty} \sqrt[n]{\left| \frac{7^{2n}}{(4 + (-1)^n)^{3n}} \right|} = \limsup_{n \to \infty} \frac{49}{(4 + (-1)^n)^3} = \frac{49}{3^3} = \frac{49}{27} > 1.$$

Aufgabe 93

▶ **Konvergenz und Divergenz spezieller Zahlenreihen**

Untersuchen Sie die folgenden Reihen auf Konvergenz und bestimmen Sie den Wert der konvergenten Reihen:

a)

$$\sum_{n=1}^{\infty} \frac{n+4}{n^2 - 3n + 1};$$

b)

$$\sum_{n=1}^{\infty} \frac{c^{2n+1}}{(1+c^2)^n}, \quad c \in \mathbb{R};$$

c)

$$\sum_{n=1}^{\infty} \frac{1}{n(n+1)(n+2)}.$$

Hinweis: Um die Divergenz einer Reihe nachzuweisen, kann man das *Minorantenkriterium* benutzen:

Gibt es eine Folge $(b_n)_{n\in\mathbb{N}}$ nichtnegativer Zahlen mit $b_n \leq a_n$, $n \in \mathbb{N}$, und $\sum_{n=1}^{\infty} b_n = \infty$, dann divergiert auch die Reihe $\sum_{n=1}^{\infty} a_n$.

Verwenden Sie für c) Partialbruchzerlegung (PBZ).

Lösung

a) Für $n \geq 3$ gilt:

$$n \geq 3 \;\Rightarrow\; n-3 \geq 0 \;\Rightarrow\; n^2 - 3n \geq 0 \;\Rightarrow\; n^2 - 3n + 1 \geq 1 > 0.$$

Somit hat man für $n \geq 3$

$$\frac{n+4}{n^2 - 3n + 1} \geq \frac{1}{n} \;\Leftrightarrow\; n^2 + 4n \geq n^2 - 3n + 1 \;\Leftrightarrow\; 7n \geq 1 \text{ (w. A. für } n \geq 3).$$

Daher ist die Reihe divergent, denn es gilt

$$\sum_{n=1}^{\infty} \frac{n+4}{n^2 - 3n + 1} = \sum_{n=3}^{\infty} \frac{n+4}{n^2 - 3n + 1} + (-5) + (-6) \geq \sum_{n=3}^{\infty} \frac{1}{n} - 11 = \infty.$$

b) Es gilt für $c \in \mathbb{R}$

$$0 \leq \frac{c^2}{1+c^2} < \frac{1+c^2}{1+c^2} = 1.$$

Somit erhält man mit Hilfe der geometrischen Reihe

$$\sum_{n=1}^{\infty} \frac{c^{2n+1}}{(1+c^2)^n} = c \sum_{n=1}^{\infty} \left(\frac{c^2}{1+c^2}\right)^n = c \left(\frac{1}{1 - \frac{c^2}{1+c^2}} - 1\right)$$

$$= c \left(\frac{1+c^2}{1+c^2 - c^2} - 1\right) = c^3.$$

c) Mit Hilfe von Partialbruchzerlegung (PBZ) erhält man für alle $n \in \mathbb{N}$

$$\frac{1}{n(n+1)(n+2)} = \frac{A}{n} + \frac{B}{n+1} + \frac{C}{n+2}$$

$$\Leftrightarrow (n+1)(n+2)A + n(n+2)B + n(n+1)C = 1$$

$$\Leftrightarrow (n^2+3n)A + 2A + (n^2+2n)B + (n^2+n)C = 1 \wedge 2A = 1$$

$$\Leftrightarrow (A+B+C)n^2 + (3A+2B+C)n + 2A = 1 \wedge A = \frac{1}{2}$$

$$\Leftrightarrow 3A + 2B + C = 0 \wedge A + B + C = 0 \wedge A = \frac{1}{2}$$

$$\Leftrightarrow 2A + B = 0 \wedge A + B + C = 0 \wedge A = \frac{1}{2}$$

$$\Leftrightarrow A = \frac{1}{2} \wedge B = -1 \wedge C = \frac{1}{2}.$$

Für den Wert der Reihe erhält man dann

$$\sum_{n=1}^{\infty} \frac{1}{n(n+1)(n+2)} = \frac{1}{2} \sum_{n=1}^{\infty} \left(\frac{1}{n} - \frac{2}{n+1} + \frac{1}{n+2} \right)$$

$$= \lim_{m\to\infty} \frac{1}{2} \left(\sum_{n=1}^{m} \left(\frac{1}{n} - \frac{1}{n+1} \right) + \sum_{n=1}^{m} \left(\frac{1}{n+2} - \frac{1}{n+1} \right) \right)$$

$$= \frac{1}{2} \lim_{m\to\infty} \left(1 - \frac{1}{m+1} + \frac{1}{m+2} - \frac{1}{2} \right) = \frac{1}{4}.$$

Aufgabe 94

▶ **Konvergenz von Reihen**

Untersuchen Sie folgende Reihen auf Konvergenz:

a)

$$\sum_{k=1}^{\infty} (-1)^k \left(e - \left(1 + \frac{1}{k} \right)^k \right);$$

b)

$$\sum_{n=1}^{\infty} \frac{(n+1)^{n^2}}{n^{n^2} 2^n}.$$

Lösung

a) Da die Folge $(b_k)_{k\in\mathbb{N}} := \left(\left(1 + \frac{1}{k} \right)^k \right)_{k\in\mathbb{N}}$ monoton steigend ist und gegen den Grenzwert e konvergiert, ist die Folge $\left(e - \left(1 + \frac{1}{k} \right)^k \right)_{k\in\mathbb{N}}$ eine monoton fallende Nullfolge. Aufgrund des alternierenden Faktors $(-1)^k$ liefert das Leibniz-Kriterium die Konvergenz der Reihe.

b) Das Wurzelkriterium liefert

$$\sqrt[n]{\left|\frac{(n+1)^{n^2}}{n^{n^2}2^n}\right|} = \frac{(n+1)^n}{n^n 2} = \frac{1}{2}\left(1+\frac{1}{n}\right)^n \to \frac{e}{2} > 1 \ (n \to \infty),$$

d. h. diese Reihe divergiert.

Aufgabe 95

▶ **Summen von Reihen**

Zeigen Sie:

a)
$$\sum_{k=1}^{\infty} \frac{(-3)^k}{4^k} = -\frac{3}{7}$$

b)
$$\sum_{k=1}^{\infty} \frac{1}{4k^2-1} = \frac{1}{2}$$

c)
$$(1-a)\cdot\sum_{k=1}^{\infty} ka^k = \frac{a}{1-a} \quad \text{für } |a| < 1 \,.$$

Lösung

a) Nach der Formel für die geometrische Reihe erhalten wir mit $q = -3/4$:

$$\sum_{k=1}^{\infty} \frac{(-3)^k}{4^k} = \frac{-3/4}{1+3/4} = \frac{-3}{7}.$$

b) Es ist

$$\frac{1}{4k^2-1} = \frac{1}{2(2k-1)} - \frac{1}{2(2k+1)} = x_k - x_{k+1}, \quad x_k := \frac{1}{2(2k-1)}.$$

Die Folge $\{x_k\}_{k\in\mathbb{N}}$ ist offensichtlich konvergent mit Grenzwert Null, und deshalb gilt für die Folge der Partialsummen:

$$s_n = \sum_{k=1}^{n} \frac{1}{4k^2-1} = \sum_{k=1}^{n} (x_k - x_{k+1}) = x_1 - x_{n+1} \to x_1 = \frac{1}{2} \ (n \to \infty).$$

c) Wir betrachten zunächst die n-te Partiallsumme der zu untersuchenden Reihe

$$s_n = (1 - a) \sum_{k=1}^{n} ka^k = \sum_{k=1}^{n} ka^k - \sum_{k=1}^{n} ka^{k+1}$$

$$= a + \sum_{k=2}^{n} ka^k - \sum_{k=2}^{n} (k-1)a^k - na^{n+1}$$

$$= a + \sum_{k=2}^{n} [k - (k-1)]a^k - na^{n+1} = \sum_{k=1}^{n} a^k - na^{n+1}$$

$$= \frac{a - a^{n+1}}{1 - a} - na^{n+1}.$$

Die Behauptung erhält man aus

$$\lim_{n \to \infty} na^n = 0.$$

Aufgabe 96

▶   **Konvergenz von Reihen**

Untersuchen Sie folgende Reihen $\sum\limits_{n=1}^{\infty} a_n$ auf Konvergenz (mit Beweis):

a) $a_n = n^p x^n$ für $p \in \mathbb{N}, |x| < 1$

b) $a_n = \begin{pmatrix} 5n \\ 4n \end{pmatrix}^{-1}$

c) $a_n = \dfrac{n^n}{e^n n!}$

d) $a_n = \left(\alpha + \dfrac{1}{n} \right)^n$ ($\alpha \in \mathbb{R}$).

Hinweis: Für das Quotienten- bzw. das Wurzelkriterium gelten noch die zusätzlichen Aussagen, dass aus $|a_{n+1}||a_n|^{-1} \geq 1$ für fast alle n bzw. aus $\sqrt[n]{|a_n|} \geq 1$ für unendlich viele n, die Divergenz der Reihe folgt. Machen Sie in d) Fallunterscheidungen für α.

Lösung

a) Zunächst stellt man fest, dass

$$\lim_{n \to \infty} \sqrt[n]{n^p} = \underbrace{\overbrace{\lim_{n \to \infty} \sqrt[n]{n}}^{=1} \cdot \ldots \cdot \lim_{n \to \infty} \sqrt[n]{n}}_{\text{p-mal}} = 1 \, , \ p \in \mathbb{N},$$

gilt. Es folgt

$$\lim_{n\to\infty} \sqrt[n]{|n^p \cdot x^n|} = |x| \cdot \lim_{n\to\infty} \sqrt[n]{n^p} = |x| < 1,$$

d. h.

$$\forall \varepsilon > 0 \, \exists N \in \mathbb{N} \, \forall n \geq N \, \sqrt[n]{|a_n|} < |x| + \varepsilon$$

Wähle $\varepsilon_0 := \frac{1-|x|}{2}$, dann gilt mit $q := |x| + \varepsilon_0 < 1$

$$\sqrt[n]{|a_n|} \leq q < 1 \quad \forall n \geq N.$$

Somit ist die vorgegebene Reihe nach dem Wurzelkriterium konvergent.

b) Die Reihe konvergiert nach dem Quotientenkriterium, denn es gilt für alle $n \in \mathbb{N}$:

$$\left| \frac{a_{n+1}}{a_n} \right| = \frac{\binom{5n}{4n}}{\binom{5(n+1)}{4(n+1)}}$$

$$= \frac{5n \cdot (5n-1) \cdot \ldots \cdot (n+1) \cdot (4n+4)!}{(5n+5) \cdot \ldots \cdot (n+2) \cdot (4n)!}$$

$$= \frac{5n \cdot (5n-1) \cdot \ldots \cdot (n+1) \cdot (4n+4) \cdot \ldots \cdot (4n+1)}{(5n+5) \cdot \ldots \cdot (n+2)}$$

$$= \underbrace{\frac{4n+1}{5n+1}}_{\leq 1} \cdot \underbrace{\frac{4n+2}{5n+2}}_{\leq 1} \cdot \underbrace{\frac{4n+3}{5n+3}}_{\leq 1} \cdot \underbrace{\frac{4n+4}{5n+4}}_{\leq 1} \cdot \frac{n+1}{5(n+1)}$$

$$\leq \frac{n+1}{5(n+1)} = \frac{1}{5}.$$

c) Wir zeigen zunächst die folgenden Hilfsbehauptungen:

1) $\prod_{i=1}^{n-1} \left(1 + \frac{1}{i}\right)^{i+1} = \frac{n^n}{(n-1)!} \; \forall n \geq 2;$

2) $n! \leq ne \left(\frac{n}{e}\right)^n \; \forall n \in \mathbb{N}.$

Zu 1): (Vollständige Induktion)

I. A.: $n = 2$:

$$\prod_{i=1}^{2-1} \left(1 + \frac{1}{i}\right)^{i+1} = 2^2 = \frac{2^2}{1!}$$

I. V.: Die Behauptung gelte bis $n \geq 2$.

I. S.: $n \to n+1$:

$$\prod_{i=1}^{n} \left(1 + \frac{1}{i}\right)^{i+1} \stackrel{\text{I. V.}}{=} \frac{n^n}{(n-1)!} \cdot \left(1 + \frac{1}{n}\right)^{n+1}$$

$$= \frac{n^n}{(n-1)!} \cdot \left(\frac{n+1}{n}\right)^{n+1} = \frac{(n+1)^{n+1}}{n!}$$

Zu 2): Man nutzt aus, dass

$$e \leq \left(1 + \frac{1}{i}\right)^{i+1} \quad \forall i \in \mathbb{N}$$

gilt, und erhält mittels Hilfsbehauptung 1):

$$e^{n-1} \leq \prod_{i=1}^{n-1} \left(1 + \frac{1}{i}\right)^{i+1} = \frac{n^n}{(n-1)!} \, ,$$

woraus unmittelbar

$$n! \leq ne \left(\frac{n}{e}\right)^n ,$$

also die Behauptung 2), folgt. Für $n = 1$ gilt die Abschätzung trivialerweise.
Aus Abschätzung 2) gewinnt man

$$\frac{n^n}{e^n n!} \geq \frac{n^n}{e^n ne \left(\frac{n}{e}\right)^n} = \frac{1}{en}.$$

Die Reihe $\sum b_n$ mit $b_n := \frac{1}{en}$ divergiert (harmonische Reihe!), folglich divergiert
auch die Reihe $\sum a_n$, da sie eine divergente Minorante besitzt.

d) Im Fall $\alpha \geq 1$ gilt wegen $((1 + 1/n)^n)_{n \in \mathbb{N}}$ monoton wachsend und konvergent
gegen e, dass

$$\left(\alpha + \frac{1}{n}\right)^n \geq \left(1 + \frac{1}{n}\right)^n \geq 2.$$

Folglich ist $(a_n)_n \in \mathbb{N}$ in diesem Fall keine Nullfolge, die Reihe also divergent.
Im Fall $\alpha \leq -1$ gilt wegen $((1 - 1/n)^n)_{n \in \mathbb{N}}$ monoton wachsend und konvergent
gegen $\frac{1}{e}$, dass

$$\left|\left(\alpha + \frac{1}{n}\right)^n\right| = \left|(-1)^n \left(-\alpha - \frac{1}{n}\right)^n\right|$$

$$= \left(-\alpha - \frac{1}{n}\right)^n \geq \left(1 - \frac{1}{n}\right)^n \geq \frac{1}{4} , \; n \geq 2.$$

Analog zum Fall $\alpha \geq 1$ folgt also die Divergenz der Reihe.
Im Fall $|\alpha| < 1$ ist $q := 1 - \frac{1-|\alpha|}{2} < 1$ und für $n \geq \frac{2}{1-|\alpha|} (\Longrightarrow \frac{1}{n} \leq \frac{1-|\alpha|}{2})$ erhält man

$$\sqrt[n]{|a_n|} = \sqrt[n]{\left|\left(\alpha + \frac{1}{n}\right)^n\right|} = \left|\alpha + \frac{1}{n}\right| \leq |\alpha| + \frac{1}{n} \leq |\alpha| + \frac{1 - |\alpha|}{2} = q \, ,$$

also nach dem Wurzelkriterium die Konvergenz der Reihe.

Aufgabe 97

▶ **Divergenz von Reihen**

Finden Sie eine Nullfolge $(a_k)_{k\in\mathbb{N}}$, die nur aus positiven reellen Zahlen besteht, sodass die Reihe

$$\sum_{k=1}^{\infty}(-1)^k a_k$$

nicht konvergiert.

Lösung

Definiere die Nullfolge $(a_k)_{k\in\mathbb{N}}$ mit $a_k > 0$ für alle $k \in \mathbb{N}$ folgendermaßen:

$$a_1 := 1, \ a_{2k} = b_k := \frac{1}{2k}, \ a_{2k+1} = c_k := \frac{1}{4k}, \ k \in \mathbb{N}.$$

Dann gilt für ungerades n:

$$\sum_{k=1}^{n}(-1)^k a_k = -1 + \sum_{k=1}^{\frac{n-1}{2}}(b_k - c_k) = -1 + \sum_{k=1}^{\frac{n-1}{2}}\left(\frac{1}{2k} - \frac{1}{4k}\right)$$

$$= -1 + \frac{1}{4}\sum_{k=1}^{\frac{n-1}{2}}\frac{1}{k} \to \infty \ (n \to \infty),$$

d. h. aufgrund der Divergenz der harmonischen Reihe divergiert hier die Teilfolge der ungeraden Partialsummen und damit auch die Reihe selbst.

Aufgabe 98

▶ **Konvergenz von Reihen**

Untersuchen Sie, für welche $k \in \mathbb{N}$ die Reihe $\displaystyle\sum_{n=2}^{\infty}\frac{n-2}{n^k}$ konvergiert.

Hinweis: Sie können benutzen, dass $\sum_{n=2}^{\infty}\frac{1}{n^2}$ konvergiert.

Lösung

Für $k = 1$ ist $\frac{n-2}{n}$ keine Nullfolge, die Reihe ist also in diesem Fall divergent. Für $k = 2$ divergiert die Reihe ebenfalls, sonst wäre die harmonische Reihe wegen

$$\sum_{n=2}^{\infty}\frac{n-2}{n^2} + \sum_{n=2}^{\infty}\frac{2}{n^2} = \sum_{n=2}^{\infty}\frac{1}{n}$$

als Summe zweier konvergenter Reihen ebenfalls konvergent, was nicht sein kann. Für jedes $k \geq 3$ konvergiert die gegebene Reihe nach dem Majorantenkriterium, denn es gilt:

$$\frac{n-2}{n^k} \leq \frac{n-2}{n^3} \leq \frac{1}{n^2}.$$

Aufgabe 99

▶   **Summe einer Reihe**

Berechnen Sie die Summe der folgenden Reihe:

$$\sum_{n=1}^{\infty} \frac{a_n}{(1+a_1)(1+a_2)\ldots(1+a_n)},$$

wobei $a_n \geq \delta > 0, n \in \mathbb{N}$.

Hinweis: Betrachten Sie $s_n - 1$.

Lösung

Durch vollständige Induktion beweisen wir folgende Formel für $s_n - 1$:

$$s_n - 1 = \frac{-1}{\prod\limits_{i=1}^{n}(1+a_i)},$$

wobei s_n definiert ist durch

$$s_n := \sum_{k=1}^{n} \frac{a_k}{(1+a_1)(1+a_2)\ldots(1+a_k)}.$$

I. A.: $n = 1$:

$$s_1 - 1 = \frac{a_1}{1+a_1} - 1 = \frac{a_1 - 1 - a_1}{1+a_1} = \frac{-1}{\prod\limits_{i=1}^{1}(1+a_i)}$$

I. V.: Die Behauptung gelte bis $n \geq 1$.

I. S.: $n \to n+1$:

$$s_{n+1} - 1 = s_n + \frac{a_{n+1}}{\prod_{i=1}^{n+1}(1+a_i)} - 1$$

$$= \frac{-1}{\prod\limits_{i=1}^{n}(1+a_i)} + \frac{a_{n+1}}{\prod_{i=1}^{n+1}(1+a_i)}$$

$$= \frac{-1 - a_{n+1} + a_{n+1}}{\prod_{i=1}^{n+1}(1+a_i)} = \frac{-1}{\prod\limits_{i=1}^{n+1}(1+a_i)}$$

Es folgt

$$\underbrace{1 - \frac{1}{(1+\delta)^n}}_{\to 1\,(n\to\infty)} \le 1 - \frac{1}{\prod\limits_{i=1}^{n}(1+a_i)} = s_n \le 1\,.$$

Nach dem Einschließungsprinzip für Folgen ergibt sich schließlich $s_n \to 1$.

Aufgabe 100

▶ **Konvergenz und Divergenz von Reihen**

a) Entscheiden Sie, ob die folgenden Reihen konvergieren oder divergieren:

$$\sum_{k=1}^{\infty} \frac{(-1)^k}{\sqrt{k}}\,, \quad \sum_{k=1}^{\infty} \frac{k^2}{k!}\,, \quad \sum_{k=1}^{\infty} \frac{k!}{k^k}\,.$$

b) Zeigen Sie die Konvergenz von $\displaystyle\sum_{k=1}^{\infty} \frac{(-3)^k}{k!}$.

Wie viele Reihenglieder muss man aufsummieren, um den Reihenwert mit einem Fehler vom Betrag kleiner als 10^{-3} anzunähern?

Lösung

a) i. Die Folge $\{x_k\}_{k\in\mathbb{N}}$ mit den positiven Gliedern $x_k = \frac{1}{\sqrt{k}}, k \in \mathbb{N}$, bildet eine Nullfolge, und aus diesem Grund ist nach dem Leibniz–Kriterium die alternierende Reihe

$$\sum_{k=1}^{\infty} \frac{(-1)^k}{\sqrt{k}}$$

konvergent.

ii. Für die Folge $\{x_k\}_{k\in\mathbb{N}}$ mit den Gliedern $x_k = \frac{k^2}{k!}$ gilt

$$\frac{x_{k+1}}{x_k} = \frac{k!}{(k+1)!}\frac{(k+1)^2}{k^2} = \frac{1 + 2/k + 1/k^2}{k+1} \to 0.$$

Nach dem Quotientenkriterium ergibt sich also die Konvergenz der Reihe

$$\sum_{k=1}^{\infty} \frac{k^2}{k!}\,.$$

iii. Mit der Abschätzung $\frac{k!}{k^k} < \frac{2}{k^2}, k \ge 4$, erhält man mit Hilfe des Majorantenkriteriums

$$0 \le \sum_{k=1}^{\infty} \frac{k!}{k^k} \le c + \sum_{k=4}^{\infty} \frac{2}{k^2} < \infty.$$

Die benötigte Abschätzung beweist man mittels vollständiger Induktion.

I. A.: $k = 4$:

$$\frac{4!}{4^4} = \frac{2^3 \cdot 3}{2^8} = \frac{3}{2^5} < \frac{4}{2^5} = \frac{2}{2^4} = \frac{2}{4^2}$$

I. V.: Die Behauptung gelte bis $n \geq 4$.

I. S.: $k \to k + 1$:

$$\frac{(k+1)!}{(k+1)^{k+1}} = \frac{k!}{(k+1)^k} = \frac{k!}{k^k} \frac{1}{(1+1/k)^k} \overset{\text{I.V.}}{<} \frac{2}{k^2} \frac{1}{(1+1/k)^k}$$

$$\overset{(*)}{\leq} \frac{2}{k^2(1+1/k)^2} = \frac{2}{(k+1)^2}$$

Bei der Abschätzung $(*)$ geht die folgende Ungleichung ein:

$$(1+1/k)^k = \underbrace{(1+1/k)^{k-2}}_{\geq 1} \cdot (1+1/k)^2 \geq (1+1/k)^2, k \geq 2.$$

b) Die Folge $\{x_k\}_{k \in \mathbb{N}}$ mit den positiven Gliedern $x_k = \frac{3^k}{k!}, k \in \mathbb{N}$, ist monoton fallend für $k \geq 3$, denn

$$\frac{x_{k+1}}{x_k} = \frac{3}{k+1} < 1, \quad \text{falls} \quad k \geq 3.$$

Die Konvergenz der alternierenden Reihe

$$\sum_{k=1}^{\infty} \frac{(-3)^k}{k!}$$

ergibt sich daher nach dem Leibniz–Kriterium.

Der Fehler $r_n = s - s_n$ dieser Reihe vom Leibnizschen Typ besitzt das Vorzeichen des ersten Gliedes und ist kleiner als der absolute Betrag dieses Gliedes (vgl. z. B. [8], §5.6, oder [7], 1.2). Nun ist n so zu bestimmen, dass

$$|r_n| < \left| \frac{(-3)^{(n+1)}}{(n+1)!} \right| < 10^{-3}.$$

Wegen

$$3^{13}/13! = 2{,}560330295 \cdot 10^{-4} < 10^{-3} < 1{,}109476461 \cdot 10^{-3} = 3^{12}/12!$$

erhalten wir $n = 12$.

Aufgabe 101

▶   **Konvergenz und Divergenz von Reihen**

Untersuchen Sie die folgenden Reihen auf Konvergenz:

a)

$$\sum_{n=1}^{\infty} \frac{n!}{n^n};$$

b)

$$\sum_{n=1}^{\infty} \frac{(-n)^n}{(n+1)^{n+1}};$$

c)

$$\sum_{n=1}^{\infty} \frac{(n+1)^{n^2}}{n^{n^2} 2^n}.$$

Lösung

a) Das Quotientenkriterium liefert

$$\left| \frac{a_{n+1}}{a_n} \right| = \frac{\frac{(n+1)}{(n+1)^{n+1}}}{\frac{n!}{n^n}} = \frac{(n+1)! n^n}{n! (n+1)^{n+1}} = \frac{(n+1) n^n}{(n+1)(n+1)^n}$$

$$= \frac{1}{\left(1 + \frac{1}{n}\right)^n} \to \frac{1}{e} < 1 \ (n \to \infty),$$

d. h. diese Reihe konvergiert.

b) Diese Reihe konvergiert nach dem Leibniz-Kriterium. Die Summanden a_n der Reihe sind alternierend wegen

$$\frac{(-n)^n}{(n+1)^{n+1}} = \frac{(-1)^n n^n}{(n+1)(n+1)^n} = \frac{(-1)^n}{(n+1)\left(1 + \frac{1}{n}\right)^n};$$

die Folge $(|a_n|)_{n \in \mathbb{N}}$ ist eine Nullfolge wegen

$$\lim_{n \to \infty} \frac{1}{(n+1)\left(1 + \frac{1}{n}\right)^n} = \left(\lim_{n \to \infty} \frac{1}{n+1} \right) \left(\lim_{n \to \infty} \frac{1}{\left(1 + \frac{1}{n}\right)^n} \right) = 0 \cdot \frac{1}{e} = 0$$

sowie monoton fallend wegen

$$n + 1 \leq n + 2 \wedge \left(1 + \frac{1}{n}\right)^n \leq \left(1 + \frac{1}{n+1}\right)^{n+1}$$

$$\Rightarrow \quad (n+1)\left(1 + \frac{1}{n}\right)^n \leq (n+2)\left(1 + \frac{1}{n+1}\right)^{n+1}$$

$$\Rightarrow \quad \frac{1}{(n+2)\left(1 + \frac{1}{n+1}\right)^{n+1}} \leq \frac{1}{(n+1)\left(1 + \frac{1}{n}\right)^n}$$

$$\Rightarrow \quad |a_{n+1}| \leq |a_n|.$$

c) Das Wurzelkriterium liefert

$$\sqrt[n]{\left|\frac{(n+1)^{n^2}}{n^{n^2}2^n}\right|} = \frac{(n+1)^n}{n^n 2} = \frac{1}{2}\left(1+\frac{1}{n}\right)^n \to \frac{e}{2} > 1 \ (n \to \infty),$$

d. h. diese Reihe divergiert.

Aufgabe 102

► **Reihenverdichtungskriterium**

a) Beweisen Sie das sog. *Reihenverdichtungskriterium*:
   Ist $(a_n)_{n\in\mathbb{N}}$ eine monoton fallende Folge nichtnegativer Zahlen, so konvergiert die Reihe $\sum\limits_{n=1}^{\infty} a_n$ genau dann, wenn die verdichtete Reihe $\sum\limits_{n=1}^{\infty} 2^n a_{2^n}$ konvergiert.
b) Verwenden Sie das Reihenverdichtungskriterium, um zu zeigen, dass die Reihe
   $\sum\limits_{n=1}^{\infty} \frac{1}{n^\alpha}$, $\alpha \in \mathbb{Q}$, für $\alpha > 1$ konvergiert und für $\alpha \leq 1$ divergiert.

Lösung

a) Wir bezeichnen die Partialsummen mit

$$s_k = \sum_{n=1}^{k} 2^n a_{2^n} \quad \text{bzw.} \quad \tilde{s}_k = \sum_{n=1}^{k} a_n \, , k = 1, 2, \ldots$$

„$\Rightarrow$": Sei $\sum a_n$ konvergent. Aufgrund von $a_n \geq 0 \ \forall \ n \in \mathbb{N}$ ist die Folge der Partialsummen $(s_k)_{k\in\mathbb{N}}$ monoton wachsend und beschränkt, also konvergent, denn es gilt

$$0 \leq s_k = \sum_{n=1}^{k} 2^n a_{2^n}$$

$$= 2a_2 + 4a_4 + \ldots + 2^k a_{2^k}$$

$$= 2(a_2 + (a_4 + a_4) + \ldots + \underbrace{(a_{2^k} + \ldots + a_{2^k}))}_{2^{k-1}\text{ Summanden}}$$

$$\overset{\text{monot.}}{\leq} 2(a_2 + a_3 + a_4 + \ldots a_{2^{k-1}+1} + \ldots a_{2^k})$$

$$= 2\sum_{n=2}^{2^k} a_n \leq 2\sum_{n=1}^{\infty} a_n < \infty \ \forall \, k \in \mathbb{N},$$

d. h. $\sum\limits_{n=1}^{\infty} 2^n a_{2^n} < \infty$.

„$\Leftarrow$": Sei nun $\sum 2^n a_{2^n}$ konvergent. Aufgrund von $a_n \geq 0 \; \forall \, n \in \mathbb{N}$ ist die Folge der Partialsummen $(\tilde{s}_k)_{k \in \mathbb{N}}$ monoton wachsend und beschränkt, also konvergent, denn es gilt

$$
\begin{aligned}
0 \leq \tilde{s}_k = \sum_{n=1}^{k} a_n &= a_1 + \ldots + a_k \\
&\leq a_1 + (a_2 + a_3) + (a_4 + a_5 + a_6 + a_7) \\
&\quad + \ldots + (a_{2^k} + \ldots + a_{2^{k+1}-1}) \\
&\overset{\text{monot.}}{\leq} a_1 + (a_2 + a_2) + (a_4 + a_4 + a_4 + a_4) \\
&\quad + \ldots + (a_{2^k} + \ldots + a_{2^k}) \\
&= a_1 + \sum_{n=1}^{k} 2^n a_{2^n} \leq a_1 + \sum_{n=1}^{\infty} 2^n a_{2^n} < \infty \; \forall \, k \in \mathbb{N},
\end{aligned}
$$

d. h. $\sum_{n=1}^{\infty} a_n < \infty$.

b) Für $\alpha \leq 0$ ist die Reihe divergent, den die Folge der Summanden ist keine Nullfolge. Für $\alpha > 0$ ist $\frac{1}{n^\alpha}$ eine monoton fallende Folge, so dass man für diese α mit Hilfe des Reihenverdichtungskriteriums nach Teil a) die Konvergenz der Reihe $\sum_{n=1}^{\infty} \frac{1}{n^\alpha}$ anhand der Reihe

$$
\sum_{n=1}^{\infty} 2^n \frac{1}{(2^n)^\alpha} = \sum_{n=1}^{\infty} \left(\frac{1}{2^{\alpha-1}} \right)^n
$$

überprüfen kann. Letztere ist eine geometrische Reihe und konvergiert genau für

$$
\left| \frac{1}{2^{\alpha-1}} \right| < 1 \;\; \Leftrightarrow \;\; 1 < 2^{\alpha-1} \;\; \Leftrightarrow \;\; \alpha > 1.
$$

Somit konvergiert die ursprüngliche Reihe für $\alpha > 1$ und divergiert für $\alpha \leq 1$.

Aufgabe 103

▶ **Vergleichskriterium für Reihen**

Für die Reihen mit positiven Gliedern $\sum a_n, \sum b_n$ gelte

$$
\frac{a_{n+1}}{a_n} \leq \frac{b_{n+1}}{b_n} \;\text{ für } n \geq N \, .
$$

Zeigen Sie: Aus der Konvergenz von $\sum b_n$ folgt die Konvergenz von $\sum a_n$ und aus der Divergenz von $\sum a_n$ die Divergenz von $\sum b_n$.

Hinweis: Die Folge a_n / b_n ist monoton fallend.

Lösung

Aus der Voraussetzung folgt unmittelbar:

$$\frac{a_{n+1}}{b_{n+1}} \le \frac{a_n}{b_n} \quad \forall n \ge N,$$

d. h. $(a_n/b_n)_{n\ge N}$ ist monoton fallend. Den größten dieser Quotienten, also a_N/b_N bezeichnen wir mit α. Dann gilt für $n \ge N$:

$$a_{n+1} \le \frac{a_n}{b_n} b_{n+1} \le \alpha b_{n+1}.$$

Ist nun $\sum b_n$ (absolut) konvergent, so auch $\sum \alpha b_n$ und folglich konvergiert nach dem Majorantenkriterium auch $\sum a_n$ (absolut).

Ist $\sum a_n$ divergent, so muss auch $\sum b_n$ divergieren, denn anderfalls folgte aus der angenommenen Konvergenz von $\sum b_n$ aufgrund des ersten Teils der Aufgabe die Konvergenz von $\sum a_n$, also ein Widerspruch.

Aufgabe 104

▶ **Konvergenzkriterien für Zahlenreihen**

Untersuchen Sie die folgenden Reihen auf Konvergenz:

a) $\quad \displaystyle\sum_{n=1}^{\infty} \frac{(n!)^2}{3^n n^n}$;

b) $\quad \displaystyle\sum_{n=2}^{\infty} \frac{1}{n(\ln(n))^\alpha}$, $\quad \alpha \ge 1$.

Hinweis: Verwenden Sie in Teil b) das Reihenverdichtungskriterium (vgl. Aufg. 102).

Lösung

a) Das Quotientenkriterium liefert die Divergenz der Reihe:

$$\left| \frac{a_{n+1}}{a_n} \right| = \frac{\frac{((n+1)!)^2}{3^{n+1}(n+1)^{n+1}}}{\frac{(n!)^2}{3^n n^n}} = \frac{((n+1)!)^2}{3^{n+1}(n+1)^{n+1}} \frac{3^n n^n}{(n!)^2}$$

$$= \frac{1}{3}(n+1)\frac{1}{(1+\frac{1}{n})^n} \to \infty \ (n \to \infty).$$

b) Da der Logarithmus streng monoton steigend ist und $\ln(n) > 0$, $n > 2$, ist die Folge der Summanden eine streng monoton fallende Nullfolge. Mit Hilfe des Reihenverdichtungskriteriums erhält man die Konvergenz bzw. Divergenz der Reihe genau dann, wenn die Reihe

$$\sum_{n=1}^{\infty} 2^n \frac{1}{2^n (\ln(2^n))^\alpha} = \sum_{n=1}^{\infty} \frac{1}{n^\alpha (\ln(2))^\alpha} = \frac{1}{(\ln(2))^\alpha} \sum_{n=1}^{\infty} \frac{1}{n^\alpha}$$

konvergiert bzw. divergiert. Die obige Reihe konvergiert genau für $\alpha > 1$ und divergiert für $\alpha = 1$.

Aufgabe 105

▶ **Konvergenz und absolute Konvergenz von Zahlenreihen**

Untersuchen Sie eine der beiden Reihen auf Konvergenz und absolute Konvergenz:

a) $\displaystyle\sum_{k=1}^{\infty} (-1)^k (\sqrt{k^2 + 2} - k)$;

b) $\displaystyle\sum_{k=2}^{\infty} \frac{(-1)^k e}{\left(1 + \frac{1}{k}\right)^k (k - 1)}$.

Lösung

a) Die Reihe konvergiert nicht absolut, denn es gilt

$$\sum_{k=1}^{\infty} |(-1)^k (\sqrt{k^2 + 2} - k)| = \sum_{k=1}^{\infty} \left| (\sqrt{k^2 + 2} - k) \frac{\sqrt{k^2 + 2} + k}{\sqrt{k^2 + 2} + k} \right|$$

$$= \sum_{k=1}^{\infty} \frac{2}{\sqrt{k^2 + 2} + k} \overset{\sqrt{k^2 + 2} \leq \sqrt{4k^2} = 2k}{\geq} \sum_{k=1}^{\infty} \frac{2}{3k} = \frac{2}{3} \sum_{k=1}^{\infty} \frac{1}{k} = \infty.$$

Die Reihe konvergiert jedoch nach dem Leibniz-Kriterium:
Wie oben hat man

$$(-1)^k (\sqrt{k^2 + 2} - k) = 2 \frac{(-1)^k}{\sqrt{k^2 + 2} + k}.$$

Wegen $\lim\limits_{k\to\infty}\dfrac{2}{\sqrt{k^2+2}+k}=0$ ist $(a_k)_{k\in\mathbb{N}}$ mit $a_k=2\dfrac{(-1)^k}{\sqrt{k^2+2}+k}$ eine alternierende Nullfolge. Zudem ist $(|a_k|)_{k\in\mathbb{N}}$ monoton fallend, denn es gilt

$$|a_{k+1}|\le|a_k| \Leftrightarrow \frac{2}{\sqrt{k^2+2}+k}\le\frac{2}{\sqrt{(k+1)^2+2}+k+1}$$

$$\Leftrightarrow \sqrt{(k+1)^2+2}+k+1\ge\sqrt{k^2+2}+k$$

$$\Leftrightarrow \sqrt{(k+1)^2+2}-\sqrt{k^2+2}\ge-1,$$

da offensichtlich $\sqrt{(k+1)^2+2}-\sqrt{k^2+2}>0$ ist.

b) Die Folge $(b_k)_{k\in\mathbb{N}}$ mit $b_k=\left(1+\frac{1}{k}\right)^k$ ist streng monoton wachsend und konvergiert gegen e. Somit ist die Reihe nicht absolut konvergent, denn es gilt

$$\sum_{k=2}^{\infty}\left|\frac{(-1)^k e}{\left(1+\frac{1}{k}\right)^k(k-1)}\right|=\sum_{k=2}^{\infty}\frac{e}{\left(1+\frac{1}{k}\right)^k(k-1)}\ge\sum_{k=2}^{\infty}\frac{e}{e(k-1)}=\sum_{k=1}^{\infty}\frac{1}{k}=\infty.$$

Die Reihe ist jedoch nach dem Leibniz-Kriterium konvergent. Aufgrund der Monotonie von $(b_k)_{k\in\mathbb{N}}$ ist $(c_k)_{k\in\mathbb{N}}$ mit $c_k=\dfrac{e}{\left(1+\frac{1}{k}\right)^k(k-1)}$ eine streng monoton fallende Folge mit

$$\lim_{k\to\infty}c_k=\lim_{k\to\infty}\frac{e}{\left(1+\frac{1}{k}\right)^k(k-1)}=0.$$

Da zudem der alternierend Faktor $(-1)^k$ vorliegt, sind alle Voraussetzungen für das Leibniz-Kriterium erfüllt.

Aufgabe 106

▶ **Cauchy-Produkt von Reihen**

a) Die Folgen $(a_n)_{n\in\mathbb{N}_0}$, $(b_n)_{n\in\mathbb{N}_0}$ und $(c_n)_{n\in\mathbb{N}_0}$ seien definiert durch

$$a_n:=b_n:=\frac{(-1)^n}{\sqrt{n+1}},\quad c_n:=\sum_{k=0}^{n}a_{n-k}b_k,\quad n\in\mathbb{N}_0.$$

Zeigen Sie, dass die Reihen $\sum\limits_{n=0}^{\infty}a_n$ und $\sum\limits_{n=0}^{\infty}b_n$ konvergieren, aber ihr Cauchy-Produkt $\sum\limits_{n=0}^{\infty}c_n$ nicht konvergiert.

b) Zeigen Sie, dass für $|x|<1$ gilt:

$$\sum_{n=0}^{\infty}(n+1)x^n=\frac{1}{(1-x)^2}.$$

Lösung

a) Die Reihen $\sum\limits_{n=0}^{\infty} a_n$ und $\sum\limits_{n=0}^{\infty} b_n$ konvergieren nach dem Leibniz-Kriterium, denn wegen

$$a_n = b_n = \frac{(-1)^n}{\sqrt{n+1}} \quad \text{und} \quad \lim_{n\to\infty} a_n = \lim_{n\to\infty} b_n = \lim_{n\to\infty} \frac{(-1)^n}{\sqrt{n+1}} = 0$$

sind $(a_n)_{n\in\mathbb{N}_0}$ und $(b_n)_{n\in\mathbb{N}_0}$ alternierende Nullfolgen. Die Monotonie von $(|a_n|)_{n\in\mathbb{N}_0}$ und $(|b_n|)_{n\in\mathbb{N}_0}$ folgt aufgrund von

$$|a_{n+1}| \le |a_n| \;\Leftrightarrow\; \frac{1}{\sqrt{n+2}} \le \frac{1}{\sqrt{n+1}}$$
$$\Leftrightarrow\; \sqrt{n+1} \le \sqrt{n+2}$$
$$\Leftrightarrow\; n+1 \le n+2 \;\Leftrightarrow\; 1 \le 2 \;(\text{w. A.}).$$

Die Reihe $\sum\limits_{n=0}^{\infty} c_n$ divergiert, denn $(c_n)_{n\in\mathbb{N}_0}$ ist keine Nullfolge aufgrund von

$$|c_n| = \left| \sum_{k=0}^{n} a_{n-k} b_k \right| = \left| \sum_{k=0}^{n} \frac{(-1)^{n-k}}{\sqrt{n-k+1}} \frac{(-1)^k}{\sqrt{k+1}} \right|$$
$$= \left| (-1)^n \sum_{k=0}^{n} \frac{1}{\sqrt{k(n-k)+n+1}} \right| \ge \sum_{k=0}^{n} \frac{1}{\sqrt{(n+1)(n+1)}} \ge 1.$$

b) Für zwei absolut konvergente Reihen konvergiert auch das Cauchy-Produkt dieser Reihen absolut (vgl. z. B. [3], 32.6). Mit Hilfe der geometrischen Reihe gilt dann für $|x| < 1$

$$\frac{1}{(1-x)^2} = \frac{1}{1-x}\frac{1}{1-x} \overset{|x|<1}{=} \left(\sum_{n=0}^{\infty} x^n \right) \left(\sum_{n=0}^{\infty} x^n \right)$$
$$= \sum_{n=0}^{\infty} \sum_{j=0}^{n} x^{n-j} x^j = \sum_{n=0}^{\infty} \sum_{j=0}^{n} x^n = \sum_{n=0}^{\infty} (n+1)x^n.$$

Aufgabe 107

▶ **Konvergenzkriterien für Reihen**

Zeigen Sie:

a) Sind die Reihen $\sum\limits_{n=1}^{\infty} a_n^2$ und $\sum\limits_{n=1}^{\infty} b_n^2$ konvergent, so konvergiert $\sum\limits_{n=1}^{\infty} a_n b_n$ absolut.

b) Mit $\sum\limits_{n=1}^{\infty} a_n^2$ konvergiert auch $\sum \dfrac{1}{n^\alpha}\, a_n$, falls $\alpha > \dfrac{1}{2}$ ist.

Hinweis zu b): Hier kann benutzt werden, dass die harmonische Reihe $\sum\limits_{n=1}^{\infty} \dfrac{1}{n^\beta}$ für $\beta > 1$ konvergiert (und für $\beta \le 1$ divergiert).

Lösung

a)　Es gilt offenbar:

$$|a_n b_n| = \left| \frac{1}{2}(a_n + b_n)^2 - \frac{1}{2}(a_n^2 + b_n^2) \right| \le \frac{1}{2} \underbrace{(a_n + b_n)^2}_{c_n :=} + \frac{1}{2} \underbrace{(a_n^2 + b_n^2)}_{d_n :=} .$$
$$\underbrace{\hphantom{\frac{1}{2}(a_n + b_n)^2 + \frac{1}{2}(a_n^2 + b_n^2)}}_{e_n :=}$$

Offenbar genügt es, zu zeigen, dass unter den gegebenen Voraussetzungen $\sum c_n$ und $\sum d_n$ konvergieren, da nach den Rechenregeln für konvergente Reihen (vgl. z. B. [3], IV.32) daraus zunächst die Konvergenz der Reihe $\sum_{n=1}^{\infty} e_n$ und anschließend nach dem Majorantenkriterium auch die absolute Konvergenz von $\sum_{n=1}^{\infty} a_n b_n$ folgt.

Die Konvergenz von $\sum_{n=1}^{\infty} d_n$ folgt sofort aus den Voraussetzungen in a) und bekannten Rechenregeln. Um die Konvergenz von $\sum_{n=1}^{\infty} c_n$ einzusehen, rechnet man zuerst nach, dass aus der 2. Binomischen Formel die Ungleichung

$$(a_n + b_n)^2 \le 2(a_n^2 + b_n^2)$$

folgt. Die Reihe $\sum_{n=1}^{\infty} 2 d_n$ ist folglich eine konvergente Majorante von $\sum_{n=1}^{\infty} c_n$, so dass auch $\sum_{n=1}^{\infty} c_n$ konvergiert und damit alles bewiesen ist.

b)　Man verwendet a) mit $b_n := \frac{1}{n^\alpha}$. Der Hinweis zu b) liefert dann, dass $\sum_{n=1}^{\infty} b_n^2$ konvergiert, und somit folgt unmittelbar aus a) die Behauptung.

Aufgabe 108

▶　**„Turm von Hanoi"**

Stellen Sie sich vor, es ist wieder Bastelabend in der Fachschaft. Sie bieten dieses Jahr an, einen „Turm von Hanoi" bauen zu wollen, dessen Bauanleitung Sie von Ihrer letzten Schatzsuche mitgebracht haben. Dieser soll die folgende Gestalt haben: Die erste Platte soll einen Durchmesser von 10 cm haben, jede folgende Platte besitzt genau den halben

Durchmesser der vorhergehenden. Weiterhin soll die erste Platte 4 cm dick sein, die zweite halb so dick wie die erste, die Dicke der dritten Platte soll ein Drittel der zweiten betragen usw.. Alle Platten seien Kreisscheiben mit einem spezifischen Durchmesser und einer spezifischen Dicke. Beantworten Sie nun die folgenden Fragen:

a) Welche Dicke und welchen Durchmesser besitzt die n-te Platte?

b) Welche Gesamthöhe H_n und welches Gesamtvolumen V_n besitzt der Turm T_n, der aus den ersten n Platten besteht?

c) Welche Höhe hätte eigentlich T_∞ und wieviel cm^3 Holz wären für den Bau eines solchen Turmes nötig?

Lösung

a) **Beh.:** Für den Durchmesser d_n der n-ten Platte gilt $d_n = 10 \left(\frac{1}{2}\right)^{n-1}$ cm.

Vollständige Induktion:

I. A.: $n = 1$: $10\,\text{cm} = 10 \left(\frac{1}{2}\right)^{1-1}$ cm $= d_1$ (w. A.);

I. V.: Die Behauptung gelte bis n.

I. S.: $n \to n+1$: $d_{n+1} = \frac{1}{2}d_n = \frac{1}{2}10 \left(\frac{1}{2}\right)^{n-1}$ cm $= 10 \left(\frac{1}{2}\right)^{n}$ cm.

Beh.: Für die Dicke D_n der n-ten Platte gilt $D_n = \frac{4}{n!}$ cm.

Vollständige Induktion:

I. A.: $n = 1$: $4\,\text{cm} = \frac{4}{1!}$ cm $= D_1$ (w. A.);

I. V.: Die Behauptung gelte bis n.

I. S.: $n \to n+1$: $D_{n+1} = \frac{1}{n+1}D_n = \frac{1}{n+1}\frac{4}{n!}$ cm $= \frac{4}{(n+1)!}$ cm.

b) Für die Höhe H_n gilt

$$H_n = \sum_{j=1}^{n} D_j = \sum_{j=1}^{n} \frac{4}{j!}\ \text{cm}.$$

Für das Volumen der j-ten Platte gilt $\frac{\pi}{4}d_j^2 D_j$. Das Gesamtvolumen beträgt daher

$$V_n = \sum_{j=1}^{n} \frac{\pi}{4}d_j^2 D_j = \sum_{j=1}^{n} \frac{\pi}{4}\left(10\left(\frac{1}{2}\right)^{j-1}\right)^2 \frac{4}{j!}\ \text{cm}^3$$

$$= 100\pi \sum_{j=1}^{n} \frac{\left(\frac{1}{2}\right)^{2j-2}}{j!}\ \text{cm}^3 = 400\pi \sum_{j=1}^{n} \frac{\left(\frac{1}{4}\right)^{j}}{j!}\ \text{cm}^3.$$

c) Für die Höhe H_∞ gilt $H_\infty = \sum_{j=1}^{\infty} \frac{4}{j!}$ cm $= 4(e-1)$ cm $= 6{,}873$ cm. Das Gesamtvolumen V_∞ beträgt

$$V_\infty = 400\pi \sum_{j=1}^{\infty} \frac{\left(\frac{1}{4}\right)^{j}}{j!}\ \text{cm}^3 = 400\pi (e^{\frac{1}{4}} - 1)\,\text{cm}^3 = 356{,}917\,\text{cm}^3.$$

Aufgabe 109

▶ **Trägheitsmomente**

Das Trägheitsmoment eines Systems aus N Massenpunkten m_j, $j \in \{1,\dots,N\}$, ist definiert durch

$$\Theta = \sum_{j=1}^{N} m_j r_j^2,$$

wobei r_j den Abstand des Massenpunktes m_j senkrecht zur Drehachse angibt. Der Begriff des Trägheitsmomentes läßt sich mit Hilfe eines Grenzwertprozesses auch auf homogene Körper wie z. B. die Scheiben des Turms von Hanoi (vgl. Aufg. 108) fortsetzen (s. Hinweis 4). Berechnen Sie das Trägheitsmoment der ersten Holzscheibe des Turms von Hanoi, wobei die Dichte ρ als konstant vorausgesetzt sei. Die Rotationsachse stehe dabei senkrecht auf der Scheibe und gehe durch den Mittelpunkt.

Hinweise:

1) Zerlegen Sie die Scheibe in n Kreisringe, wobei die Differenz des äußeren und des inneren Radius konstant sein soll.
2) Schätzen Sie die Trägheitsmomente dieser Kreisringe geeignet nach oben und unten ab.
3) Summieren Sie diese Teilergebnisse und vereinfachen Sie diese mit Hilfe der Formeln für

$$\sum_{i=1}^{n} i, \quad \sum_{i=1}^{n} i^2, \quad \sum_{i=1}^{n} i^3.$$

4) Führen Sie nun den Grenzwertprozeß mit $n \to \infty$ durch.

Lösung

Es gilt $M = \rho V$, wobei V das Volumen und M die Masse des Körpers bezeichnet. Nach Voraussetzung ist $r = 5\,\mathrm{cm}$ der Radius und $h = 4\,\mathrm{cm}$ die Höhe der ersten Scheibe. Es gilt $V = \pi r^2 h$.

Man unterteile die Kreisscheibe in n Kreisringe, wobei die Differenz des äußeren und des inneren Radius jeweils gleich sein soll. Der äußere Radius des i-ten Kreisringes beträgt $R_i = \frac{i}{n} r$, der des inneren $r_i = \frac{i-1}{n} r$. Damit gilt für das Volumen V_i

$$V_i = \pi h (R_i^2 - r_i^2) = \frac{\pi}{n^2} h (i^2 - (i-1)^2) r^2 = \frac{V}{n^2}(2i-1).$$

Indem man die Masse M_i des Kreisringes gedanklich auf den äußeren bzw. inneren Radius verlagert, läßt sich das Trägheitsmoment Θ_i des i-ten Kreisringes nach unten bzw. oben abschätzen durch

$$M_i r_i^2 = \rho V_i r_i^2 = \rho \frac{V}{n^2}(2i-1)\frac{(i-1)^2}{n^2}r^2 = \frac{M}{n^4}(2i^3 - 5i^2 + 4i - 1)r^2 \leq \Theta_i,$$

$$\Theta_i \leq \frac{M}{n^4}(2i^3 - i^2)r^2 = \rho\frac{V}{n^2}(2i-1)\frac{i^2}{n^2}r^2 = \rho V_i R_i^2 = M_i R_i^2.$$

Mit Hilfe von

$$\sum_{i=1}^{n} 1 = n, \quad \sum_{i=1}^{n} i = \frac{1}{2}n(n+1), \quad \sum_{i=1}^{n} i^2 = \frac{1}{6}n(n+1)(2n+1),$$

$$\sum_{i=1}^{n} i^3 = \frac{1}{4}n^2(n+1)^2$$

gilt daher bei Summation

$$\begin{aligned}
\sum_{i=1}^{n} M_i r_i^2 &= \sum_{i=1}^{n} \frac{M}{n^4}(2i^3 - 5i^2 + 4i - 1)r^2 \\
&= \frac{M}{n^4}\left(2\frac{1}{4}n^2(n+1)^2 - 5\frac{1}{6}n(n+1)(2n+1) + 4\frac{1}{2}n(n+1) - n\right)r^2 \\
&= M\left(\frac{1}{2}\frac{n^2 + 2n + 1}{n^2} - \frac{5}{6}\frac{2n^2 + 3n + 1}{n^3} + 2\frac{n+1}{n^3} - \frac{1}{n^3}\right)r^2 \\
&= M\left(\frac{1}{2} - \frac{2}{3n} + \frac{1}{6n^3}\right)r^2 \leq \sum_{i=1}^{n}\Theta_i,
\end{aligned}$$

$$\begin{aligned}
\sum_{i=1}^{n} M_i R_i^2 &= \sum_{i=1}^{n} \frac{M}{n^4}(2i^3 - i^2)r^2 \\
&= \frac{M}{n^4}\left(2\frac{1}{4}n^2(n+1)^2 - \frac{1}{6}n(n+1)(2n+1)\right)r^2 \\
&= M\left(\frac{1}{2}\frac{n^2 + 2n + 1}{n^2} - \frac{1}{6}\frac{2n^2 + 3n + 1}{n^3}\right)r^2 \\
&= M\left(\frac{1}{2} + \frac{2}{3n} - \frac{1}{6n^3}\right)r^2 \geq \sum_{i=1}^{n}\Theta_i.
\end{aligned}$$

Der Grenzwertprozeß $n \to \infty$ liefert nun

$$\frac{1}{2}Mr^2 = \lim_{n\to\infty} Mr^2\left(\frac{1}{2} - \frac{2}{3n} + \frac{1}{6n^3}\right)$$

$$\leq \lim_{n\to\infty} \sum_{i=1}^{n} \Theta_i \leq \lim_{n\to\infty} Mr^2\left(\frac{1}{2} + \frac{2}{3n} - \frac{1}{6n^3}\right) = \frac{1}{2}Mr^2,$$

d. h. für das Trägheitsmoment Θ der Kreisscheibe gilt also

$$\Theta = \frac{1}{2}Mr^2 = \frac{\pi}{2}\rho h r^4 = 1250\pi\rho\,\text{cm}^5.$$

2.1 Stetigkeit

Aufgabe 110

▶ **Stetigkeit von Funktionen**

a) Beweisen Sie die Stetigkeit der folgenden Funktionen in $x = a$ mit Hilfe der ε–δ–Definition der Stetigkeit:

   i) $f : (0,1) \ni x \mapsto \sqrt{x} \in \mathbb{R}; \quad a \in (0,1);$

   ii) $f : \mathbb{R} \ni x \mapsto \dfrac{1}{1+x^2} \in \mathbb{R}; \quad a \in \mathbb{R};$

   iii)

$$f : [0,1] \mapsto \mathbb{R}, \quad x \mapsto \begin{cases} \dfrac{1}{2}, & x = 1 \\ \dfrac{1}{1+x}, & x \in [0,1) \end{cases} \; ; \; a = 1 \, .$$

b) Untersuchen Sie die folgende Funktion $f : \mathbb{R} \to \mathbb{R}$ auf Stetigkeit in $\mathbb{R}$:

$$f(x) := \begin{cases} |x-2| \dfrac{(x^2 + x - 6)(x+2)}{x^2 - 4x + 4}, & x \neq 2 \\ 20, & x = 2 \end{cases} \, .$$

Lösung

a) i)   Sei $a \in (0,1)$ beliebig. Man hat für $x \in (0,1)$

$$|f(x) - f(a)| = \left| \frac{(\sqrt{x} - \sqrt{a})(\sqrt{x} + \sqrt{a})}{(\sqrt{x} + \sqrt{a})} \right| = \frac{1}{\sqrt{x} + \sqrt{a}} |x - a| \leq \frac{1}{\sqrt{a}} |x - a| .$$

© Springer-Verlag Berlin Heidelberg 2016

H.-J. Reinhardt, *Aufgabensammlung Analysis 1*, DOI 10.1007/978-3-662-49417-2_2

Sei nun $\varepsilon > 0$ beliebig. Setze $\delta := \sqrt{a}\varepsilon$, dann gilt

$$|f(x) - f(a)| \le \frac{1}{\sqrt{a}}|x - a| < \frac{1}{\sqrt{a}}\delta = \varepsilon \; \forall \, x \in (0,1) \quad \text{mit } |x - a| < \delta.$$

Somit ist die Funktion f stetig in $(0,1)$.

ii) Sei $a \in \mathbb{R}$ beliebig. Man hat

$$|f(x) - f(a)| = \left| \frac{1}{1 + x^2} - \frac{1}{1 + a^2} \right| = \left| \frac{(1 + a^2) - (1 + x^2)}{(1 + a^2)(1 + x^2)} \right|$$

$$= |x - a||x + a|\frac{1}{1 + a^2 + x^2 + a^2 x^2} \le |x - a||x + a|$$

$$= |(x - a) + 2a||x - a| \overset{\Delta-\text{Ungl.}}{\le} (2|a| + |x - a|)|x - a|.$$

Sei nun $\varepsilon > 0$ beliebig. Setze $\delta := \min\left\{\frac{\varepsilon}{2|a|+1}, 1\right\}$, dann gilt

$$|f(x) - f(a)| \le (2|a| + |x - a|)|x - a| < (2|a| + \delta)\delta = 2|a|\delta + \delta^2$$

$$\overset{0<\delta\le 1}{\le} 2|a|\delta + \delta = (2|a| + 1)\delta \le \varepsilon \; \forall \, x \in \mathbb{R} \text{ mit } |x - a| < \delta.$$

Somit ist die Funktion f stetig in $\mathbb{R}$.

iii) Wir haben die Stetigkeit in $a = 1$ nachzuweisen. Es gilt für $x \in [0,1)$, dass

$$|f(a) - f(x)| = \left| \frac{1}{2} - \frac{1}{1 + x} \right| = \frac{1}{2|1 + x|} \cdot |x - 1| \le \frac{1}{2} \cdot |x - 1|,$$

und wir wählen $\delta = 2\varepsilon$.

b) Die Funktion f ist als Summe, Produkt, etc. stetiger Funktionen (Polynome, Betragsfunktion) auch wieder stetig in $\mathbb{R}$ bis auf die Nullstellen des Nenners. Es gilt für $x \ne 2$

$$f(x) = |x - 2|\frac{(x^2 + x - 6)(x + 2)}{x^2 - 4x + 4}$$

$$= |x - 2|\frac{(x + 2)(x + 3)(x - 2)}{(x - 2)^2} = (x + 2)(x + 3)\,\text{sign}(x - 2).$$

Dies liefert

$$\lim_{x \nearrow 2} f(x) = (2 + 2)(2 + 3)(-1) = -20 \ne 20 = f(2)$$

$$= (2 + 2)(2 + 3) \cdot 1 = \lim_{x \searrow 2} f(x).$$

Somit ist die Funktion f unstetig in $x = 2$; hier liegt eine Sprungstelle vor.

Aufgabe 111

▶ **Stetigkeit von Funktionen**

Weisen Sie die Stetigkeit der folgenden Funktionen $f : \mathbb{R} \longrightarrow \mathbb{R}$ jeweils in a nach:

a)
$$f(x) := \begin{cases} 0, & x < 0 \\ x, & x \geq 0 \end{cases}, \quad a := 0;$$

b)
$$f(x) := \begin{cases} 0, & x < 1 \\ x - 1, & x \geq 1 \end{cases}, \quad a := 1.$$

Lösung

a) Es gilt:
$$\lim_{\substack{x \to 0 \\ x < 0}} f(x) = \lim_{\substack{x \to 0 \\ x < 0}} 0 = 0,$$

$$f(0) = 0,$$

$$\lim_{\substack{x \to 0 \\ x > 0}} f(x) = \lim_{\substack{x \to 0 \\ x > 0}} x = 0.$$

Damit ist gezeigt, dass f stetig bei 0 ist.

b) Sei $\varepsilon > 0$ beliebig, $\delta := \varepsilon$ und $|x - a| = |x - 1| < \delta$. Dann gilt:

$$|f(x) - \underbrace{f(a)}_{=0}| = |f(x)| = \begin{cases} 0, & x < 1 \\ |x - 1|, & x \geq 1 \end{cases} < \delta = \varepsilon.$$

Folglich ist f stetig bei $a = 1$.

Aufgabe 112

▶ **Gleichmäßig stetige Funktionen**

Die Funktion f sei auf $\mathbb{R}$ gleichmäßig stetig. Zeigen Sie, dass f höchstens wie eine lineare Funktion wächst, d. h. dass eine Konstante $L > 0$ existiert, so dass $|f(x)| \leq L(1 + |x|)$ in $\mathbb{R}$ ist.

Hinweis: Beweisen Sie die Behauptung indirekt.

Lösung

Die Funktion f wird als gleichmäßig stetig vorausgesetzt, d. h.

$$\forall \varepsilon > 0 \, \exists \delta > 0 \, \forall x, x' : |x - x'| < \delta \Longrightarrow |f(x) - f(x')| < \varepsilon.$$

Wir betrachten zunächst den Fall $f(0) = 0$.

Sei $\varepsilon > 0$ beliebig gewählt. Dann erhält man aus der Bedingung der gleichmäßigen Stetigkeit ein zugehöriges $\delta > 0$, mit dem

$$\forall x, x' : |x - x'| < \delta \Longrightarrow |f(x) - f(x')| < \varepsilon$$

gilt. Wir zerlegen $\mathbb{R}$ in unendlich viele Teilintervalle $(I_k)_{k \in \mathbb{Z}}$, wobei mit obigem $\delta > 0$ die I_k definiert sind durch:

$$I_k := [x_k, x_{k+1}) , \; x_k := k\delta , \; k \in \mathbb{Z}.$$

Wir zeigen für diesen Fall die behauptete Abschätzung. Sei also $x \in \mathbb{R}$ beliebig. Wegen

$$\bigcup_{k \in \mathbb{Z}} I_k = \mathbb{R}$$

existiert ein $j \in \mathbb{Z}$, so dass $x \in I_j$ gilt. Sei zunächst $j \geq 0$, d. h. $x \geq 0$. Es folgt

$$
\begin{aligned}
|f(x)| &= |f(x) - f(x_j) + f(x_j)| \\
&\leq |f(x) - f(x_j)| + \left| \sum_{k=1}^{j} f(x_k) - f(x_{k-1}) \right| \\
&\leq \varepsilon + \sum_{k=1}^{j} |f(x_k) - f(x_{k-1})| \\
&\leq \varepsilon + j\varepsilon = \varepsilon + \frac{x_j}{\delta}\varepsilon \leq \varepsilon + |x|\frac{\varepsilon}{\delta} \leq \underbrace{\max(\varepsilon, \frac{\varepsilon}{\delta})}_{L:=}(1 + |x|).
\end{aligned}
$$

Ist $j < 0$, d. h. $x < 0$, dann folgt ganz analog

$$
\begin{aligned}
|f(x)| &= |f(x) - f(x_{j+1}) + f(x_{j+1})| \\
&\leq |f(x) - f(x_{j+1})| + \left| \sum_{k=j+1}^{-1} f(x_k) - f(x_{k+1}) \right| \\
&\leq \varepsilon + \sum_{k=j+1}^{-1} |f(x_k) - f(x_{k+1})| \\
&\leq \varepsilon + (-(j+1))\varepsilon = \varepsilon + \frac{x_{-(j+1)}}{\delta}\varepsilon \leq \varepsilon + |x|\frac{\varepsilon}{\delta} \leq \underbrace{\max(\varepsilon, \frac{\varepsilon}{\delta})}_{L:=}(1 + |x|).
\end{aligned}
$$

Ist $f(0) \neq 0$, dann betrachte $f_0 : f_0(x) = f(x) - f(0)$. Da f_0 mit f ebenfalls gleichmäßig stetig und $f_0(0) = 0$ ist, existiert nach dem eben Gezeigten eine Konstante L_0, so dass für alle $x \in \mathbb{R}$

$$|f_0(x)| \le L_0(1 + |x|)$$

gilt. Es folgt

$$\begin{aligned}
|f(x)| = |f_0(x) + f(0)| &\le |f_0(x)| + |f(0)| \\
&\le L_0(1 + |x|) + |f(0)| = (L_0 + |f(0)|) + L_0|x| \\
&\le \underbrace{(L_0 + |f(0)|}_{L:=}(1 + |x|)
\end{aligned}$$

und somit die Behauptung.

Aufgabe 113

▶ **Gleichmäßig stetige Funktionen**

Zeigen Sie: Ist die Funktion f auf $\mathbb{R}$ stetig und existieren die (endlichen) Limites von f für $x \longrightarrow \infty$ und $x \longrightarrow -\infty$, so ist f gleichmäßig stetig auf $\mathbb{R}$.

Hinweis: Benutzen Sie einen indirekten Beweis.

Lösung

Wir nehmen an, die Aussage sei falsch, d. h.

$$\exists \varepsilon > 0 \, \forall \delta > 0 \, \exists x, x' \in \mathbb{R} : |x - x'| < \delta \wedge |f(x) - f(x')| \ge \varepsilon.$$

Wähle $\delta := \frac{1}{n}$, dann existieren x_n, x_n' mit $|x_n - x_n'| < \frac{1}{n}$ und $|f(x_n) - f(x_n')| \ge \varepsilon$.

Ist die Folge $(x_n)_{n \in \mathbb{N}}$ beschränkt, so enthält sie nach dem Satz von Bolzano-Weierstraß eine konvergente Teilfolge $(x_{\mu_k})_{k \in \mathbb{N}}$, es gilt also $x_{\mu_k} \to x_0 \; (k \to \infty)$ und folglich wegen

$$|x_{\mu_k}' - x_0| \le |x_{\mu_k}' - x_{\mu_k}| + |x_{\mu_k} - x_0| \le \underbrace{\frac{1}{\mu_k}}_{\to 0 (k \to \infty)} + \underbrace{|x_{\mu_k} - x_0|}_{\to 0 (k \to \infty)} \to 0 \; (k \to \infty)$$

und wegen der Stetigkeit von f bei x_0 auch

$$|f(x_{\mu_k}) - f(x_{\mu_k}')| \le |f(x_{\mu_k}) - f(x_0)| + |f(x_0) - f(x_{\mu_k}')| \to 0 \; (k \to \infty),$$

was einen Widerspruch zu $|f(x_n) - f(x_n')| \ge \varepsilon \; \forall n \in \mathbb{N}$ darstellt.

Es bleibt also der Fall, dass $(x_n)_{n \in \mathbb{N}}$ unbeschränkt ist. O. E. existiert dann eine Teilfolge $(x_{\mu_k})_{k \in \mathbb{N}}$ mit $x_{\mu_k} \to \infty$ $(k \to \infty)$. Dann folgt aber auch $x'_{\mu_k} \to \infty$ $(k \to \infty)$ und daher aus der Existenz des Limes von f für $x \to \infty$ (dieser Grenzwert sei mit C bezeichnet):

$$\lim_{k \to \infty} f(x_{\mu_k}) = \lim_{k \to \infty} f(x'_{\mu_k}) = C \,,$$

was ebenfalls im Widerspruch zu $|f(x_n) - f(x'_n)| \geq \varepsilon \; \forall n \in \mathbb{N}$ steht.

Aufgabe 114

▶   **Stetige und gleichmäßig stetige Funktionen**

Beweisen Sie, dass die Funktion

$$g : \mathbb{R} \ni x \mapsto -5x^2 + 1 \in \mathbb{R}$$

in jedem Punkt $a \in \mathbb{R}$ stetig ist; geben Sie zu beliebigem $\varepsilon > 0$ ein geeignetes $\delta > 0$ an. Untersuchen Sie außerdem, ob g (in $\mathbb{R}$) gleichmäßig stetig ist.

Lösung

Sei $a \in \mathbb{R}$, $\varepsilon > 0$ beliebig. Dann gilt für alle x mit

$$|x - a| < \delta := \begin{cases} \min\left(\frac{\varepsilon}{20|a|}, \sqrt{\frac{\varepsilon}{10}}\right), & a \neq 0 \\[2mm] \sqrt{\frac{\varepsilon}{10}}, & a = 0 \end{cases}$$

dass

$$\begin{aligned} |g(x) - g(a)| &= |-5x^2 + 1 + 5a^2 - 1| = 5|x - a| \cdot |x + a| \\ &\leq 5\delta(|x| + |a|) \leq 5\delta(2|a| + \delta) = 10|a|\delta + 5\delta^2 \\ &< \frac{\varepsilon}{2} + \frac{\varepsilon}{2} = \varepsilon \,, \end{aligned}$$

da $|x| + |a| \leq |x - a| + 2|a|$. Also ist g stetig auf $\mathbb{R}$. Um zu zeigen, dass g nicht gleichmäßig stetig ist, haben wir nachzuweisen:

$$\exists \varepsilon > 0 \; \forall \delta > 0 \; \exists x, x' \in \mathbb{R} : |x - x'| < \delta \wedge |g(x) - g(x')| \geq \varepsilon.$$

Sei etwa $\varepsilon = 1, \delta > 0$ beliebig. Weiter sei $x \geq \frac{1}{5\delta} - \frac{\delta}{4}$ und $x' := x + \frac{\delta}{2}$. Dann folgt

$$2x \geq \frac{2}{5\delta} - \frac{\delta}{2} \implies \left|2x + \frac{\delta}{2}\right| \geq \frac{2}{5\delta}$$

$$\implies \frac{\delta}{2}\left|2x + \frac{\delta}{2}\right| \geq \frac{1}{5} \implies |x - x'| \cdot |x + x'| \geq \frac{1}{5}$$

$$\implies 5 \cdot |x^2 - x'^2| \geq 1 \implies |g(x) - g(x')| \geq 1 = \varepsilon$$

und somit, dass g nicht gleichmäßig stetig ist.

Aufgabe 115

▶ **Gleichmäßig stetige Funktionen**

Zeigen Sie:

a) $f : (0, 1) \ni x \mapsto x^2 \in \mathbb{R}$ ist gleichmäßig stetig.

b) $g : \mathbb{R} \ni x \mapsto \dfrac{1}{1 + x^2} \in \mathbb{R}$ ist gleichmäßig stetig.

c) Beantworten Sie die Frage (mit Begründung):
   Nimmt g aus b) sein Infimum und Supremum an?

Hinweis: Zum Beweis von a)–c) sollen **keine** Differenzierbarkeitseigenschaften von f bzw. g benutzt werden.

Lösung

Eine Funktion $f : A \to B$ heißt genau dann gleichmäßig stetig in A, wenn gilt:

$$\forall \varepsilon > 0 : \exists \delta > 0 : \forall x, y \in A : |x - y| < \delta \Rightarrow |f(x) - f(y)| < \varepsilon.$$

a) Sei $\varepsilon > 0$ beliebig vorgegeben. Wähle $\delta = \varepsilon/2$. Dann gilt für $x, y \in (0, 1)$ mit $|x - y| < \delta$:

$$|f(x) - f(y)| = \left| x^2 - y^2 \right| = |x - y| \underbrace{|x + y|}_{\leq 2} \leq 2|x - y| < 2\delta = 2\varepsilon/2 = \varepsilon.$$

b) Sei $\varepsilon > 0$ beliebig vorgegeben. Es gilt $\forall y \in \mathbb{R}$

$$-\frac{1}{2} \leq \frac{y}{1 + y^2} \leq \frac{1}{2} \; (\Leftrightarrow \; 1 + y^2 \geq -2y \wedge 2y \leq 1 + y^2),$$

da

$$(1 - y)^2 = 1 - 2y + y^2 \geq 0 \quad \text{und} \quad (1 + y)^2 = 1 + 2y + y^2 \geq 0.$$

Also ist

$$\left| \frac{y}{1 + y^2} \right| \leq \frac{1}{2} \quad \forall y \in \mathbb{R}.$$

Wähle $\delta = \varepsilon$. Dann gilt für $x, y \in \mathbb{R}$ mit $|x - y| < \delta$:

$$|g(x) - g(y)| = \left| \frac{1}{1 + x^2} - \frac{1}{1 + y^2} \right| = \left| \frac{y^2 - x^2}{(1 + x^2)(1 + y^2)} \right|$$

$$\leq |y - x| \left(\left| \frac{y}{1 + y^2} \right| + \left| \frac{x}{1 + x^2} \right| \right) \leq |y - x| < \delta = \varepsilon.$$

c) Offenbar ist $0 < g(x) \le 1 \ \forall x \in \mathbb{R}$ und $g(0) = 1$. g nimmt also sein Supremum an. Für das Infimum gilt $\inf_{x \in \mathbb{R}} g(x) = 0$. Nach der Charakterisierung des Infimums (vgl. z. B. [3], I.8) ist nämlich zu zeigen, dass

$$\forall \varepsilon > 0 \exists x \in \mathbb{R} : \varepsilon \ge g(x);$$

letzteres ist offenbar richtig für x mit $x^2 \ge \frac{1}{\varepsilon} - 1$. Das Infimum wird demzufolge nicht angenommen.

Aufgabe 116

▶ **Gleichmäßig stetige Funktionen**

Zeigen Sie ohne die Differenzierbarkeit zu benutzen, dass die folgenden Funktionen auf ihrem Definitionsbereich gleichmäßig stetig sind:

a) $f : (0, 2) \ni x \mapsto x^3 \in \mathbb{R}$;

b) $g : \mathbb{R} \ni x \mapsto \dfrac{1}{1 + |x|} \in \mathbb{R}$;

Lösung

a) Sei $\varepsilon > 0$ beliebig. Setze $\delta(\varepsilon) := \frac{\varepsilon}{12}$. Seien $x, y \in (0, 2)$ beliebig mit $|x - y| < \delta(\varepsilon)$, dann gilt

$$|f(x) - f(y)| = |x^3 - y^3| = |x - y||x^2 + xy + y^2|$$

$$\overset{\triangle-\text{Ungl.}}{\le} |x - y|(|x|^2 + |xy| + |y|^2) \overset{|x|,|y| \le 2}{\le} 12|x - y| < 12\delta(\varepsilon) = \varepsilon.$$

Somit ist die Funktion f in $(0, 2)$ gleichmäßig stetig.

b) Sei $\varepsilon > 0$ beliebig. Setze $\delta(\varepsilon) := \varepsilon$. Seien $x, y \in \mathbb{R}$ beliebig mit $|x - y| < \delta(\varepsilon)$, dann gilt

$$|g(x) - g(y)| = \left| \frac{1}{1 + |x|} - \frac{1}{1 + |y|} \right| = \left| \frac{(1 + |y|) - (1 + |x|)}{(1 + |x|)(1 + |y|)} \right|$$

$$\le \big| |y| - |x| \big| \overset{\triangle-\text{Ungl.}}{\le} |x - y| < \delta(\varepsilon) = \varepsilon.$$

Somit ist die Funktion g in $\mathbb{R}$ gleichmäßig stetig.

Aufgabe 117

▶ **Lipschitz-stetige Funktionen**

Eine Funktion $f : D \subset \mathbb{R} \to \mathbb{R}$ heißt *Lipschitz-stetig*, wenn eine Konstante $0 \leq L < \infty$ existiert, so dass für alle $x, y \in D$ gilt:

$$|f(x) - f(y)| \leq L|x - y|.$$

Zeigen Sie:

a) Jede auf D Lipschitz-stetige Funktion ist auch stetig in D.
b) Der Raum der Lipschitz-stetigen Funktionen ist ein Vektorraum über $\mathbb{R}$.
c) Ist D ein abgeschlossenes Intervall, dann ist auch das Produkt zweier Lipschitz-stetiger Funktionen wieder Lipschitz-stetig.

Lösung

a) Seien $y \in D$, $\varepsilon > 0$ beliebig. Gilt die Abschätzung für $L = 0$, so gilt sie auch für eine größere Konstante. Daher kann $L \neq 0$ angenommen werden. Setze $\delta := \frac{\varepsilon}{L}$, dann gilt für alle $x \in D$ mit $|x - y| < \delta$, dass

$$|f(x) - f(y)| \leq L|x - y| < L\delta = \varepsilon.$$

Somit ist die Funktion f stetig in D. (Sie ist sogar gleichmäßig stetig.)

b) Sei $V := \{f : D \to \mathbb{R} \mid f \text{ ist Lipschitz-stetig}\}$.

1) Die Nullfunktion liegt offensichtlich in V, da die Lipschitz-Bedingung mit $L = 0$ erfüllt ist.

2) Seien $\alpha \in \mathbb{R}$, $f \in V$ beliebig, dann gilt

$$|(\alpha f)(x) - (\alpha f)(y)| = |\alpha f(x) - \alpha f(y)| = |\alpha||f(x) - f(y)| \leq |\alpha|L|x - y|,$$

also ist auch die Funktion αf Lipschitz-stetig mit der Lipschitz-Konstanten $|\alpha|L$, d. h. $\alpha f \in V$.

3) Seien $f_1, f_2 \in V$ beliebig. Seien L_1, L_2 die Lipschitz-Konstanten bzgl. f_1, f_2. Es folgt mithilfe der Dreiecksungleichung

$$\begin{aligned}
|(f_1 + f_2)(x) - (f_1 + f_2)(y)| &= |(f_1(x) - f_1(y)) + (f_2(x) - f_2(y))| \\
&\leq |f_1(x) - f_1(y)| + |f_2(x) - f_2(y)| \\
&\leq L_1|x - y| + L_2|x - y| \leq (L_1 + L_2)|x - y|;
\end{aligned}$$

also ist auch die Funktion $f_1 + f_2$ Lipschitz-stetig mit der Lipschitz-Konstanten $L_1 + L_2$, d. h. $(f_1 + f_2) \in V$.

c) Seien $f_1, f_2 \in V$ beliebig. Seien L_1, L_2 die Lipschitz-Konstanten bzgl. f_1, f_2. Da Lipschitz-stetige Funktionen nach Teil a) stetig sind, sind auch $|f_1|$ und $|f_2|$ stetig und nehmen daher auf dem abgeschlossenen Intervall D ihr Maximum an, d. h. es gibt Konstanten M_1, M_2 mit

$$|f_1(x)| \leq M_1 \; \forall \, x \in D, \quad |f_2(x)| \leq M_2 \; \forall \, x \in D.$$

Dann gilt mithilfe der Dreiecksungleichung

$$
\begin{aligned}
&|(f_1 \cdot f_2)(x) - (f_1 \cdot f_2)(y)| \\
&= |f_1(x)f_2(x) - f_1(x)f_2(y) + f_1(x)f_2(y) - f_1(y)f_2(y)| \\
&\leq |f_1(x)||f_2(x) - f_2(y)| + |f_2(y)||f_1(x) - f_1(y)| \\
&\leq |f_1(x)|L_2|x - y| + |f_2(y)|L_1|x - y| \\
&\leq (M_1 L_2 + M_2 L_1)|x - y|;
\end{aligned}
$$

also ist auch die Funktion $f_1 \cdot f_2$ Lipschitz-stetig mit der Lipschitz-Konstanten $M_1 L_2 + M_2 L_1$, d. h. $(f_1 \cdot f_2) \in V$.

Aufgabe 118

▶ **Streng konvexe Funktionen**

Eine Funktion $f : [a, b] \to \mathbb{R}$ heißt genau dann *streng konvex*, wenn gilt

$$f(tx + (1 - t)y) < tf(x) + (1 - t)f(y) \quad \forall \, t \in (0, 1), \; \forall \, x, y \in [a, b], \; x \neq y.$$

a) Zeigen Sie, dass es genau ein $z \in [a, b]$ gibt mit

$$f(z) = \min_{x \in [a,b]} f(x),$$

falls $f : [a, b] \to \mathbb{R}$ streng konvex und stetig ist.
b) Gilt die Aussage von a) auch für das Maximum?
c) Zeigen Sie, dass $f : [-2, 3] \ni x \mapsto x^2 \in \mathbb{R}$ streng konvex ist.

Lösung

a) Da $[a, b]$ ein abgeschlossenes Interall ist und die Funktion f stetig in $[a, b]$ ist, nimmt f das Minimum an. Daher existiert ein $z \in [a, b]$ mit $f(z) = \min_{x \in [a,b]} f(x)$.

Angenommen es würde ein $z' \in [a, b]$, $z' \neq z$, mit

$$f(z') = f(z) = \min_{x \in [a,b]} f(x)$$

existieren, dann folgt mit Hilfe der strengen Konvexität mit $t = \frac{1}{2}$

$$f\left(\frac{1}{2}z + \frac{1}{2}z'\right) < \frac{1}{2}f(z) + \frac{1}{2}f(z') = f(z),$$

was wegen $\frac{z+z'}{2} \in [a,b]$ ein Widerspruch zur Definition von $f(z)$ als Minimum ist.

b) Die Funktion $g : [-2,2] \ni x \mapsto x^2 \in \mathbb{R}$ ist nach Teil c) streng konvex und als Polynom stetig. Es gilt jedoch

$$f(-2) = f(2) = \max_{x \in [-2,2]} f(x) = 4,$$

d. h. die Aussage von a) gilt nicht für das Maximum.

c) Sei $t \in (0,1)$ beliebig. Seien $x, y \in [-2,3]$ mit $x \neq y$ beliebig. Es gilt mit $0 < t < 1$, dass $0 < t^2 < t$ und

$$\begin{aligned}
tf(x) &+ (1-t)f(y) - f(tx + (1-t)y) \\
&= tx^2 + (1-t)y^2 - (tx + (1-t)y)^2 \\
&= tx^2 + (1-t)y^2 - t^2x^2 - 2t(1-t)xy - (1-t)^2y^2 \\
&= tx^2 + y^2 - ty^2 - t^2x^2 - 2txy + 2t^2xy - y^2 + 2ty^2 - t^2y^2 \\
&= t(x^2 - 2xy + y^2) - t^2(x^2 - 2xy + y^2) \\
&= \underbrace{(t - t^2)}_{>0}\underbrace{(x - y)^2}_{>0} > 0.
\end{aligned}$$

Aufgabe 119

▶ **Fixpunkte stetiger Funktionen**

Sei $[a,b] \subset \mathbb{R}$ ein abgeschlossenes und beschränktes Intervall. Weiterhin sei $f : [a,b] \to [a,b]$ stetig. Zeigen Sie, dass die Funktion f in $[a,b]$ einen Fixpunkt hat, d. h. es existiert ein $z \in [a,b]$ mit $f(z) = z$.

Hinweis: Benutzen Sie den Zwischenwertsatz für stetige Funktionen.

Lösung

Gilt $f(a) = a$ oder $f(b) = b$, so ist die Existenz eines Fixpunktes offensichtlich. Sei nun $f(a) \neq a$ und $f(b) \neq b$, dann gilt wegen $f(a), f(b) \in [a,b]$

$$f(a) - a > 0, \quad f(b) - b < 0.$$

Die Funktion g mit $g(x) = f(x) - x$ ist als Differenz der stetigen Funktion f und der Identität stetig, so dass g nach dem Zwischenwertsatz eine Nullstelle $z \in [a,b]$ besitzt. Es gilt also

$$g(z) = 0 \iff f(z) - z = 0 \iff f(z) = z,$$

daher hat f auch in diesem Fall einen Fixpunkt.

Aufgabe 120

► **Sätze zur Stetigkeit**

a) Sei $f : D \to \mathbb{R}$ stetig in $a \in D$. Weiterhin sei $f(a) > 0$. Dann gilt:

$$\exists\, \delta > 0 \;\forall\, x \in (a - \delta, a + \delta) \cap D : f(x) > 0.$$

b) Seien $f : D \to \mathbb{R}$, $g : D' \to \mathbb{R}$ Funktionen mit $f(D) \subset D'$. Ist f stetig in $a \in D$, und ist g stetig in $f(a)$, dann ist $g \circ f$ stetig in a.

Lösung

a) Setze $\varepsilon = f(a) > 0$. Da f stetig ist, existiert ein $\delta > 0$, so dass gilt:

$$|f(x) - f(a)| < \varepsilon \;\forall\, x \in (a - \delta, a + \delta) \cap D$$
$$\Longleftrightarrow \; -\varepsilon < f(x) - f(a) < \varepsilon \;\forall\, x \in (a - \delta, a + \delta) \cap D$$
$$\Longrightarrow \; f(x) > f(a) - \varepsilon = 0 \;\forall\, x \in (a - \delta, a + \delta) \cap D.$$

b) Sei $(x_n)_{n \in \mathbb{N}}$ eine beliebige Folge mit

$$x_n \in D \;\forall\, n \in \mathbb{N}, \;\; \lim_{n \to \infty} x_n = a.$$

Die Stetigkeit von f in a liefert:

$$\lim_{n \to \infty} f(x_n) = f(a).$$

Setzt man nun

$$b_n := f(x_n) \;\forall\, n \in \mathbb{N},$$

dann gilt wegen $f(D) \subset D'$ und der Stetigkeit von g in $f(a)$:

$$b_n = f(x_n) \in D' \;\forall\, n \in N, \;\; \lim_{n \to \infty} g(b_n) = g(\lim_{n \to \infty} b_n) = g(f(a)).$$

Schließlich erhält man die Stetigkeit von $g \circ f$ an der Stelle a:

$$\lim_{n \to \infty} (g \circ f)(x_n) = \lim_{n \to \infty} g(f(x_n)) = \lim_{n \to \infty} g(b_n) = g(f(a)) = (g \circ f)(a).$$

Aufgabe 121

▶ **Nullstellen von Funktionen**

Die Funktion $f : \mathbb{R} \to \mathbb{R}$ sei gegeben durch

$$f(x) := \frac{9x^3 - 18x^2 - 2x + 2}{x^2 + 1}.$$

Zeigen Sie, dass f mindestens eine Nullstelle in den Intervallen $[-1, 0]$ und $[0, 1]$ besitzt. Gibt es eine weitere Nullstelle im Intervall $[1, \infty)$?

Lösung

Da $x^2 + 1 > 0 \; \forall \, x \in \mathbb{R}$, besitzt der Nenner der Funktion f keine Nullstelle. Somit ist f in $\mathbb{R}$ stetig, da sowohl Zähler als auch Nenner als Polynome stetig sind. Es gilt zudem

$$f(-1) = \frac{9(-1)^3 - 18(-1)^2 - 2(-1) + 2}{(-1)^2 + 1} = -\frac{23}{2} < 0; \quad f(0) = 2 > 0;$$

$$f(1) = \frac{9 - 18 - 2 + 2}{1 + 1} = -\frac{9}{2} < 0;$$

$$f(3) = \frac{9 \cdot 3^3 - 18 \cdot 3^2 - 2 \cdot 3 + 2}{3^2 + 1} = \frac{77}{10} > 0.$$

Aufgrund der Stetigkeit von f und des jeweiligen Vorzeichenwechsels liefert der Zwischenwertsatz die Existenz mindestens einer Nullstelle in den Intervallen $(-1, 0)$, $(0, 1)$ und $(1, 3)$. Da ein Polynom 3. Grades höchstens drei Nullstellen haben kann, kann es im Intervall $[3, \infty)$ keine weitere Nullstelle geben.

Aufgabe 122

▶ **Stetigkeitskriterium**

Für die Funktion $f : \mathbb{R} \to \mathbb{R}$ gelte $f(0) = 1$ und

$$f(x + y) \leq f(x) f(y) \; \forall \, x, y \in \mathbb{R}.$$

Zeigen Sie, dass f in $\mathbb{R}$ stetig ist, wenn f im Nullpunkt stetig ist.

Lösung

Sei $(x_n)_{n \in \mathbb{N}}$ eine beliebige Nullfolge, dann gilt

$$\lim_{n \to \infty} x_n = 0 = \lim_{n \to \infty} (-x_n),$$

und aufgrund der Stetigkeit von f im Nullpunkt

$$\lim_{n \to \infty} f(x_n) = f(0) = 1 = \lim_{n \to \infty} f(-x_n).$$

Daher existiert auch ein $N \in \mathbb{N}$, so dass für alle $n \geq N$ gilt

$$|f(-x_n) - 1| \leq \frac{1}{2} \Leftrightarrow \frac{1}{2} \leq f(-x_n) \leq \frac{3}{2}.$$

Sei nun $x \in \mathbb{R}$ beliebig. Betrachte den **Fall** $f(x + x_n) \leq f(x)$. Für $n \geq N$ und $f(x) \geq 0$ erhält man

$$0 \leq f(x) = f(x + x_n - x_n) \leq f(x + x_n)f(-x_n) \stackrel{f(-x_n) > \frac{1}{2}}{\Rightarrow} 0 \leq f(x + x_n).$$

Gilt $f(x) < 0$, dann hat man für $n \geq N$

$$f(x) = f(x + x_n - x_n) \leq f(x + x_n)f(-x_n)$$
$$\stackrel{f(-x_n) \geq \frac{1}{2}}{\Rightarrow} 2f(x) \leq \frac{f(x)}{f(-x_n)} \leq f(x + x_n).$$

Betrachte nun den **Fall** $f(x + x_n) > f(x)$. Dann gilt für $n \geq N$

$$f(x) < f(x + x_n) \leq f(x)f(x_n)$$
$$\Rightarrow \quad |f(x + x_n)| \leq \max\{|f(x)|, |f(x)||f(x_n)|\} \leq 2|f(x)|.$$

Insgesamt liefert dies

$$|f(x + x_n)| \leq 2|f(x)| \ \forall \, n \geq N,$$

d. h. die Folge $(|f(x + x_n)|)_{n \in \mathbb{N}}$ ist beschränkt durch eine Konstante $M_1 > 0$, da nur endlich viele Folgeglieder betraglich größer als $2|f(x)|$ sein können.

Es gilt nun entweder

$$0 \leq f(x + x_n) - f(x) \leq f(x_n)f(x) - f(x)$$
$$= f(x)(f(x_n) - 1) = |f(x)||f(x_n) - 1|,$$

oder man hat

$$0 < f(x) - f(x + x_n) = f(x + x_n - x_n) - f(x + x_n)$$
$$\leq f(x + x_n)f(-x_n) - f(x + x_n) = f(x + x_n)(f(-x_n) - 1)$$
$$= |f(x + x_n)||f(-x_n) - 1| \leq M_1|f(-x_n) - 1|.$$

Damit gilt schließlich

$$|f(x + x_n) - f(x)| \leq \max\{|f(x)||f(x_n) - 1|, M_1|f(-x_n) - 1|\} \to 0 \ (n \to \infty).$$

Da die Nullfolge beliebig war, ist somit f stetig in x. Da wiederum $x \in \mathbb{R}$ beliebig war, ist f stetig in $\mathbb{R}$.

Aufgabe 123

▶ **Stetige Fortsetzung**

Bestimmen Sie jeweils alle Parameter $a \in \mathbb{R}$, so dass sich die folgenden Funktionen f_i, $i = 1, 2$, zu einer stetigen Funktion auf $\mathbb{R}$ fortsetzen lassen:

a)

$$f_1(x) := \left\{ \begin{array}{ll} |x|, & x < 1 \\ \frac{1}{2}x^2 + a, & x \geq 1 \end{array} \right\};$$

b)

$$f_2(x) := \left\{ \begin{array}{ll} e^{-x^2}, & x > 0 \\ a, & x \leq 0 \end{array} \right\}.$$

Lösung

a) Da die Funktion f_1 abschnittsweise aus stetigen Funktionen (Polynom, Betragsfunktion) definiert ist, ist f_1 offensichtlich stetig auf $\mathbb{R} \setminus \{1\}$. Es bleibt also nur noch die Stelle $x = 1$ zu untersuchen. Es gilt

$$\lim_{x \searrow 1} f_1(x) = \lim_{x \searrow 1} \left(\frac{1}{2}x^2 + a \right) = \frac{1}{2} + a = f_1(1)$$

und

$$\lim_{x \nearrow 1} f_1(x) = \lim_{x \nearrow 1} |x| = 1.$$

Damit f_1 in $x = 1$ stetig ist, muss also gelten:

$$\frac{1}{2} + a = 1 \ \Leftrightarrow \ a = \frac{1}{2}.$$

Für $a = \frac{1}{2}$ ist f_1 also auf ganz $\mathbb{R}$ stetig.

b) Da die Funktion f_2 abschnittsweise aus stetigen Funktionen (konstante Funktion, Exponentialfunktion) definiert ist, ist f_2 offensichtlich stetig auf $\mathbb{R} \setminus \{0\}$. Es bleibt also nur noch die Stelle $x = 0$ zu untersuchen. Es gilt

$$\lim_{x \nearrow 0} f_2(x) = \lim_{x \nearrow 0} a = a = f_2(0) = a$$

und

$$\lim_{x \searrow 0} f_2(x) = \lim_{x \searrow 0} e^{-x^2} = e^0 = 1.$$

Damit f_2 in $x = 0$ stetig ist, muss also gelten:

$$a = 1.$$

Für $a = 1$ ist f_2 also auf ganz $\mathbb{R}$ stetig.

Aufgabe 124

▶   **Zwischenwertsatz**

Sei $f : \mathbb{R} \to \mathbb{R}$ eine Funktion, die jeden Wert genau zweimal annimmt.

a) Zeigen Sie, dass f nicht stetig ist.
b) Gibt es eine stetige Funktion $g : \mathbb{R} \to \mathbb{R}$, die jeden Wert genau dreimal annimmt?

Lösung

a) Angenommen f wäre stetig, und x, y zwei verschiedene Stellen mit $f(x) = f(y)$. Für $z \in (x, y)$ ist dann $f(z) \neq f(x) = f(y)$, weil jeder Wert nur zweimal angenommen werden darf. Da f stetig und $[x, y]$ kompakt ist, nimmt f auf $[x, y]$ sowohl ein Maximum wie ein Minimum an. Wären das Maximum und das Minimum gleich, so wäre f auf $[x, y]$ konstant (Widerspruch!).
Sei also z so gewählt, dass $f(z)$ maximal ist (falls $z = x$ ist, betrachte die Funktion $-f$). Nach Voraussetzung gibt es genau ein $z' \neq z$ (o. B. d. A. $z' > z$) so, dass $f(z) = f(z')$ gilt. Dann muss z' außerhalb des Intervalls $[x, y]$ liegen. Dies sieht man mit Hilfe des Zwischenwertsatzes folgendermaßen:
Es gilt $f(c) < f(z)$ für alle $c \in (z, z')$. Hat man nun $f(c) \leq f(x) < f(z)$, so muss der Wert $f(x)$ auch im Intervall $(z, c]$ angenommen werden (Widerspruch wegen $f(x) = f(y)$). Wäre $f(y) = f(x) < f(c) < f(z) = f(z')$, so müßte der Wert $f(c)$ auch in den Intervallen (x, z), (z', y) angenommen werden (Widerspruch!).
Sei also nun $x < z < y < z'$. Nach dem Zwischenwertsatz muss aber jeder Wert im offenen Intervall $(f(x), f(z))$ in jedem der Intervalle (x, z), (z, y), $(y; z')$ angenommen werden. Also werden alle diese Werte mindestens dreimal angenommen (Widerspruch!). Folglich ist f nicht stetig.

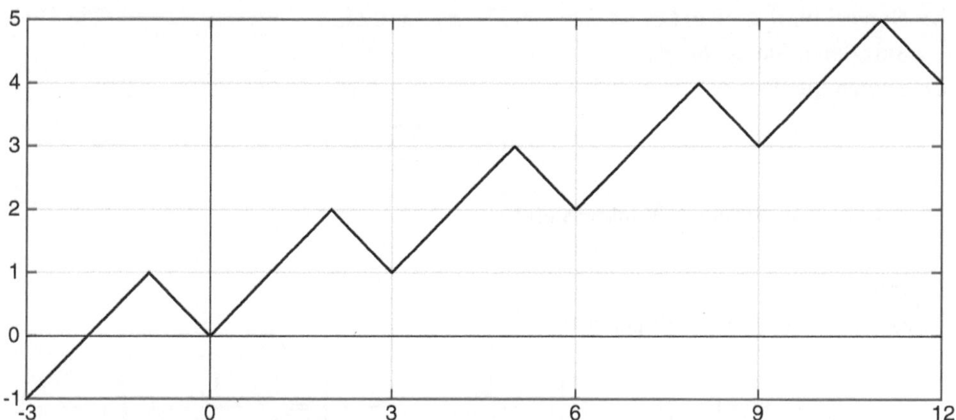

Abb. 2.1 Beispiel Aufg. 124, Teil b)

b) Die folgende Funktion ist stetig und nimmt jeden Wert genau dreimal an:

$$f : \mathbb{R} \to \mathbb{R}, \ f(x) = \left\{ \begin{array}{ll} (x - n) + \frac{n}{3}, & x \in [n, n + 2), \ n \in 3\mathbb{Z} \\ (n + 2 - x) + 2 + \frac{n}{3}, & x \in [n + 2, n + 3), \ n \in 3\mathbb{Z} \end{array} \right\} .$$

Die Funktion ist in den Teilintervallen $[n, n + 2)$, $[n + 2, n + 3)$ stückweise linear. Die Abb. 2.1 zeigt, dass jeder Wert genau dreimal angenommen wird.

Aufgabe 125

▶ **Zickzack-Funktion**

Für $x \in [0, 1)$ sei $\tilde{g}(x) := \left\{ \begin{array}{ll} x, & x < \dfrac{1}{2} \\ 1 - x, & x \geq \dfrac{1}{2} \end{array} \right. .$

Die Funktion $g : \mathbb{R} \longrightarrow \mathbb{R}$ ist durch ($[\,\cdot\,] =$ Gauß-Klammer)

$$g(x) := \tilde{g}(x - [x]) , \quad x \in \mathbb{R} ,$$

definiert.

a) Zeigen Sie

   1) $\lim\limits_{x \to \frac{1}{2}} g(x) = \dfrac{1}{2} , \quad \lim\limits_{x \to 0} g(x) = \lim\limits_{x \to 1} g(x) = 0.$

   2) g ist stetig.

     Hinweis zu 2): Wegen $g(x + 1) = g(x)$ (s. Abb. 2.2 für $g = g_1$) genügt es zu zeigen, dass g stetig in $[0, 1)$ und $g(0) = g(1)$ ist.

b) Nun sei für $n \in \mathbb{N}$ $g_n(x) := 2^{-n+1} g(2^{n-1} x)$, $x \in \mathbb{R}$.
Skizzieren Sie g_1 bis g_6.

c) Zeigen Sie: Durch

$$x \mapsto h(x) := \sum_{k=1}^{\infty} g_k(x)$$

wird eine auf $\mathbb{R}$ stetige Funktion erklärt.

Lösung

a) 1) Für $x \in [0, 1)$ gilt $[x] = 0$

$$\Rightarrow \left| g(x) - \frac{1}{2} \right| \leq \max \left\{ \left| x - \frac{1}{2} \right|, \left| 1 - x - \frac{1}{2} \right| \right\} = \left| x - \frac{1}{2} \right| \to 0 \ \left(x \to \frac{1}{2} \right)$$

$$\Rightarrow \lim_{x \to \frac{1}{2}} g(x) = \frac{1}{2}.$$

Für $x \in [-\frac{1}{2}, \frac{1}{2})$ ist $[x] = -1$ oder $[x] = 0$

$$\Rightarrow |g(x)| \leq \max \{ |x|, |1 - (x + 1)| \} = |x| \to 0 \ (x \to 0)$$

$$\Rightarrow \lim_{x \to 0} g(x) = 0.$$

Für $x \in \left[\frac{1}{2}, \frac{3}{2} \right)$ ist $[x] = 0$ oder $[x] = 1$

$$\Rightarrow |g(x)| \leq \max \{ |1 - x|, |x - 1| \} = |x - 1| \to 0 \ (x \to 1)$$

$$\Rightarrow \lim_{x \to 1} g(x) = 0.$$

2) Wegen $g(x + 1) = g(x)$, $x \in \mathbb{R}$ ist g 1–periodisch. Es muss also nur die Stetigkeit von g auf $[0, 1)$ und $g(0) = g(1)$ gezeigt werden. g ist offensichtlich stetig in $(0, \frac{1}{2})$ und $(\frac{1}{2}, 1)$. Wie oben gezeigt, gilt zusätzlich

$$\lim_{x \to \frac{1}{2}} g(x) = \frac{1}{2} = g\left(\frac{1}{2} \right), \ \lim_{x \to 0} g(x) = 0 = g(0)$$

und

$$\lim_{x \to 1} g(x) = 0 = g(1) = g(0).$$

Damit ist g auf $[0, 1)$ stetig und $g(0) = g(1)$, also g überall stetig.

b) Graphische Darstellungen von g_1 bis g_6 in Abb. 2.2–2.7:

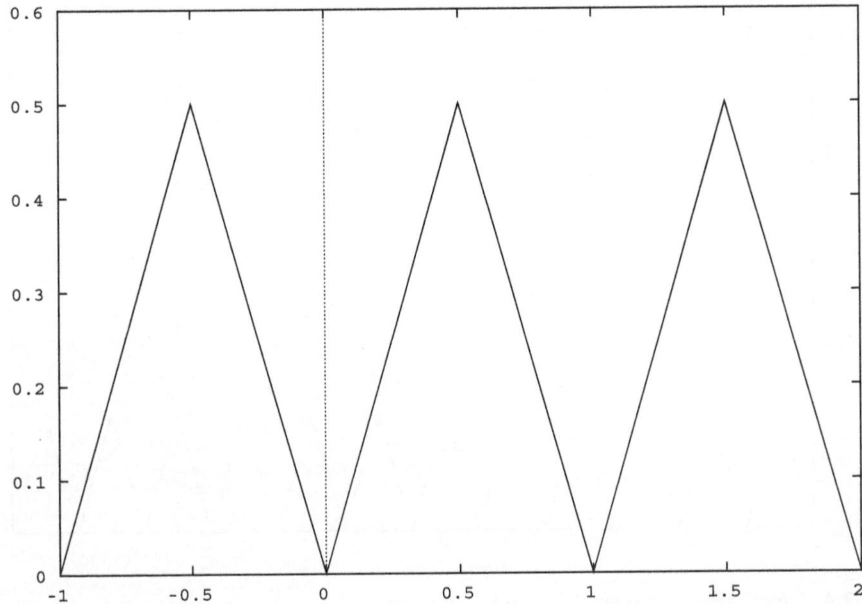

Abb. 2.2 Graphische Darstellung der Funktion g_n für $n = 1$

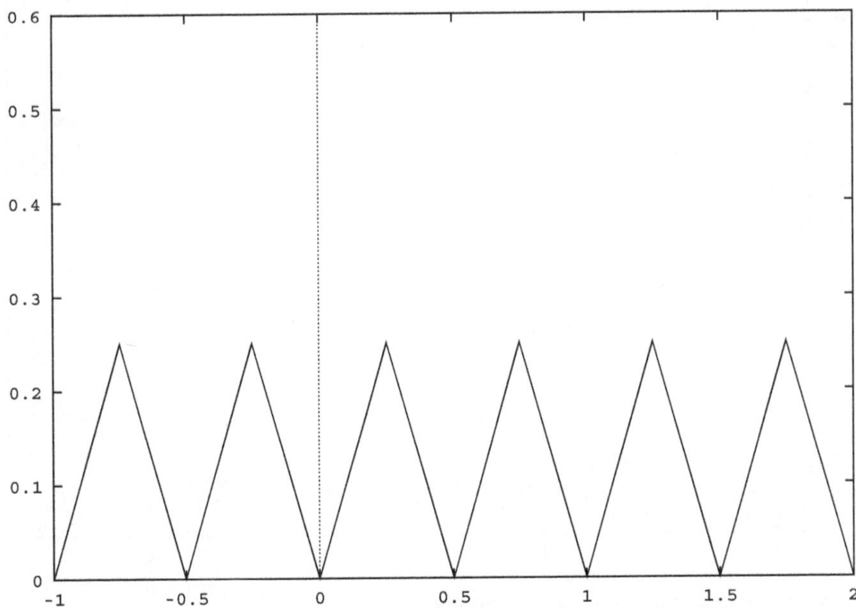

Abb. 2.3 Graphische Darstellung der Funktion g_n für $n = 2$

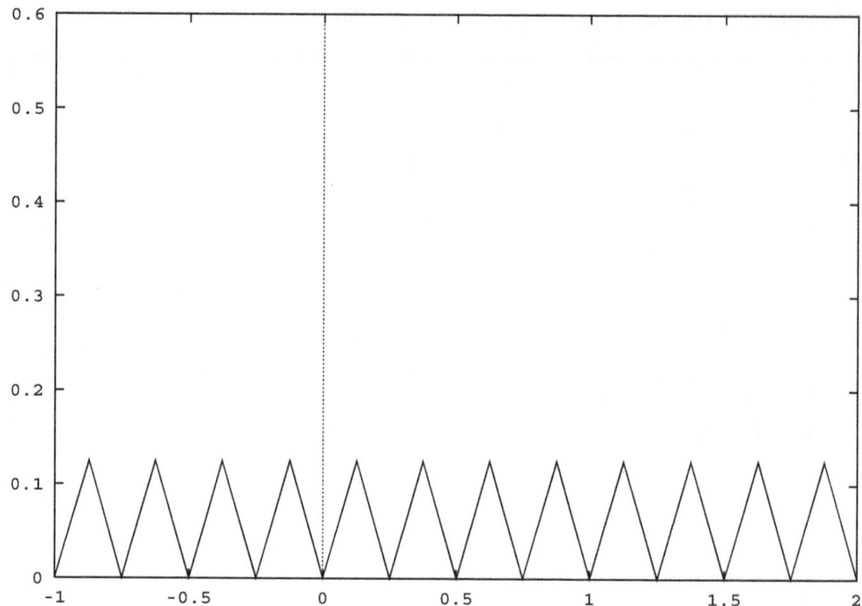

Abb. 2.4 Graphische Darstellung der Funktion g_n für $n = 3$

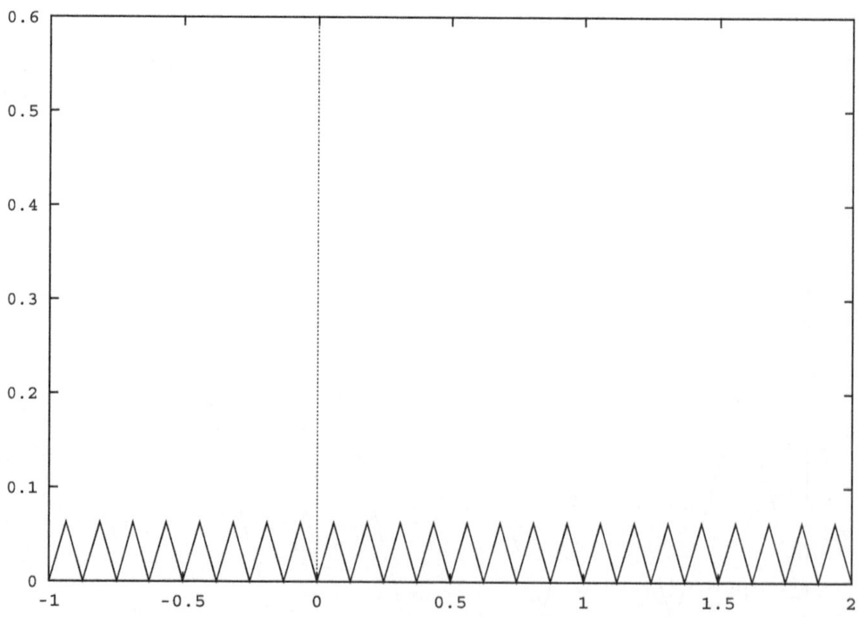

Abb. 2.5 Graphische Darstellung der Funktion g_n für $n = 4$

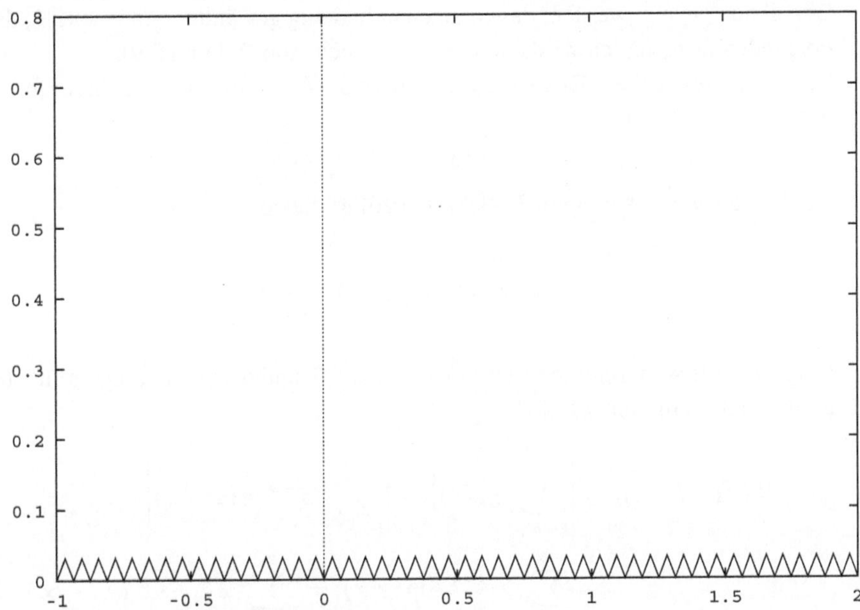

Abb. 2.6 Graphische Darstellung der Funktion g_n für $n = 5$

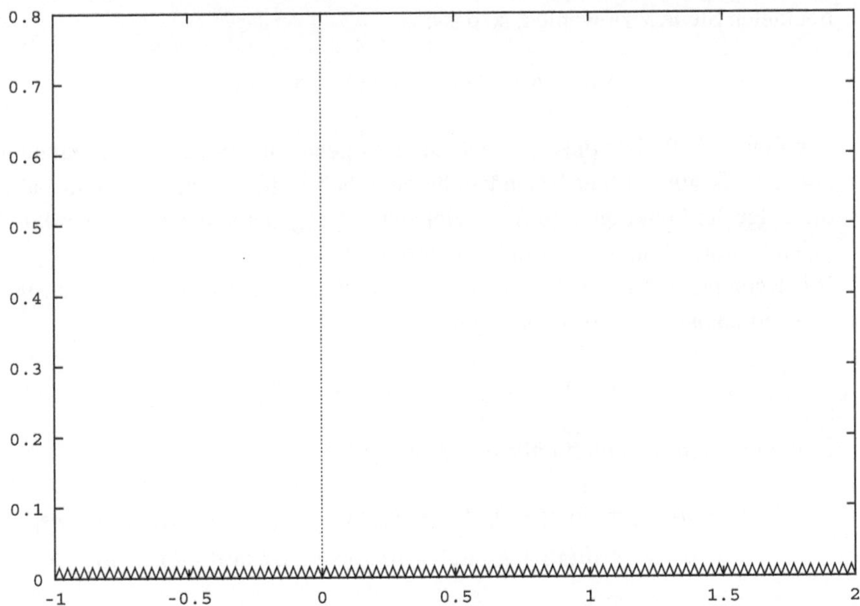

Abb. 2.7 Graphische Darstellung der Funktion g_n für $n = 6$

c) Es soll nun gezeigt werden, dass h an einer beliebig gewählten Stelle $x \in \mathbb{R}$, die im Folgenden festgehalten wird, stetig ist (vgl. auch Abb. 2.8 und 2.9).

Sei $\varepsilon > 0$ vorgegeben. Es ist zu zeigen, dass ein $\delta > 0$ existiert, so dass für $y \in \mathbb{R}$ mit $|x - y| < \delta$ gilt:

$$|h(x) - h(y)| < \varepsilon.$$

Der Beweis wird über einen 3ε-Schluss geführt. Setze

$$h_n(x) := \sum_{k=1}^{n} g_k(x), \ x \in \mathbb{R}.$$

Dann sind die so definierten Funktionen h_n auf Grund der Rechenregeln für stetige Funktionen stetig, und es gilt:

$$
\begin{aligned}
|h(x) - h_n(x)| &= \left| \sum_{k=n+1}^{\infty} g_k(x) \right| = \left| \sum_{k=n+1}^{\infty} 2^{-k+1} g\left(2^{k-1}x\right) \right| \\
&\leq \sum_{k=n+1}^{\infty} 2^{-k+1} \underbrace{\sup_{x \in \mathbb{R}} |g(x)|}_{= \frac{1}{2}} = \sum_{k=n+1}^{\infty} 2^{-k} \to 0 \ (n \to \infty).
\end{aligned}
$$

Mit Hilfe dieser Abschätzung ist es möglich, ein $N \in \mathbb{N}$ unabhängig von der betrachteten Stelle x zu wählen, so dass:

$$\forall n \geq N : \ |h(x) - h_n(x)| < \varepsilon \quad \forall x \in \mathbb{R}.$$

Die Eigenschaft, dass diese Abschätzung für genügend großes n „gleichmäßig" für alle $x \in \mathbb{R}$ gilt, ist hier besonders hervorzuheben. Man sagt in diesem Fall, dass die Folge der Funktionen $(h_n)_{n \in \mathbb{N}}$ gleichmäßig gegen h konvergiert oder dass h der „gleichmäßige Limes" der Funktionenfolge $(h_n)_{n \in \mathbb{N}}$ ist.

Wir legen nun ein $n_0 \geq N$ fest (z. B. $n_0 = N$). Auf Grund der Stetigkeit von h_{n_0} existiert dann ein $\delta > 0$, so dass gilt:

$$|x - y| < \delta \quad \Rightarrow \quad |h_{n_0}(x) - h_{n_0}(y)| < \varepsilon.$$

Damit erhalten wir nun für alle $y \in \mathbb{R}$ mit $|x - y| < \delta$:

$$
\begin{aligned}
|h(x) - h(y)| &= |h(x) - h_{n_0}(x) + h_{n_0}(x) - h_{n_0}(y) + h_{n_0}(y) - h(y)| \\
&\leq |h(x) - h_{n_0}(x)| + |h_{n_0}(x) - h_{n_0}(y)| + |h_{n_0}(y) - h(y)| \\
&< 3\varepsilon.
\end{aligned}
$$

Ganz allgemein kann man auf diese Weise zeigen, dass der gleichmäßige Limes einer Folge stetiger Funktionen auch wieder stetig ist.

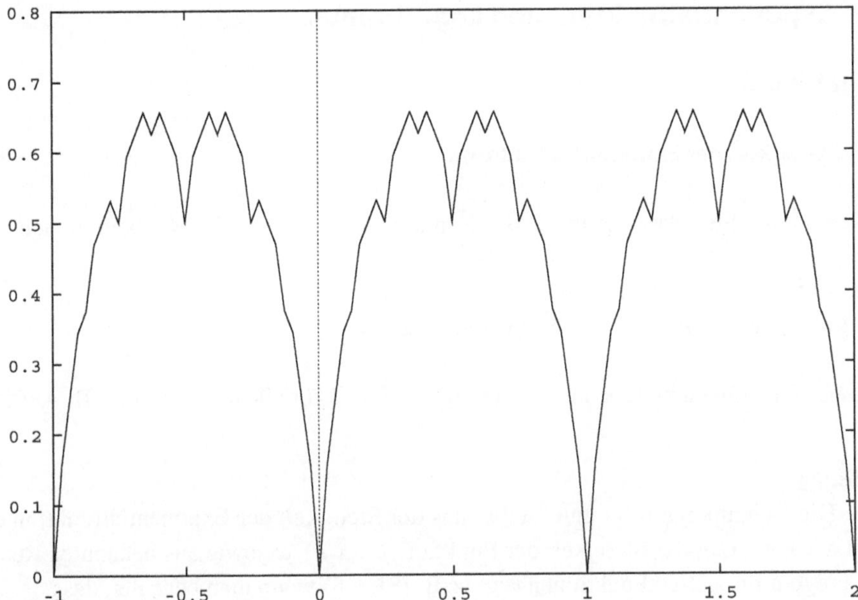

Abb. 2.8 Graphische Darstellung der Funktion h_n für $n = 5$

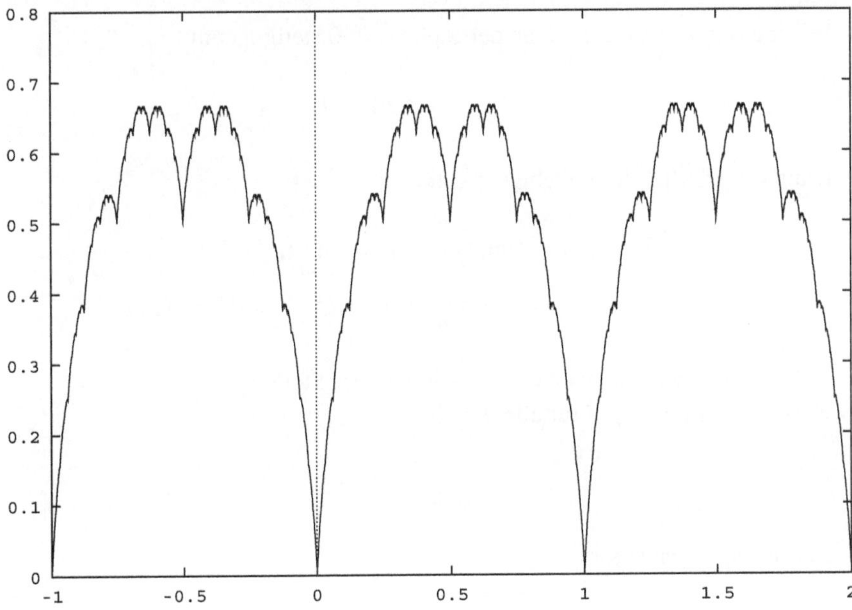

Abb. 2.9 Graphische Darstellung der Funktion h_n für $n = 10$

2.2 Exponentialfunktion und Logarithmus

Aufgabe 126

▶ **Stetigkeit der Exponentialfunktion**

Weisen Sie die Stetigkeit der folgenden Funktionen $f : \mathbb{R} \longrightarrow \mathbb{R}$ jeweils in a nach:

a) $f(x) := 2^x$, $a \in \mathbb{R}$;
b) $f(x) := d^x$; $a \in \mathbb{R}$ ($d > 0$ vorausgesetzt).

Hinweis: Sie können in b) benutzen, dass $\lim\limits_{n} \sqrt[n]{d} = 1$ für alle $d > 0$ (vgl. z. B. Aufg. 69).

Lösung

a) Die Behauptung folgt unmittelbar aus der Stetigkeit der Exponentialfunktion exp : $x \mapsto \exp(x)$, der Stetigkeit der Funktion $f : x \mapsto x$ sowie aus bekannten Rechenregeln für stetige Funktionen (vgl. z. B. [8], 6.5) wenn man beachtet, dass

$$2^x = \exp(x \cdot \ln 2)$$

gilt.

b) Wir müssen zeigen, dass f an der Stelle $a = 0$ stetig ist mit

$$\lim_{h \to 0} f(h) = 1.$$

Dann gilt nämlich für beliebige $a \in \mathbb{R}$:

$$\lim_{x \to a} f(x) = \lim_{h \to 0} f(a + h) = \lim_{h \to 0} \left(d^a \cdot d^h \right)$$
$$= d^a \cdot \lim_{h \to 0} \left(d^h \right) = d^a \cdot 1 = d^a = f(a).$$

Untersuchen wir also noch die Funktion an der Stelle $a = 0$.
Nach dem Hinweis gilt für alle $d > 0$:

$$\lim_{n \to \infty} d^{1/n} = 1.$$

Damit folgt auch sofort

$$\lim_{n \to \infty} d^{-1/n} = \lim_{n \to \infty} \frac{1}{d^{1/n}} = 1.$$

Sei nun o. B. d. A. $d > 1$ (bei $0 < d < 1$ betrachte $\tilde{d} = \frac{1}{d} > 1$ anstelle von d).

Sei $\varepsilon > 0$ vorgegeben. Dann existiert nach Definition des Limes ein $n_0 \in \mathbb{N}$ mit der Eigenschaft:

$$1 - \varepsilon < d^{-1/n_0} < d^{1/n_0} < 1 + \varepsilon.$$

Für $-1/n_0 < x < 1/n_0$ gilt dann

$$1 - \varepsilon < d^x < 1 + \varepsilon$$

und wir erhalten

$$\lim_{x \to 0} d^x = 1.$$

Aufgabe 127

▶ **Abschätzungen für die Exponentialfunktion**

Zeigen Sie für $x \in \mathbb{R}$ die folgenden Ungleichungen:

$$|e^x - 1| \leq e^{|x|} - 1 \leq |x| e^{|x|}.$$

Hinweis: Benutzen Sie die Reihendarstellung der Exponentialfunktion.

Lösung

Es gilt $e^x = \sum\limits_{n=0}^{\infty} \frac{x^n}{n!}$. Somit gilt

$$|e^x - 1| = \left| \sum_{n=0}^{\infty} \frac{x^n}{n!} - 1 \right| = \left| \sum_{n=1}^{\infty} \frac{x^n}{n!} \right| \overset{\triangle-\text{Ungl.}}{\leq} \sum_{n=1}^{\infty} \frac{|x|^n}{n!} = \sum_{n=0}^{\infty} \frac{|x|^n}{n!} - 1 = e^{|x|} - 1,$$

$$e^{|x|} - 1 = \sum_{n=1}^{\infty} \frac{|x|^n}{n!} = |x| \sum_{n=1}^{\infty} \frac{|x|^{n-1}}{n!} = |x| \sum_{n=0}^{\infty} \frac{|x|^n}{(n+1)!} \leq |x| \sum_{n=0}^{\infty} \frac{|x|^n}{n!} = |x| e^{|x|}.$$

Aufgabe 128

▶ **Eigenschaften der Exponentialfunktion**

a) Sei $q \in \mathbb{N}$. Zeigen Sie:

    1) $\exp(x) > \dfrac{x^{q+1}}{(q+1)!}$ für $x > 0$;

    2) $\forall n \in \mathbb{N} \; \exists x > 0 : \exp(x) > n x^q$;

    3) $e^{-1} q! \notin \mathbb{Z}$.

b) Zeigen Sie: $e \notin \mathbb{Q}$.

Lösung

Sei $q \in \mathbb{N}$ fest.

a) 1) Aus der Reihendarstellung der Exponentialfunktion folgt

$$\exp(x) = \sum_{n=0}^{\infty} \frac{x^n}{n!} > \frac{x^{q+1}}{(q+1)!} \ \forall x > 0.$$

2) Wähle $x > n(q+1)!$. Dann gilt

$$\frac{\exp(x)}{x^q} \overset{1)}{>} \frac{x}{(q+1)!} > n \quad \Rightarrow \quad \exp(x) > nx^q \,.$$

3) Für jedes feste $q \in \mathbb{N}$ gilt

$$e^{-1}q! = \sum_{n=0}^{q} \frac{(-1)^n q!}{n!} + R$$

wobei die vordere Summe eine ganze Zahl darstellt, und R nach dem Satz über alternierende Reihen abgeschätzt werden kann durch (vgl. z. B. [7], 1.2.1):

$$0 < |R| < \frac{q!}{(q+1)!} = \frac{1}{q+1} < 1.$$

     Somit ist $e^{-1}q! \notin \mathbb{Z}$.

b) Da oben gezeigt wurde, dass $e^{-1}q! \notin \mathbb{Z}$ für alle $q \in \mathbb{N}$, kann e^{-1} nicht rational sein. Somit kann auch $\frac{1}{e^{-1}} = e$ nicht rational sein.

Aufgabe 129

▶   **Rechenregeln für Sinus und Cosinus hyperbolicus**

Beweisen Sie für $x, y \in \mathbb{R}$ folgende Beziehungen für die Funktionen cosh und sinh:

a) $\cosh(x+y) = \cosh(x)\cosh(y) + \sinh(x)\sinh(y)$;
b) $\sinh(x+y) = \cosh(x)\sinh(y) + \sinh(x)\cosh(y)$;
c) $\cosh^2(x) - \sinh^2(x) = 1$.

Hinweis: $\sinh(x) = \frac{1}{2}(e^x - e^{-x})$, $\cosh(x) = \frac{1}{2}(e^x + e^{-x})$.

Lösung

a) Man rechnet nach

$$\cosh(x)\cosh(y) + \sinh(x)\sinh(y)$$

$$= \frac{1}{4}(e^x + e^{-x})(e^y + e^{-y}) + \frac{1}{4}(e^x - e^{-x})(e^y - e^{-y})$$

$$= \frac{1}{4}(e^{x+y} + e^{-x+y} + e^{x-y} + e^{-(x+y)}) + \frac{1}{4}(e^{x+y} - e^{-x+y} - e^{x-y} + e^{-(x+y)})$$

$$= \frac{1}{2}(e^{x+y} + e^{-(x+y)}) = \cosh(x + y);$$

b) Analog erhält man

$$\cosh(x)\sinh(y) + \sinh(x)\cosh(y)$$

$$= \frac{1}{4}(e^x + e^{-x})(e^y - e^{-y}) + \frac{1}{4}(e^x - e^{-x})(e^y + e^{-y})$$

$$= \frac{1}{4}(e^{x+y} + e^{-x+y} - e^{x-y} - e^{-(x+y)}) + \frac{1}{4}(e^{x+y} - e^{-x+y} + e^{x-y} - e^{-(x+y)})$$

$$= \frac{1}{2}(e^{x+y} - e^{-(x+y)}) = \sinh(x + y);$$

c) Wieder liefert eine einfache Rechnung

$$\cosh^2(x) - \sinh^2(x) = \frac{1}{4}(e^x + e^{-x})^2 - \frac{1}{4}(e^x - e^{-x})^2$$

$$= \frac{1}{4}(e^{2x} + 2 + e^{-2x} - e^{2x} + 2 - e^{-2x}) = 1.$$

Aufgabe 130

▶ **Funktionalgleichung für den Logarithmus**

Beweisen Sie die Funktionalgleichung für die Logarithmusfunktion:

$$\ln(xy) = \ln(x) + \ln(y), \ x, y > 0.$$

Hinweis: Sie dürfen die Funktionalgleichung für die Exponentialfunktion benutzen,

$$e^{a+b} = e^a e^b, \ a, b \in \mathbb{R}.$$

Lösung

Seien $x, y > 0$ beliebig. Da exp stetig und streng monoton steigend ist, existiert die Umkehrfunktion ln. Seien $a, b \in \mathbb{R}$ definiert durch

$$a := \ln(x), \quad b := \ln(y).$$

Dann gilt $e^a = e^{\ln(x)} = x$ und $e^b = e^{\ln(y)} = y$. Dies liefert

$$a + b = \ln(\exp(a)) + \ln(\exp(b)) = \ln(\exp(a+b))$$
$$\Rightarrow \quad \ln(x) + \ln(y) = \ln(\exp(a)\exp(b))$$
$$\Rightarrow \quad \ln(x) + \ln(y) = \ln(xy).$$

Aufgabe 131

▶ **Logarithmus**

Zeigen Sie, dass gilt:

$$\ln(x) = \lim_{n \to \infty} n(\sqrt[n]{x} - 1) \ \forall \, x > 0.$$

Hinweise:

1) Sie können benutzen, dass für jede Nullfolge $(y_n)_{n \in \mathbb{N}}$ gilt: $\lim_{n \to \infty} (1 + y_n)^{1/y_n} = e$.
   Beweisen Sie damit zunächst $\lim_{n \to \infty} \frac{\ln(1+y_n)}{y_n} = 1$ für alle Nullfolgen $(y_n)_{n \in \mathbb{N}}$ mit $y_n \neq 0 \ \forall \, n \in \mathbb{N}$ und hiermit anschließend die Behauptung.
2) Für $x = 0$ ist die Beziehung auch richtig, wenn man auf beiden Seiten die Grenzwerte (nämlich $-\infty$) betrachtet.

Lösung

Aufgrund des Hinweises in 1) und der Stetigkeit der Logarithmusfunktion erhält man

$$\lim_{n \to \infty} \frac{\ln(1 + y_n)}{y_n} = \lim_{n \to \infty} \ln((1 + y_n)^{1/y_n}) = \ln(\lim_{n \to \infty} (1 + y_n)^{1/y_n}) = \ln(e) = 1,$$

wobei $y_n \neq 0$ und $\lim_{n \to \infty} y_n = 0$ vorausgesetzt und die Beziehung $b \ln a = \ln(a^b)$, $a > 0$, $b \in \mathbb{R}$, benutzt wurde.

Sei nun $x > 0$. Definiere die Folge $(y_n)_{n \in \mathbb{N}}$ durch

$$y_n := x^{a_n} - 1, \ n \in \mathbb{N},$$

wobei $(a_n)_{n \in \mathbb{N}}$ eine Nullfolge mit $a_n \neq 0$, $n \in \mathbb{N}$ ist. Dann gilt $\lim_{n \to \infty} y_n = 0$, und wegen

$$y_n = x^{a_n} - 1 \ \Leftrightarrow \ a_n = \frac{\ln(1 + y_n)}{\ln(x)}$$

erhält man insgesamt

$$\lim_{n \to \infty} \frac{x^{a_n} - 1}{a_n} = \lim_{n \to \infty} \frac{y_n}{\ln(1 + y_n)} \ln(x) = \ln(x).$$

Für $a_n := \frac{1}{n}$, $n \in \mathbb{N}$, folgt sofort die Behauptung.

Aufgabe 132

▶   **Abschätzungen für die Exponential- und Logarithmusfunktion**

Beweisen Sie folgende Abschätzungen:

a) $1 + x \leq e^x \leq \dfrac{1}{1-x}\ \forall\ x \in (-1, 1)$;

b) $\ln(1 + x) > x - \frac{1}{2}x^2\ \forall\ x \geq 1$;

c) $\ln(1 + x) > x - \frac{1}{2}x^2\ \forall\ x \in (0, 1)$.

Hinweise:

1) Verwenden Sie Teil a) zum Beweis von Teil b) und zeigen Sie zuerst, dass die Funktion
   $g : \mathbb{R} \to \mathbb{R}, x \mapsto x - \frac{1}{2}x^2$ nach oben durch $\frac{1}{2}$ beschränkt ist.
2) Die linke Ungleichung in a) gilt sogar für alle $x \geq 0$; die rechte gilt für alle $x \leq 0$.

Lösung

a)   Mit Hilfe der Reihendarstellung der Exponentialfunktion erhält man:

$$e^x = \sum_{n=0}^{\infty} \frac{x^n}{n!} = 1 + x + \sum_{n=2}^{\infty} \frac{x^n}{n!}.$$

Um die linke Ungleichung zu beweisen, unterscheidet man zwei Fälle.

Fall 1: $x \geq 0$:

In diesem Fall ist der Rest der Reihe offensichtlich größer als oder gleich null.

Fall 2: $x < 0$:

In diesem Fall kann man den Rest der Reihe als alternierende Reihe schreiben

$$\sum_{n=2}^{\infty} \frac{x^n}{n!} = \sum_{n=2}^{\infty} (-1)^n \frac{|x|^n}{n!}.$$

Bezeichnet man die Absolutbeträge der Glieder der Reihe mit $a_n(x)$, so erhält man für $|x| < 1$

$$\frac{a_{n+1}}{a_n} = \frac{|x|}{n+1} < 1 \quad \text{und} \quad \lim_{n \to \infty} a_n(x) = 0.$$

Die Reihenglieder bilden also eine monoton fallende Nullfolge. Nach dem Leibniz-Kriterium besitzt dann der Rest der Exponentialreihe dasselbe Vorzeichen wie sein erster Summand, d. h. die Ungleichung ist auch für $x \in (-1, 0)$ erfüllt.

Für den Beweis der rechten Ungleichung verwendet man die Funktionalgleichung der Exponentialfunktion und die linke Ungleichung. Für $y \in (-1, 1)$ gilt dann

$$1 + y \leq e^y \ \Leftrightarrow\ e^{-y} = \frac{1}{e^y} \leq \frac{1}{1+y}.$$

Ersetzt man hier y durch $-x$, so erhält man die gewünschte Abschätzung nach oben. Die Gleichheit gilt jedoch anhand der obigen Ausführungen nur für $x = 0$.

b) Es gilt (vgl. Hinweis)

$$0 \le \frac{1}{2}(1-x)^2 = \frac{1}{2} - x + \frac{1}{2}x^2 \; \Leftrightarrow \; x - \frac{1}{2}x^2 \le \frac{1}{2} \; \Leftrightarrow \; g(x) \le \frac{1}{2}.$$

Mit Teil a) erhält man für $x \ge 1$ durch Logarithmieren wegen der strengen Monotonie von $\ln(.)$

$$e^{g(x)} \le e^{1/2} \overset{a)}{<} \frac{1}{1-\frac{1}{2}} = 2 \overset{x \ge 1}{\le} 1 + x \; \Rightarrow \; g(x) = x - \frac{1}{2}x^2 < \ln(1+x).$$

c) Für $x \in (0,1)$ gelten die Äquivalenzen

$$\ln(1+x) > x - \frac{1}{2}x^2$$

$$\Leftrightarrow 1 + x > e^{x - \frac{1}{2}x^2}$$

$$\Leftrightarrow \frac{1}{1+x} < e^{\frac{1}{2}x^2 - x}$$

$$\Leftrightarrow \frac{1}{1+x} < \left(\sum_{k=0}^{\infty} \frac{1}{k!} \left(\frac{1}{2}x^2 \right)^k \right) \left(\sum_{k=0}^{\infty} \frac{1}{k!}(-x)^k \right).$$

Beide Summen schätzen wir nun nach unten ab. Die erste Summe durch die zwei ersten Terme und die zweite Summe durch die ersten vier Terme (Leibniz-Kriterium für alternierende Reihen, vgl. z. B. [7], 1.2.1). Damit ist die letzte Ungleichung notwendigerweise erfüllt, falls

$$\frac{1}{1+x} < \left(1 + \frac{1}{2}x^2 \right) \left(1 - x + \frac{1}{2}x^2 - \frac{1}{6}x^3 \right)$$

$$\Leftrightarrow 1 < \left(1 + \frac{1}{2}x^2 \right) \left(1 - x^2 + \frac{1}{2}x^2 + \frac{1}{2}x^3 - \frac{1}{6}x^3 - \frac{1}{6}x^4 \right)$$

$$\Leftrightarrow 1 < \left(1 + \frac{1}{2}x^2 \right) \left(1 - \frac{1}{2}x^2 + \frac{1}{3}x^3 - \frac{1}{6}x^4 \right)$$

$$\Leftrightarrow 1 < 1 - \frac{1}{2}x^2 + \frac{1}{3}x^3 - \frac{1}{6}x^4 + \frac{1}{2}x^2 - \frac{1}{4}x^4 + \frac{1}{6}x^5 - \frac{1}{12}x^6$$

$$\Leftrightarrow 0 < \frac{1}{3}x^3 - \frac{5}{12}x^4 + \frac{1}{6}x^5 - \frac{1}{12}x^6$$

$$\Leftrightarrow 0 < \frac{1}{12}x^3 \left(4 - 5x + 2x^2 - x^3 \right)$$

$$\Leftrightarrow 0 < \frac{1}{12}x^3 (1-x) \left(\left(x - \frac{1}{2} \right)^2 + \frac{15}{4} \right) \quad \text{(w. A.)},$$

was die Behauptung beweist.

Aufgabe 133

▶ **Abschätzung für den Logarithmus**

a) Beweisen Sie die Abschätzung

$$\ln(1 + x) < x \ \forall x > 0$$

b) Leiten Sie aus a) folgende Abschätzung her:

$$\ln(1 - x) > \frac{x}{x - 1} , \quad 0 < x < 1 .$$

Hinweis: In a) und b) sollen **nicht** die Reihendarstellung der Logarithmusfunktion benutzt werden.

Lösung

a) Für $x > 0$ gilt wegen der Monotonie der exp-Funktion, dass

$$\ln(1 + x) < x \Leftrightarrow 1 + x < \exp(x) = \sum_{k=0}^{\infty} \frac{x^k}{k!} \ (\text{w. A.})$$

b) Setzt man in a) $y = 1 + x, 1 - x' = \frac{1}{y}$, dann ist $y = \frac{1}{1-x'}$ und für $x' \in (0, 1)$ ist $y > 1$. Anwendung der Abschätzung in a) liefert

$$\frac{x'}{1 - x'} = \frac{1}{1 - x'} - 1 = y - 1 = x > \ln y = -\ln \frac{1}{y} = -\ln(1 - x'),$$

was (mit x' anstelle von x) die Abschätzung in b) beweist.

Aufgabe 134

▶ **Weitere Abschätzungen für den Logarithmus**

Zeigen Sie:

a)

$$\frac{1}{k + 1} \leq \ln(k^{-1} + 1) \leq \frac{1}{k} , \quad k \in \mathbb{N} .$$

b)

$$\sum_{k=1}^{n} \frac{1}{k + 1} \leq \ln(n + 1) \leq \sum_{k=1}^{n} \frac{1}{k} , \quad k \in \mathbb{N} .$$

c) Die Folge $(a_n)_{n \in \mathbb{N}}$ mit $a_n := \sum_{k=1}^{n} \frac{1}{k} - \ln(n) , \ n \in \mathbb{N}$, ist konvergent.

Hinweise:
i) Verwenden Sie für a) die Ergebnisse von Aufg. 132, b), c) sowie von Aufg. 133, a).
ii) Für b) verwenden Sie a); für c) benutzen Sie a) und b).

Lösung

a) Nach Aufgabe 132 und 133 gilt für $x > 0$:

$$x - \frac{1}{2}x^2 < \ln(1 + x) < x.$$

Damit gilt für alle $k \in \mathbb{N}$ wegen $\frac{1}{k} > 0$:

$$\frac{1}{k} - \frac{1}{2k^2} < \ln\left(1 + \frac{1}{k}\right) < \frac{1}{k}.$$

Die linke Seite der Ungleichung können wir noch nach unten abschätzen durch

$$\frac{1}{k} - \frac{1}{2k^2} = \frac{2k - 1}{2k^2} \geq \frac{2k - 1}{2k^2 + k - 1} = \frac{2k - 1}{(k + 1)(2k - 1)} = \frac{1}{k + 1}.$$

Damit ist die Behauptung bewiesen.

b) Nach Aufgabenteil a) folgt sofort

$$\sum_{k=1}^{n} \frac{1}{k + 1} \leq \sum_{k=1}^{n} \ln\left(1 + \frac{1}{k}\right) \leq \sum_{k=1}^{n} \frac{1}{k}.$$

Für den mittleren Term erhalten wir (wegen der Funktionalgleichung für den Logarithmus)

$$\sum_{k=1}^{n} \ln\left(1 + \frac{1}{k}\right) = \ln\left(\prod_{k=1}^{n} 1 + \frac{1}{k}\right) = \ln\left(\prod_{k=1}^{n} \frac{k + 1}{k}\right)$$

$$= \ln\left(\frac{n + 1}{1}\right) = \ln(n + 1).$$

c) Mit den Abschätzungen aus Aufgabenteil b) erhalten wir

$$a_n = \sum_{k=1}^{n} \frac{1}{k} - \ln(n) \leq \sum_{k=1}^{n} \frac{1}{k} - \sum_{k=1}^{n-1} \frac{1}{k + 1} = \sum_{k=1}^{n} \frac{1}{k} - \sum_{k=2}^{n} \frac{1}{k} = 1$$

und

$$a_n = \sum_{k=1}^{n} \frac{1}{k} - \ln(n) \geq \sum_{k=1}^{n} \frac{1}{k} - \sum_{k=1}^{n-1} \frac{1}{k} = \frac{1}{n} > 0.$$

Die Folgen der a_n ist also beschränkt. Weiter erhält man

$$\sum_{k=1}^{n+1} \frac{1}{k} - \sum_{k=1}^{n} \frac{1}{k} = \frac{1}{n + 1} \overset{a)}{\leq} \ln(n^{-1} + 1) = \ln(n + 1) - \ln(n)$$

$$\Rightarrow a_{n+1} = \sum_{k=1}^{n+1} \frac{1}{k} - \ln(n + 1) \leq \sum_{k=1}^{n} \frac{1}{k} - \ln(n) = a_n.$$

Die Folge der a_n ist also monoton fallend. Insgesamt ergibt sich also, dass die Folge der a_n konvergent ist.

Aufgabe 135

▶ **Stetigkeit einer Funktion, Exponentialfunktion**

Zeigen Sie: Die Funktion $f : [0, 1] \longrightarrow \mathbb{R}$, definiert durch

$$f(x) = \begin{cases} \dfrac{1}{x} \exp\left(-\dfrac{1}{x^2}\right), & x \neq 0 \\ 0, & x = 0 \end{cases}$$

ist stetig.

Hinweis: Sie können benutzen, dass $\exp(y) \leq 1/(1 - y)$ für alle $y \leq 0$ gilt (vgl. Aufg. 132, Hinweis 2).

Lösung

Für $x > 0$ ist die Funktion stetig, da sowohl $1/x$ als auch $\exp(-1/x^2)$ stetig sind. Wir haben also noch die Stelle $x = 0$ genauer zu untersuchen. Es ist $f(0) = 0$ und für $x \in (0, 1)$ gilt nach dem Hinweis

$$0 < f(x) = \frac{1}{x} \exp\left\{\frac{-1}{x^2}\right\} \leq \frac{1}{x} \frac{1}{1 - \left\{\frac{-1}{x^2}\right\}} = \frac{1}{x} \frac{x^2}{1 + x^2} = \frac{x}{1 + x^2} \to 0 \ (x \to 0).$$

Also ist $\lim\limits_{\substack{x \to 0 \\ x > 0}} f(x) = 0$. Damit haben wir Stetigkeit auch an der Stelle $x_0 = 0$ nachgewiesen.

2.3 Differenzierbarkeit

Aufgabe 136

▶ **Ableitungen spezieller Funktionen**

a) Beweisen Sie:
Sind h_1, h_2 differenzierbar auf $D \subset \mathbb{R}$, $h_1 > 0$, dann gilt für $h(x) := h_1(x)^{h_2(x)}$

$$h'(x) = \left(h_2'(x) \ln(h_1(x)) + h_2(x) \frac{h_1'(x)}{h_1(x)} \right) h_1(x)^{h_2(x)}, \quad x \in D.$$

b) Berechnen Sie die Ableitungen der folgenden Funktionen:

1) $f : \mathbb{R}^+ \ni x \mapsto (3x)^{\ln(x)} \in \mathbb{R}$;

2) $g : \mathbb{R} \ni x \mapsto \dfrac{xe^{-x}}{(1 + x^2)^2} \in \mathbb{R}$;

Lösung

a) Wegen $h_1 > 0$ ist sowohl die Funktion h mit $h(x) = h_1(x)^{h_2(x)}$ als auch die Funktion $\hat{h}$ mit $\hat{h}(x) = \ln(h_1(x))$ definiert. h und $\hat{h}$ sind als Verkettung differenzierbarer Funktionen wieder differenzierbar, so dass mit Hilfe von

$$h(x) = h_1(x)^{h_2(x)} = (e^{\ln(h_1(x))})^{h_2(x)} = e^{h_2(x)\ln(h_1(x))}$$

für die Ableitung nach der Kettenregel folgt

$$
\begin{aligned}
h'(x) &= (e^{h_2(x)\ln(h_1(x))})' \\[1mm]
&= (h_2(x)\ln(h_1(x)))'e^{h_2(x)\ln(h_1(x))} \\[1mm]
&= \left(h_2'(x)\ln(h_1(x)) + h_2(x)\frac{h_1'(x)}{h_1(x)} \right) h_1(x)^{h_2(x)}.
\end{aligned}
$$

b) Nach bekannten Regeln der Differentiation erhalten wir mit Hilfe von a)

1)
$$
\begin{aligned}
f'(x) &= ((3x)^{\ln(x)})' \overset{a)}{=} \left(\frac{\ln(3x)}{x} + \frac{3\ln(x)}{3x} \right)(3x)^{\ln(x)} \\[2mm]
&= \frac{\ln(3) + 2\ln(x)}{x}(3x)^{\ln(x)} ;
\end{aligned}
$$

2)
$$
\begin{aligned}
g'(x) &= \left(\frac{xe^{-x}}{(1 + x^2)^2} \right)' = \frac{(xe^{-x})'(1 + x^2)^2 - xe^{-x}\left((1 + x^2)^2\right)'}{(1 + x^2)^4} \\[2mm]
&= \frac{(e^{-x} - xe^{-x})(1 + x^2)^2 - xe^{-x} \cdot 2 \cdot 2x(1 + x^2)}{(1 + x^2)^4} \\[2mm]
&= \frac{e^{-x}(1 - x)(1 + x^2) - 4x^2 e^{-x}}{(1 + x^2)^3} \\[2mm]
&= \frac{e^{-x}(1 - x + x^2 - x^3 - 4x^2)}{(1 + x^2)^3} \\[2mm]
&= \frac{e^{-x}(1 - x - 3x^2 - x^3)}{(1 + x^2)^3}.
\end{aligned}
$$

Aufgabe 137

▶ **Stetigkeit und Differenzierbarkeit**

Die Funktion f sei gegeben durch

$$f(x) := \left\{ \begin{array}{ll} x^\alpha \sin\left(\frac{1}{x}\right), & x > 0 \\ 0, & x \le 0 \end{array} \right\}.$$

Für welche $\alpha \in \mathbb{R}$ ist die Funktion f

a) stetig in $x = 0$?
b) differenzierbar in $x = 0$?
c) stetig differenzierbar in $x = 0$?

Hinweis: Für b) können die Ergebnisse aus a) verwendet werden.

a) Unabhängig von α gilt für den linksseitigen Grenzwert $\lim\limits_{x \to 0^-} f(x) = 0 = f(0)$.
Damit f stetig in $x = 0$ ist, muss also auch $\lim\limits_{x \to 0^+} f(x) = 0$ gelten. Man hat jedoch

$$\lim_{n \to \infty} \frac{1}{\frac{\pi}{2} + 2\pi n} = \lim_{n \to \infty} \frac{1}{2\pi n} = 0$$

und

$$\lim_{n \to \infty} \sin\left(\frac{\pi}{2} + 2\pi n\right) = 1 \ne 0 = \lim_{n \to \infty} \sin(2\pi n).$$

D. h. für $\alpha = 0$ ist f in $x = 0$ unstetig, da kein rechtsseitiger Grenzwert existiert.
Man hat nämlich für

$$x_n = \frac{1}{\frac{\pi}{2} + 2\pi n}, \; x_n' = \frac{1}{2\pi n}, \; x_n > 0, \; x_n' > 0, \; x_n \to 0, \; x_n' \to 0 \, (n \to \infty),$$

dass

$$\sin\left(\frac{1}{x_n}\right) = 1 \text{ und } \sin\left(\frac{1}{x_n'}\right) = 0 \; \forall n.$$

Für $\alpha < 0$ gilt $\lim\limits_{x \to 0^+} x^\alpha = \infty$, so dass die Funktion auch für $\alpha < 0$ unstetig ist, da
auch hier kein rechtsseitiger Grenzwert existiert.

Für $\alpha > 0$ ist f stetig, denn es gilt:

$$0 \le \left| x^\alpha \sin\left(\frac{1}{x}\right) \right| \le |x|^\alpha \to 0 \; (x \to 0).$$

b) Der linksseitige Grenzwert der Ableitung an der Stelle $x = 0$ ist offensichlich 0; für den rechtsseitigen Grenzwert erhält man

$$\lim_{x \to 0^+} \frac{f(x) - f(0)}{x - 0} = \lim_{x \to 0^+} x^{\alpha-1} \sin\left(\frac{1}{x}\right),$$

d. h. die Funktion ist nach Teil a) differenzierbar für $\alpha > 1$.

c) Es ist $f'(x) = 0$, $x \le 0$, und $f'(x) = x^{\alpha-1} \sin(\frac{1}{x}) - x^{\alpha-2} \cos(\frac{1}{x})$, $x > 0$. Wie in a) und b) ist $\lim\limits_{\substack{x \to 0 \\ x > 0}} x^{\alpha-1} \sin(\frac{1}{x}) = 0$ für $\alpha > 1$ und (analog)

$$\lim_{\substack{x \to 0 \\ x > 0}} x^{\alpha-2} \cos\left(\frac{1}{x}\right) = 0 \quad \text{für } \alpha > 2.$$

Für $\alpha \le 2$ existiert der letzte Limes nicht. Also ist f in $x = 0$ stetig differenzierbar, falls $\alpha > 2$; für $\alpha \le 2$ ist f nicht stetig differenzierbar in $x = 0$.

Aufgabe 138

▶　**Stetigkeit und Differenzierbarkeit**

Für $k \in \mathbb{N}_0$ seien die Funktionen f_k definiert durch

$$f_k : \mathbb{R} \to \mathbb{R}, \; f_k(x) = \left\{ \begin{array}{ll} \dfrac{x^k}{|x|}, & x \ne 0 \\[2mm] 0, & x = 0 \end{array} \right\}.$$

Untersuchen Sie, für welche k die Funktion f_k in $x = 0$

a) stetig ist;
b) differenzierbar ist;
c) stetig differenzierbar ist.

Lösung

Es gilt Folgendes:

$$f \text{ nicht stetig in } x = 0 \;\Rightarrow\; f \text{ nicht differenzierbar in } x = 0$$
$$\Rightarrow\; f \text{ nicht stetig differenzierbar in } x = 0$$

und

$$f \text{ stetig differenzierbar in } x = 0 \;\Rightarrow\; f \text{ differenzierbar in } x = 0$$
$$\Rightarrow\; f \text{ stetig in } x = 0.$$

Für $k = 0$ gilt

$$\lim_{x \nearrow 0} f_0(x) = \lim_{x \nearrow 0} \frac{1}{|x|} = \lim_{x \searrow 0} f_0(x) = \lim_{x \searrow 0} \frac{1}{|x|} = \infty \neq 0 = f_0(0),$$

d. h. f_0 ist nicht stetig in $x = 0$.

Für $k = 1$ gilt

$$\lim_{x \nearrow 0} f_1(x) = \lim_{x \nearrow 0} \frac{x}{|x|} = \lim_{x \nearrow 0} -1 = -1 \neq 1 = \lim_{x \searrow 0} 1 = \lim_{x \searrow 0} \frac{x}{|x|} = \lim_{x \searrow 0} f_1(x),$$

d. h. f_1 ist nicht stetig in $x = 0$.

Für $k = 2$ gilt

$$\lim_{x \nearrow 0} f_2(x) = \lim_{x \nearrow 0} \frac{x^2}{|x|} = \lim_{x \nearrow 0} |x| = 0 = f_2(0) = 0 = \lim_{x \searrow 0} |x| = \lim_{x \searrow 0} \frac{x}{|x|} = \lim_{x \searrow 0} f_2(x)$$

und

$$\lim_{x \nearrow 0} \frac{f_2(x) - f_2(0)}{x - 0} = \lim_{x \nearrow 0} \frac{|x|}{x} = -1 \neq 1 = \lim_{x \searrow 0} \frac{x}{|x|} = \lim_{x \searrow 0} \frac{f_2(x) - f_2(0)}{x - 0},$$

d. h. f_2 ist stetig, aber nicht differenzierbar in $x = 0$.

Wegen der Stetigkeit von f_2 und $id(x) = x$ in $x = 0$, ist auch $f_3 = id \cdot f_2$ stetig in $x = 0$. Weiterhin gilt

$$\lim_{x \nearrow 0} \frac{f_3(x) - f_3(0)}{x - 0} = \lim_{x \nearrow 0} \frac{x|x|}{x} = \lim_{x \nearrow 0} |x| = 0$$
$$= \lim_{x \searrow 0} |x| = \lim_{x \searrow 0} \frac{x|x|}{x} = \lim_{x \searrow 0} \frac{f_3(x) - f_3(0)}{x - 0}$$

sowie für $x \neq 0$

$$f_3'(x) = \left\{ \begin{array}{ll} -2x, & x < 0 \\ 2x, & x > 0 \end{array} \right\}$$

und damit

$$\lim_{x \nearrow 0} f_3'(x) = \lim_{x \nearrow 0} (-2x) = 0 = f_3'(0) = 0 = \lim_{x \searrow 0} 2x = \lim_{x \searrow 0} f_3'(x).$$

Somit ist f_3 stetig differenzierbar in $x = 0$.

Da die Polynome stetig differenzierbar sind, ist für $k > 3$ schließlich auch $f_k = x^{k-3} \cdot f_3$ stetig differenzierbar in $x = 0$.

Insgesamt gilt also:

f stetig in $x = 0$ für $k > 1$, f differenzierbar in $x = 0$ für $k > 2$ und f stetig differenzierbar in $x = 0$ für $k > 2$.

Aufgabe 139

▶ **Stetigkeit und Differenzierbarkeit**

Gegeben sei eine Funktion f mit $|f(x)| \leq x^2 \ \forall \ x \in \mathbb{R}$. Zeigen Sie, dass f stetig und differenzierbar in $x = 0$ ist, und berechnen Sie $f'(0)$.

Lösung

Nach Voraussetzung gilt

$$|f(0)| \leq 0 \ \Rightarrow \ f(0) = 0$$

und daher auch

$$|f(x) - f(0)| = |f(x)| \leq x^2 \to 0 \ (x \to 0),$$

also ist f stetig in $x = 0$. Weiterhin gilt

$$0 \leq \left| \frac{f(x) - f(0)}{x - 0} \right| = \left| \frac{f(x)}{x} \right| \leq \left| \frac{x^2}{x} \right| = |x| \to 0 \ (x \to 0),$$

so dass man mit Hilfe des Sandwich-Theorems (vgl. z. B. [8], 4.4) die Differenzierbarkeit von f in $x = 0$ erhält, d. h.

$$f'(0) = \lim_{x \to 0} \frac{f(x) - f(0)}{x - 0} = 0.$$

Aufgabe 140

▶ **Hölder-stetige Funktionen**

Mit festem $k > 0$ und $\alpha > 1$ gelte

$$\left| f(x) - f(y) \right| \leq k |x - y|^\alpha, \quad x, y \in [a, b] \, (b > a) \, .$$

Zeigen Sie: f ist konstant auf $[a, b]$.

Lösung

Wegen

$$\frac{|f(x) - f(y)|}{|x - y|} \leq k |x - y|^{\alpha - 1} \to 0 \ (x \to y)$$

ist f differenzierbar auf $[a, b]$ und es gilt $f'(y) = 0$ für alle $y \in [a, b]$. Daraus ergibt sich unmittelbar, dass f auf $[a, b]$ konstant ist.

Aufgabe 141

▶ **Stationäre Punkte**

Gegeben sei die Funktion $f : \mathbb{R} \to \mathbb{R}$, $x \mapsto e^{\cos(x)\sin(x)}$. Bestimmen Sie alle stationären Punkte, d. h. alle $x \in \mathbb{R}$ mit $f'(x) = 0$.

Lösung

Für die Ableitung von f erhält man

$$f'(x) = (e^{\cos(x)\sin(x)})' = (\cos(x)\sin(x))'e^{\cos(x)\sin(x)}$$
$$= (\cos^2(x) - \sin^2(x))e^{\cos(x)\sin(x)} = (1 - 2\sin^2(x))e^{\cos(x)\sin(x)}.$$

Da die Exponentialfunktion immer positiv ist, gilt

$$f'(x) = 0 \Leftrightarrow (1 - 2\sin^2(x))e^{\cos(x)\sin(x)} = 0$$
$$\Leftrightarrow \sin^2(x) = \frac{1}{2} \Leftrightarrow |\sin(x)| = \frac{1}{\sqrt{2}}$$
$$\Leftrightarrow x = \frac{\pi}{4} + n\frac{\pi}{2}, \ n \in \mathbb{Z}.$$

Aufgabe 142

▶ **Differenzierbarkeit von Funktionen**

Zeigen Sie:

a) $f : \mathbb{R} \ni x \mapsto \sqrt{|x|} \in \mathbb{R}$ ist in $a = 0$ nicht differenzierbar.

b) $f : \mathbb{R} \ni x \mapsto \dfrac{x}{\sqrt{x^2 + 1}} \in \mathbb{R}$ hat für alle $x \in \mathbb{R}$ die Ableitung

$$f'(x) = \frac{1}{(x^2 + 1)^{3/2}} \cdot$$

c) $f : \mathbb{R} \ni x \mapsto \begin{cases} x^2, & x \geq 0 \\ 0, & x < 0 \end{cases} \in \mathbb{R}$ ist in $a = 0$ differenzierbar.

d) Ist die Funktion

$$f : \mathbb{R} \ni x \mapsto \begin{cases} x^2 + x, & x \leq 0 \\ e^x, & x > 0 \end{cases}$$

im Nullpunkt differenzierbar?

a)

$$\left|\lim_{h\to 0}\frac{\sqrt{|h|}}{h}\right| = \lim_{h\to 0}\frac{\sqrt{|h|}}{|h|} = \lim_{h\to 0}\frac{1}{\sqrt{|h|}} = \infty$$

b)

$$f'(x) = \frac{\sqrt{x^2+1} - x^2\left(x^2+1\right)^{-1/2}}{x^2+1}$$

$$= \frac{x^2+1-x^2}{\left(x^2+1\right)^{3/2}} = \frac{1}{\left(x^2+1\right)^{3/2}}$$

c)

$$\lim_{h\to 0}\frac{h^2}{h} = \lim_{h\to 0} h = 0$$

d) Wegen $\lim_{x\to 0}\exp(x^3) = 1$ und $f(0) = 0$ ist f unstetig, also ist eine notwendige Bedingung für die Differenzierbarkeit nicht erfüllt. Die so definierte Funktion ist also nicht differenzierbar.

Aufgabe 143

▶   **Differenzierbarkeit und Monotonie**

a) Sei $f : (a,b) \longrightarrow \mathbb{R}$ differenzierbar, und es gelte $f'(x) < 0$ $\forall x \in (a,b)$.
   Zeigen Sie: f ist streng monoton fallend.
b) Sei $g : (-1,1) \longrightarrow \mathbb{R}$ differenzierbar und es gebe $M \geq 0$ mit

$$|g'(a)| \leq M \quad \forall a \in (-1,1) \,.$$

Zeigen Sie: Es gibt $\varepsilon > 0$, so dass die Abbildung $f : (-1,1) \ni x \mapsto x + \varepsilon g(x) \in \mathbb{R}$ injektiv ist.

a) Seien $x, y \in (a,b), x < y$. Dann existiert nach dem Mittelwertsatz der Differentialrechnung ein $\xi, x < \xi < y$, mit

$$f(y) - f(x) = \underbrace{f'(\xi)}_{<0} \underbrace{(y - x)}_{>0} < 0.$$

Die Funktion f ist also streng monoton fallend.
Bem.: Analog beweist man, dass f streng monoton wachsend ist, wenn unter denselben Voraussetzungen wie oben $f'(x) > 0$ $\forall x \in (a,b)$ gilt.

b) Die Abbildung $f : (-1, 1) \to \mathbb{R}$ ist differenzierbar mit der Ableitung

$$f'(x) = 1 + \varepsilon g'(x), x \in (-1, 1).$$

Ist $M = 0$, so folgt aus

$$|g'(a)| \leq 0 \ \forall a \in (-1, 1)$$

zunächst $g'(x) = 0, x \in (-1, 1)$ und damit für die Ableitung von f für beliebige $\varepsilon > 0$

$$f'(x) = 1 > 0.$$

Im Fall $M > 0$ wählen wir $\varepsilon = \frac{1}{2M} > 0$ und erhalten

$$f'(x) = 1 + \varepsilon g'(x) > 1 - \varepsilon M = \frac{1}{2} > 0.$$

In beiden Fällen ist also $f'(x) > 0 \ \forall x \in (-1, 1)$ und somit f nach der Bemerkung aus Aufgabenteil a) streng monoton wachsend. Da aber jede streng monoton wachsende Funktion injektiv ist, ist die Behauptung bewiesen.

Aufgabe 144

▶ **Differenzierbarkeit von Funktionen**

Für welche $x \in \mathbb{R}$ sind die folgenden Funktionen f_k, $k = 1, 2, 3$, definiert, und wo sind sie differenzierbar? Berechnen Sie dort jeweils die erste Ableitung.

a) $f_1(x) = \dfrac{ax + b}{cx + d}, \quad a, b, c, d \in \mathbb{R}, \ ad - bc = 1, \ c \neq 0;$

b) $f_2(x) = \ln(\cos(x));$

c) $f_3(x) = (\arctan(x))^2.$

Lösung

a) Die Funktion f_1 ist als gebrochen-rationale Funktion genau für $cx + d \neq 0$ definiert, d. h. es gilt $D(f_1) = \mathbb{R} \setminus \{-\frac{d}{c}\}$. Weiterhin ist f_1 auf dem ganzen Definitionsbereich differenzierbar, und für die Ableitung gilt

$$f_1'(x) = \frac{a(cx + d) - (ax + b)c}{(cx + d)^2} = \frac{ad - bc}{(cx + d)^2} = \frac{1}{(cx + d)^2}.$$

b) Der Definitionsbereich der Logarithmusfunktion ist $\mathbb{R}^+$. Damit also die Funktion f_2 definiert ist, muss gelten:

$$\cos(x) > 0 \Leftrightarrow x \in D(f_2) := \bigcup_{k \in \mathbb{Z}} I_k \text{ mit } I_k := \left(-\frac{\pi}{2} + 2k\pi; \frac{\pi}{2} + 2k\pi\right), \ k \in \mathbb{Z}.$$

f_2 ist dann auch in $D(f_2)$ differenzierbar, und die Ableitung lautet:

$$f_2'(x) = \frac{1}{\cos(x)}(-\sin(x)) = -\tan(x).$$

c) Die Funktion f_3 ist für alle $x \in \mathbb{R}$ definiert und differenzierbar. Die Ableitung lautet dann:

$$f_3'(x) = 2\arctan(x)\frac{1}{1+x^2} = \frac{2\arctan(x)}{1+x^2}.$$

Aufgabe 145

▶ **Streng konvexe, differenzierbare Funktionen**

Zeigen Sie: Ist die Funktion f auf dem Intervall $[a,b]$ stetig und in (a,b) zweimal differenzierbar, dann ist Sie auf $[a,b]$ streng konvex, wenn gilt

$$f''(x) > 0, \quad x \in (a,b).$$

Hinweise:
1) Die strenge Konvexität wurde in Aufgabe 118 definiert.
2) Gilt in der obigen Aussage $f''(x) \geq 0$, dann ist f auf $[a,b]$ konvex. Gilt jedoch $f''(x) < 0$ bzw. $f''(x) \leq 0$, dann ist f auf $[a,b]$ streng konkav bzw. konkav.

Lösung

Seien $x, y \in [a,b]$ beliebig. O. B. d. A. gelte $y < x$. Weiterhin sei

$$z := (1-t)y + tx, \ t \in (0,1).$$

Dann läßt sich die Bedingung der Konvexität folgendermaßen umformen:

$$f((1-t)y + tx) < (1-t)f(y) + tf(x)$$
$$\Leftrightarrow f(z) < (1-t)f(y) + tf(x)$$
$$\Leftrightarrow (1-t)f(z) + tf(z) < (1-t)f(y) + tf(x)$$
$$\Leftrightarrow (1-t)(f(z) - f(y)) < t(f(x) - f(z))$$

Der Mittelwertsatz liefert nun die Existenz von $\alpha_1 \in (y,z)$ und $\alpha_2 \in (z,x)$ mit

$$f(z) - f(y) = f'(\alpha_1)(z-y) \quad \text{und} \quad f(x) - f(z) = f'(\alpha_2)(x-z).$$

Weiterhin gilt

$$0 < (1-t)(z-y) = (1-t)((1-t)y + tx - y)$$
$$= t(1-t)(x-y) = t(x - ((1-t)y + tx)) = t(x-z).$$

Damit erhält man die folgenden Äquivalenzen

$$(1 - t)(f(z) - f(y)) < t(f(x) - f(z))$$
$$\Leftrightarrow (1 - t)(z - y)f'(\alpha_1) < t(x - z)f'(\alpha_2)$$
$$\Leftrightarrow f'(\alpha_1) < f'(\alpha_2)$$

Aufgrund von $f'' > 0$, d.h. f' ist streng monoton steigend, ist die letzte Ungleichung immer erfüllt, da nach Konstruktion $\alpha_1 < \alpha_2$ gilt.

Aufgabe 146

▶ **Ableitungen der hyperbolischen Funktionen**

a) Berechnen Sie die Ableitungen von sinh, cosh.

b) Bestimmen Sie die Ableitung und den Wertebereich von $\tanh : \mathbb{R} \longrightarrow \mathbb{R}$.

c) Zeigen Sie, dass tanh eine Umkehrfunktion areatanh besitzt und bestimmen Sie diese.

Lösung

a)

$$(\sinh)'(x) = \frac{e^x + e^{-x}}{2} = \cosh x$$

$$(\cosh)'(x) = \frac{e^x - e^{-x}}{2} = \sinh x$$

b) Es gilt

$$\tanh x = \frac{\sinh x}{\cosh x} = \frac{e^{2x} - 1}{e^{2x} + 1}$$

und damit

$$(\tanh)'(x) = \frac{4}{(e^{2x} + 1)^2} > 0.$$

Die Funktion tanh ist also streng monoton wachsend und daher injektiv. Offensichtlich gilt $\lim_{x \to \infty} \tanh x = 1$ und $\lim_{x \to -\infty} \tanh x = -1$.
Aus dem Zwischenwertsatz folgt $\tanh : \mathbb{R} \to (-1, 1)$ bijektiv. Es existiert also die Umkehrfunktion $\text{areatanh} = \tanh^{-1} : (-1, 1) \to \mathbb{R}$.

c) Zur Bestimmung der Umkehrfunktion hat man die Gleichung

$$\frac{e^{2x} - 1}{e^{2x} + 1} = y$$

nach x aufzulösen. Es gilt

$$\frac{1 + y}{1 - y} = e^{2x} \Leftrightarrow x = \frac{1}{2} \ln\left(\frac{1 + y}{1 - y}\right)$$

und damit $\text{areatanh}(y) = \frac{1}{2} \ln\left(\frac{1+y}{1-y}\right)$.

Aufgabe 147

▶ **Ableitungen von Umkehrfunktionen**

Zeigen Sie, dass die folgenden Funktionen auf dem Intervall $I := (-1, 1)$ streng monoton und stetig sind und bestimmen Sie die Ableitungen der Umkehrfunktionen f^{-1} bzw. g^{-1} an den Stellen $f(0)$ bzw. $g(0)$.

a) $f : I \ni x \mapsto x^3 - 3x + 3 \in \mathbb{R}$;
b) $g : I \ni x \mapsto \ln(-(x-1)^2 + 5) \in \mathbb{R}$;

Lösung

a) Seien $x, y \in I$ beliebig mit $x < y$, also $-1 < x < y < 1$. Dann gilt $x^2 < 1$, $xy < 1$, $y^2 < 1$. Daraus folgt

$$x^2 + xy + y^2 < 3 \;\Leftrightarrow\; x^3 - y^3 > 3(x - y) \;\Leftrightarrow\; x^3 - 3x + 3 > y^3 - 3y + 3$$
$$\Leftrightarrow\; f(x) > f(y),$$

d. h. f ist in I streng monoton fallend. Als Polynom ist f stetig und differenzierbar in I mit $f'(x) = 3x^2 - 3$, also $f'(0) = -3$. Somit gilt für die Ableitung der Umkehrfunktion

$$(f^{-1})'(f(0)) = \frac{1}{f'(0)} = -\frac{1}{3}.$$

b) Seien $x, y \in I$ beliebig mit $x < y$, also $-1 < x < y < 1$. Dann gilt $1 - y > 0$ sowie $-(1-x)^2 + 5 \geq -(1-(-1))^2 + 5 = 1 > 0 \;\forall\, x \in I$. Also hat man die Äquivalenzen

$$x < y \;\Leftrightarrow\; 1 - y < 1 - x \;\Leftrightarrow\; (1-y)^2 < (1-x)^2$$
$$\Leftrightarrow\; -(x-1)^2 + 5 < -(y-1)^2 + 5$$

und mit Hilfe der strengen Monotonie des Logarithmus folgt

$$\ln(-(x-1)^2 + 5) < \ln(-(y-1)^2 + 5) \;\Leftrightarrow\; g(x) < g(y),$$

d. h. g ist in I streng monoton wachsend. Als Verkettung des Logarithmus und eines Polynoms ist g stetig und differenzierbar in I mit $g'(x) = \frac{-2(x-1)}{-(x-1)^2+5}$, also $g'(0) = \frac{1}{2}$. Somit gilt für die Ableitung der Umkehrfunktion

$$(g^{-1})'(g(0)) = \frac{1}{g'(0)} = 2.$$

Aufgabe 148

▶ **Ableitungen von Polynomen, Summenformeln**

Beweisen Sie folgenden Gleichungen für $n \geq 2$, indem Sie die Ableitungen geeigneter Funktionen benutzen und diese an passender Stelle auswerten:

a) $\displaystyle\sum_{k=1}^{n} k \binom{n}{k} = n2^{n-1};$

b) $\displaystyle\sum_{k=1}^{n} k(k-1)\binom{n}{k} = n(n-1)2^{n-2},$

c) $\displaystyle\sum_{k=1}^{n} (-1)^{k-1} k \binom{n}{k} = 0.$

Hinweis: Die zu wählenden Funktionen sind Polynome. Benutzen Sie $\displaystyle\sum_{k=1}^{n}\binom{n}{k}x^k = (1+x)^n.$

Sei $f : \mathbb{R} \ni x \mapsto (1+x)^n$, $n \geq 2$. Dann gilt

$$f'(x) = n(1+x)^{n-1}, \quad f''(x) = n(n-1)(1+x)^{n-2}.$$

Dies liefert sofort

$$f'(1) = n2^{n-1}, \quad f''(1) = n(n-1)2^{n-2}.$$

Weiterhin gilt

$$f(x) = \sum_{k=0}^{n}\binom{n}{k}x^k, \quad f'(x) = \sum_{k=1}^{n}\binom{n}{k}kx^{k-1}, \quad f''(x) = \sum_{k=2}^{n}\binom{n}{k}k(k-1)x^{k-2}.$$

Daraus folgen direkt die Gleichungen

a)

$$\sum_{k=1}^{n} k \binom{n}{k} = f'(1) = n2^{n-1};$$

b)

$$\sum_{k=1}^{n}\binom{n}{k}k(k-1) = \sum_{k=2}^{n}\binom{n}{k}k(k-1) = f''(1) = n(n-1)2^{n-2}.$$

c) Einsetzen von $x = -1$ in f' liefert die Behauptung.

Aufgabe 149

▶ **Arcustangens- und Arcuscotangensfunktionen**

Beweisen Sie mit Hilfe der Differentialrechnung folgende Identitäten:

a) $2\arctan(x) = \arcsin\left(\frac{2x}{1+x^2}\right), \quad -1 \le x \le 1;$

b) $2\operatorname{arccot}\left(\sqrt{\dfrac{1-\cos(x)}{1+\cos(x)}}\right) = \pi - x, \quad 0 \le x < \pi.$

Lösung

a) Wegen

$$0 \le (1-x)^2 \;\Leftrightarrow\; 0 \le 1 - 2x + x^2 \;\Leftrightarrow\; 2x \le 1 + x^2 \;\Leftrightarrow\; \frac{2x}{1+x^2} \le 1,$$

$$0 \le (1+x)^2 \;\Leftrightarrow\; 0 \le 1 + 2x + x^2 \;\Leftrightarrow\; -2x \le 1 + x^2 \;\Leftrightarrow\; \frac{-2x}{1+x^2} \le 1$$

$$\Leftrightarrow\; \frac{2x}{1+x^2} \ge -1$$

gilt für $-1 \le x \le 1$, dass

$$-1 \le \frac{2x}{1+x^2} \le 1,$$

und der Ausdruck $\arcsin\left(\frac{2x}{1+x^2}\right)$ ist für $|x| \le 1$ definiert. Differenzieren liefert

$$\left(2\arctan(x) - \arcsin\left(\frac{2x}{1+x^2}\right)\right)'$$

$$= 2\frac{1}{1+x^2} - \frac{1}{\sqrt{1 - \frac{4x^2}{(1+x^2)^2}}} \frac{2(1+x^2) - 2x \cdot 2x}{(1+x^2)^2}$$

$$= \frac{2}{1+x^2} - \frac{2 - 2x^2}{(1+x^2)\sqrt{(1+x^2)^2 - 4x^2}}$$

$$= \frac{2}{1+x^2} - \frac{2}{1+x^2}\frac{1-x^2}{\sqrt{(1 + 2x^2 - 4x^2 + x^4}}$$

$$= \frac{2}{1+x^2} - \frac{2}{1+x^2}\frac{1-x^2}{\sqrt{(1-x^2)^2}}$$

$$\overset{|x|<1}{=} \frac{2}{1+x^2} - \frac{2}{1+x^2} = 0.$$

Also ist die Funktion f mit $f(x) = 2\arctan(x) - \arcsin\left(\frac{2x}{1+x^2}\right)$ konstant. Mit Hilfe von

$$2\arctan(0) - \arcsin\left(\frac{2\cdot 0}{1+0}\right) = 0 - \arcsin(0) = 0$$

folgt direkt die Behauptung für $-1 < x < 1$. Die Stetigkeit der Funktionen liefert dies auch für $x = -1$ bzw. $x = 1$.

b) Für $0 \le x < \pi$ ist der Ausdruck $\frac{1-\cos(x)}{1+\cos(x)}$ definiert, da $\cos(x) \ne -1$ für $0 \le x < \pi$ gilt. Differenzieren liefert

$$\left(2\operatorname{arccot}\left(\sqrt{\frac{1-\cos(x)}{1+\cos(x)}}\right) + x\right)'$$

$$= 2\frac{-1}{1 + \frac{1-\cos(x)}{1+\cos(x)}}\, \frac{1}{2\sqrt{\frac{1-\cos(x)}{1+\cos(x)}}}\, \frac{\sin(x)(1+\cos(x)) - (1-\cos(x))(-\sin(x))}{(1+\cos(x))^2} + 1$$

$$= \frac{-1}{1 + \frac{1-\cos(x)}{1+\cos(x)}}\, \frac{1}{\sqrt{\frac{1-\cos(x)}{1+\cos(x)}}}\, \frac{\sin(x) + \sin(x)\cos(x) + \sin(x) - \sin(x)\cos(x)}{(1+\cos(x))^2} + 1$$

$$= \frac{-1}{1 + \cos(x) + 1 - \cos(x)}\, \frac{1}{\sqrt{(1-\cos(x))(1+\cos(x))}}\, 2\sin(x) + 1$$

$$= \frac{-\sin(x)}{\sqrt{1 - \cos^2(x)}} + 1$$

$$\overset{(*)}{=} \frac{-\sin(x)}{\sin(x)} + 1 = 0;$$

also ist die Funktion g mit $g(x) = 2\operatorname{arccot}\left(\sqrt{\frac{1-\cos(x)}{1+\cos(x)}}\right) + x$ konstant. An der Stelle (*) wurde benutzt, dass $\sin(x) > 0$ für $0 < x < \pi$. Mit Hilfe von

$$2\operatorname{arccot}\left(\sqrt{\frac{1-\cos(0)}{1+\cos(0)}}\right) + 0 = 2\frac{\pi}{2} = \pi$$

folgt direkt die Behauptung.

Aufgabe 150

▶ **Kegelberechnung**

Der Graph der Funktion f mit $f(x) = (x^2 - 4)^2$ schließt mit der x-Achse eine Fläche ein. Dieser Fläche können Dreiecke einbeschrieben werden, die gleichschenklig und symmetrisch zur y-Achse sind, und deren Spitzen im Ursprung des Koordinatensystems liegen. Läßt man diese Dreiecke um die y-Achse rotieren, so entstehen Kegel. Gesucht ist der Kegel mit dem maximalen Volumen.

Hinweise:

1) Zeigen Sie zuerst, dass für das Volumen V des Kegels gilt:

$$V(r) = \frac{1}{3}\pi(r^3 - 4r)^2.$$

2) Bestimmen Sie dann mit Hilfe von $V(r)$ den Radius r und die Höhe h des Kegels mit dem maximalen Volumen sowie das maximale Volumen $V_{\max}$.

3) Fertigen Sie zur Veranschaulichung am besten eine Zeichnung an, die den Sachverhalt wiedergibt.

Lösung

1) Das Volumen eines Kegels ist gegeben durch

$$V(r, h) = \frac{1}{3}\pi r^2 h,$$

wobei r den Radius des Basiskreises und h die Höhe des Kegels bezeichnet. Die Funktion f besitzt wegen

$$f(x) = 0 \iff (x^2 - 4)^2 = 0 \iff x^2 = 4 \iff x = -2 \vee x = 2$$

die Nullstellen $x = -2$ und $x = 2$. Weiterhin ist f symmetrisch zur y-Achse, denn es gilt

$$f(-x) = ((-x)^2 - 4)^2 = (x^2 - 4)^2 = f(x) \ \forall \ x \in \mathbb{R}.$$

Daher reicht es aus, $x \in [0, 2]$ zu betrachten, da die Dreiecke innerhalb der Fläche, die der Graph von f mit der x-Achse einschließt, liegen sollen und symmetrisch zur y-Achse sein sollen. Bei vorgegebener Höhe h erhält man das größte Dreieck und damit auch das größte Volumen des Kegels, wenn man den Punkt $(x, f(x))$ mit $f(x) = h$ als einen weiteren Punkt des Dreiecks wählt. Der letzte Punkt ergibt sich sofort aus der Symmetrie der Funktion und des Dreiecks. Daher kann man nun r mit x und h mit $f(x)$ identifizieren, was dann

$$h(r) = f(r) = (r^2 - 4)^2$$

liefert. Somit gilt

$$V(r, h) = \frac{1}{3}\pi r^2 h = \frac{1}{3}\pi r^2 (r^2 - 4)^2 = \frac{1}{3}\pi(r^3 - 4r)^2.$$

2) Um das maximale Volumen des Kegels zu ermitteln, muss man das globale Maximum der Funktion

$$V(r) = \frac{1}{3}\pi(r^3 - 4r)^2, \quad r \in [0, 2],$$

ermitteln, also V auf $[0, 2]$ auf lokale Extrema und Randextrema untersuchen:

$$V'(r) = 0 \Leftrightarrow \frac{2}{3}\pi(r^3 - 4r)(3r^2 - 4) = 0 \Leftrightarrow r^3 = 4r \ \vee \ 3r^2 = 4$$

$$\Leftrightarrow r = 0 \vee \ r^2 = 4 \ \vee r^2 = \frac{4}{3}$$

$$\Leftrightarrow r = 0 \ \vee \ r = -2 \ \vee \ r = 2 \ \vee \ r = -\frac{2}{\sqrt{3}} \ \vee \ r = \frac{2}{\sqrt{3}}.$$

Für die zweite Ableitung gilt:

$$V''(r) = \left(\frac{2}{3}\pi(r^3 - 4r)(3r^2 - 4)\right)' = \frac{2}{3}\pi\left((3r^2 - 4)^2 + (r^3 - 4r)6r\right)$$

$$= \frac{2}{3}\pi(9r^4 - 24r^2 + 16 + 6r^4 - 24r^2) = \frac{2}{3}\pi(15r^4 - 48r^2 + 16).$$

Die Stellen $r = -2$ und $r = -\frac{2}{\sqrt{3}}$ müssen wegen $r \in [0, 2]$ nicht weiter betrachtet werden. V'' an den anderen Stellen ausgewertet liefert

$$V''(0) = \frac{32}{3}\pi > 0, \quad V''(2) = \frac{128}{3}\pi > 0, \quad V''\left(\frac{2}{\sqrt{3}}\right) = -\frac{128}{9}\pi < 0.$$

Somit liegt für $r = 0$ und $r = 2$ ein Minimum und für $r = \frac{2}{\sqrt{3}}$ ein Maximum vor. Da die Minima an den Grenzen des betrachteten Intervalls liegen, ist eine Untersuchung auf ein Randmaximum überflüssig. Das maximale Volumen erhält man also für $r = \frac{2}{\sqrt{3}}$. Damit gilt

$$V_{\text{max}} = \frac{1}{3}\pi\left(\frac{2}{\sqrt{3}}\right)^2\left(\left(\frac{2}{\sqrt{3}}\right)^2 - 4\right)^2 = \frac{1}{3}\pi\frac{4}{3}\frac{64}{9} = \frac{256}{81}\pi$$

und

$$h = \left(\left(\frac{2}{\sqrt{3}}\right)^2 - 4\right)^2 = \frac{64}{9}.$$

2.4   Grenzwerte von Funktionen, Regel von de l'Hospital

Aufgabe 151

▶   **Grenzwerte von Funktionen**

Sei $f : (1, \infty) \longrightarrow \mathbb{R}$. Zeigen Sie die Äquivalenz der folgenden Aussagen:

(a) $\lim_{x \to \infty} f(x)$ existiert (in $\mathbb{R}$) .

(b) $\forall \varepsilon > 0 \ \exists M \in \mathbb{R} \ \ \forall x, y \geq M : |f(x) - f(y)| < \varepsilon$.

Lösung

$(a) \Rightarrow (b) \qquad \lim_{x \to \infty} f(x) = c$

$$\Longleftrightarrow \quad \forall \{x_n\}_{n \in \mathbb{N}}, x_n \to \infty \, \forall \varepsilon > 0 \exists N_0 \in \mathbb{N} \, \forall n \geq N_0 : |f(x) - c| < \varepsilon$$

Annahme: (b) gilt nicht, d. h.

$$\exists \varepsilon > 0 \forall M \in \mathbb{R} \exists x, y \geq M : |f(x) - f(y)| \geq \varepsilon$$

Betrachte nun dieses feste ε und wähle zu $M = n \in \mathbb{N}$ sukzessive x_n, $y_n \geq n$ mit $|f(x_n) - f(y_n)| \geq \varepsilon$. Dann gilt $x_n \to \infty$ und $y_n \to \infty$ für $n \to \infty$. Wegen (a) folgt

$$\exists N_1 \in \mathbb{N} \forall n \geq N_1 : |f(x_n) - c| < \frac{\varepsilon}{2},$$

$$\exists N_2 \in \mathbb{N} \forall n \geq N_2 : |f(y_n) - c| < \frac{\varepsilon}{2}.$$

Wähle $N = \max\{N_1, N_2\}$. Dann folgt

$$\varepsilon \leq |f(x_N) - f(y_N)| \leq |f(x_N) - c| + |f(y_N) - c| < \varepsilon$$

also ein Widerspruch.

$(b) \Rightarrow (a)$ Sei $\{x_n\}_{n \in \mathbb{N}}, x_n \to \infty \, (n \to \infty)$ eine beliebig gewählte Folge. Wegen (b) folgt

$$\forall \varepsilon > 0 \exists M \in \mathbb{R} \forall x_n, x_m \geq M : |f(x_n) - f(x_m)| < \varepsilon$$

$$\Rightarrow \forall \varepsilon > 0 \exists N \in \mathbb{N} \forall n, m \geq N : |f(x_n) - f(x_m)| < \varepsilon$$

$$\Rightarrow \{f(x_n)\}_{n \in \mathbb{N}} \quad \text{ist Cauchy-Folge in } \mathbb{R}$$

$$\Rightarrow \exists c \in \mathbb{R} : \lim_{n \to \infty} f(x_n) = c$$

Es bleibt die Eindeutigkeit zu zeigen. Sei dazu $\{y_n\}_{n \in \mathbb{N}}$ mit $y_n \to \infty$ $(n \to \infty)$ eine weitere Folge. Dann gilt

$$\exists c' \in \mathbb{R} : \lim_{n \to \infty} f(y_n) = c'$$

$$\Rightarrow \forall \varepsilon > 0 \exists N \in \mathbb{N} \forall n \geq N :$$

$$|c - c'| \leq |c - f(x_n)| + |f(x_n) - f(y_n)| + |f(y_n) - c'| < 3\varepsilon$$

$$\Rightarrow c = c'$$

Aufgabe 152

▶ **Grenzwerte von Funktionen**

Bestimmen Sie den folgenden Grenzwert:

$$\lim_{k\to\infty}\left[\lim_{n\to\infty}\left(\cos^2(k!\pi x)\right)^n\right],\ x\in\mathbb{R}.$$

Hinweis: Bestimmen Sie zunächst $\lim_{n\to\infty}(\cos^2 x)^n$.

Lösung

Es gilt

$$\cos^2(\pi y)\begin{cases} =1, & \text{falls } y\in\mathbb{Z},\\ <1, & \text{sonst.}\end{cases}$$

Damit erhalten wir den Grenzwert

$$\lim_{n\to\infty}\left(\cos^2(\pi y)\right)^n=\begin{cases} 1, & \text{falls } y\in\mathbb{Z},\\ 0, & \text{sonst.}\end{cases}$$

Wir nutzen nun die folgenden Eigenschaften aus:

1) $\forall x\in\mathbb{Q}\,\exists N\in\mathbb{N}\,\forall k\geq N\Rightarrow y:=k!x\in\mathbb{Z}.$
2) $\forall x\notin\mathbb{Q}\,\forall k\in\mathbb{Z}\Rightarrow y:=k!x\notin\mathbb{Z}.$

Beweis von 1) *und* 2):

1) Sei $x=p/q,\ p\in\mathbb{Z},q\in\mathbb{N}$. Wähle z. B. $N=q$.
2) Ist $x\notin\mathbb{Q}$ und nehmen wir an, es existiere ein $k\in\mathbb{N}$ mit $k!x=p\in\mathbb{Z}$. Dann folgt $x=\frac{p}{k!}\in\mathbb{Q}$ im Widerspruch zu $x\notin\mathbb{Q}$.

Für die Grenzwerte ergibt sich somit

$$x\notin\mathbb{Q}\Rightarrow\ \forall k\in\mathbb{N}:y_k:=k!x\notin\mathbb{Z}$$
$$\Rightarrow\ \forall k\in\mathbb{N}:\lim_{n\to\infty}\left(\cos^2(\pi y_k)\right)^n=0$$
$$\Rightarrow\ \lim_{k\to\infty}\lim_{n\to\infty}\left(\cos^2(k!\pi x)\right)^n=\lim_{k\to\infty}\lim_{n\to\infty}\left(\cos^2(\pi y_k)\right)^n=0$$

und

$$x\in\mathbb{Q}\Rightarrow\ \exists N\in\mathbb{N}\,\forall k\geq N:y_k:=k!x\in\mathbb{Z}$$
$$\Rightarrow\ \forall k\geq N:\lim_{n\to\infty}\left(\cos^2(\pi y_k)\right)^n=1$$
$$\Rightarrow\ \lim_{k\to\infty}\lim_{n\to\infty}\left(\cos^2(k!\pi x)\right)^n=\lim_{k\to\infty}\lim_{n\to\infty}\left(\cos^2(\pi y_k)\right)^n=1.$$

Aufgabe 153

▶ **Grenzwerte von Funktionen, Regel von de l'Hospital**

Bestimmen Sie

a) $\lim\limits_{x\to\infty}(\cosh(x)-\sinh(x))$;

b) $\lim\limits_{x\to 0}\dfrac{\sinh(x)}{x}$;

c) $\lim\limits_{x\to\infty}\dfrac{\cos(x)+x}{\sin(x)+x}$.

Lösung

a) Nach Definition des cosh und sinh erhält man

$$\lim_{x\to\infty}(\cosh(x)-\sinh(x))=\lim_{x\to\infty}\frac{1}{2}(e^x+e^{-x}-e^x+e^{-x})=\lim_{x\to\infty}e^{-x}=0.$$

b) Anwendung der Regel von de l'Hospital ergibt

$$\lim_{x\to 0}\frac{\sinh(x)}{x}=\lim_{x\to 0}\frac{1}{2}\frac{e^x-e^{-x}}{x}\overset{\text{l'H.}}{=}\lim_{x\to 0}\frac{1}{2}\frac{e^x+e^{-x}}{1}=1.$$

c) Da $\cos(x)/x\to 0$ und $\sin(x)/x\to 0$ für $x\to\infty$, erhält man

$$\lim_{x\to\infty}\frac{x+\cos(x)}{x+\sin(x)}=\lim_{x\to\infty}\frac{1+\frac{\cos(x)}{x}}{1+\frac{\sin(x)}{x}}=1.$$

Alle Limites in a)–c) existieren.

Aufgabe 154

▶ **Grenzwerte von Funktionen, Regel von de l'Hospital**

Bestimmen Sie folgende Grenzwerte:

a) $\lim\limits_{x\to 0}\dfrac{x-\sin(x)}{x^3}$;

b) $\lim\limits_{x\to 0}\dfrac{\tan(x)-\sin(x)}{x(1-\cos(x))}$;

c) $\lim\limits_{x\to\infty}\dfrac{x+\sin(x)}{x}$.

Hinweis: Achtung bei Aufgabe c)!

Lösung

a) Man verwendet dreimal die Regel von de l'Hospital und erhält damit unmittelbar:

$$\lim_{x \to 0} \frac{x - \sin(x)}{x^3} = \lim_{x \to 0} \frac{(x - \sin(x))'}{(x^3)'}$$

$$= \lim_{x \to 0} \frac{1 - \cos(x)}{3x^2}$$

$$= \lim_{x \to 0} \frac{(1 - \cos(x))'}{(3x^2)'}$$

$$= \lim_{x \to 0} \frac{\sin(x)}{6x}$$

$$= \lim_{x \to 0} \frac{(\sin(x))'}{(6x)'}$$

$$= \lim_{x \to 0} \frac{\cos(x)}{6} = \frac{1}{6}.$$

b) Auch hier verwendet man wie in a) die l'Hospitalsche Regel. Eine Vorüberlegung liefert:

$$\lim_{x \to 0} \frac{x \cos(x)}{\sin(x)} = \lim_{x \to 0} \frac{(x \cos(x))'}{(\sin(x))'} = \lim_{x \to 0} \frac{\cos(x) - x \sin(x)}{\cos(x)} = 1.$$

Damit gewinnt man

$$\lim_{x \to 0} \frac{\tan(x) - \sin(x)}{x(1 - \cos(x))} = \lim_{x \to 0} \frac{(\tan(x) - \sin(x))'}{(x(1 - \cos(x)))'}$$

$$= \lim_{x \to 0} \frac{\cos^{-2}(x) - \cos(x)}{1 - \cos(x) + x \sin(x)}$$

$$= \lim_{x \to 0} \frac{(\cos^{-2}(x) - \cos(x))'}{(1 - \cos(x) + x \sin(x))'}$$

$$= \lim_{x \to 0} \frac{2 \sin(x) \cos^{-3}(x) + \sin(x)}{2 \sin(x) + x \cos(x)}$$

$$= \lim_{x \to 0} \frac{2 \cos^{-3}(x) + 1}{2 + \frac{x \cos(x)}{\sin(x)}} \overset{\text{Vorüb.}}{=} 1.$$

c) Aus

$$\left| \frac{\sin(x)}{x} \right| \leq \frac{1}{|x|} \to 0 \quad (x \to \infty)$$

folgt unmittelbar:

$$\lim_{x \to \infty} \frac{x + \sin(x)}{x} = \lim_{x \to \infty} \left(1 + \frac{\sin(x)}{x} \right) = 1.$$

Alle Limites in a)–c) existieren also.

Aufgabe 155

▶ **Grenzwerte von Funktionen, Regel von de l'Hospital**

Berechnen Sie die folgenden Grenzwerte:

a)
$$\lim_{x\to\infty} x \ln\left(1 + \frac{1}{x}\right);$$

b)
$$\lim_{x\to 0}\left(\frac{1}{x} - \frac{1}{\exp(x) - 1}\right);$$

c)
$$\lim_{x\to 1} \frac{x^x - x}{1 - x + \ln(x)}.$$

Hinweis: Zur Lösung von a) können Sie z. B. die Ableitung einer geeigneten Funktion bestimmen.

Lösung

a) Nach Definition der Ableitung erhält man

$$\lim_{x\to\infty} x \ln\left(1 + \frac{1}{x}\right) = \lim_{x\to\infty} \frac{\ln(1 + \frac{1}{x}) - \ln(1)}{\frac{1}{x}} = \ln'(1) = \left.\frac{1}{x}\right|_{x=1} = 1.$$

In den nächsten beiden Aufgabenteilen benutzen wir die Regel von de l'Hospital.

b)
$$\lim_{x\to 0}\left(\frac{1}{x} - \frac{1}{\exp(x) - 1}\right)$$
$$= \lim_{x\to 0} \frac{e^x - 1}{x e^x + e^x - 1}$$
$$= \lim_{x\to 0} \frac{e^x}{e^x + x e^x + e^x} = \frac{1}{2}.$$

c)
$$\lim_{x\to 1} \frac{e^{x \ln x} - x}{1 - x + \ln x}$$
$$= \lim_{x\to 1} \frac{e^{x \ln x}(\ln x + 1) - 1}{-1 + \frac{1}{x}}$$
$$= \lim_{x\to 1} \frac{e^{x \ln x}(\ln x + 1)^2 + e^{x \ln x}\frac{1}{x}}{\frac{-1}{x^2}} = -2.$$

Aufgabe 156

▶ **Regel von de l'Hospital**

Berechnen Sie folgende Grenzwerte:

a) $\lim\limits_{x \to 0} \dfrac{e^x + e^{-x} - 2}{x^2}$;

b) $\lim\limits_{x \to 0} \left(\dfrac{e^x - 1}{x}\right)^{1/x}$.

Lösung

Die Berechnung der Grenzwerte erfolgt mit Hilfe der Regeln von l'Hospital. Die auftretenden Funktion sind jeweils alle differenzierbar auf $\mathbb{R} \setminus \{0\}$. Es tritt jeweils der Fall „$\frac{0}{0}$" auf.

a)

$$\lim_{x \to 0} \frac{e^x + e^{-x} - 2}{x^2} \overset{\text{l'H.}}{=} \lim_{x \to 0} \frac{e^x - e^{-x}}{2x} \overset{\text{l'H.}}{=} \lim_{x \to 0} \frac{e^x + e^{-x}}{2} = 1;$$

b) Umschreiben der Funktion als Exponentialfunktion liefert

$$\left(\frac{e^x - 1}{x}\right)^{1/x} = \left(e^{\ln\left(\frac{e^x - 1}{x}\right)}\right)^{1/x} = e^{\frac{1}{x}\ln\left(\frac{e^x - 1}{x}\right)}.$$

Mit Hilfe von

$$\lim_{x \to 0} \frac{e^x - 1}{x} \overset{\text{l'H.}}{=} \lim_{x \to 0} \frac{e^x}{1} = 1$$

und

$$\lim_{x \to 0} \frac{\ln\left(\frac{e^x - 1}{x}\right)}{x} \overset{\text{l'H.}}{=} \lim_{x \to 0} \frac{\frac{x}{e^x - 1} \cdot \frac{e^x x - (e^x - 1)}{x^2}}{1} = \lim_{x \to 0} \frac{e^x x - e^x + 1}{x(e^x - 1)}$$

$$\overset{\text{l'H.}}{=} \lim_{x \to 0} \frac{x e^x + e^x - e^x}{(e^x - 1) + x e^x} = \lim_{x \to 0} \frac{x e^x}{e^x - 1 + x e^x}$$

$$\overset{\text{l'H.}}{=} \lim_{x \to 0} \frac{x e^x + e^x}{2 e^x + x e^x} = \frac{1}{2}$$

folgt schließlich

$$\lim_{x \to 0} \left(\frac{e^x - 1}{x}\right)^{1/x} = \lim_{x \to 0} e^{\frac{1}{x}\ln\left(\frac{e^x - 1}{x}\right)} \overset{\text{exp stetig}}{=} \exp\left(\lim_{x \to 0} \frac{\ln\left(\frac{e^x - 1}{x}\right)}{x}\right) = e^{1/2}.$$

Aufgabe 157

▶ **Grenzwerte von Funktionen, Regel von de l'Hospital**

Berechnen Sie folgende Grenzwerte:

a) $\displaystyle\lim_{x\to\infty} \frac{2x + \sin(x)}{\cos(x) + 3x}$;

b) $\displaystyle\lim_{x\to 0} \frac{x - \sinh(x)}{x\,\sinh(x)}$.

Lösung

a) Mit Hilfe von $|\sin(x)|,\ |\cos(x)| \leq 1$ erhält man

$$\lim_{x\to\infty} \frac{2x + \sin(x)}{\cos(x) + 3x} = \lim_{x\to\infty} \frac{2 + \frac{\sin(x)}{x}}{\frac{\cos(x)}{x} + 3} = \frac{2}{3}.$$

b) Es wird zweimal die Regel von l'Hospital für den Fall „$\frac{0}{0}$" verwendet. Die auftretenden Funktionen (Identität, sinh, cosh) sind jeweils differenzierbar.

$$\lim_{x\to 0} \frac{x - \sinh(x)}{x\,\sinh(x)} \overset{\text{l'H.}}{=} \lim_{x\to 0} \frac{1 - \cosh(x)}{\sinh(x) + x\cos h(x)} \overset{\text{l'H.}}{=} \lim_{x\to 0} \frac{-\sinh(x)}{2\cosh(x) + x\,\sinh(x)} = 0.$$

Aufgabe 158

▶ **Regel von de l'Hospital**

Berechnen Sie folgende Grenzwerte:

a) $\displaystyle\lim_{x\to 0} \frac{x^2 - x\,\sinh(x)}{x^4}$;

b) $\displaystyle\lim_{x\to 0}(1 + x)^{1/x}$.

Lösung

a) Es wird dreimal die Regel von l'Hospital für den Fall „$\frac{0}{0}$" verwendet. Die auftretenden Funktionen (Polynome und sinh) sind jeweils unendlich oft differenzierbar. Es gilt

$$\lim_{x\to 0} \frac{x^2 - x\,\sinh(x)}{x^4} = \lim_{x\to 0} \frac{x - \sinh(x)}{x^3} \overset{\text{l'H.}}{=} \lim_{x\to 0} \frac{1 - \cosh(x)}{3x^2}$$

$$\overset{\text{l'H.}}{=} \lim_{x\to 0} \frac{-\sinh(x)}{6x} \overset{\text{l'H.}}{=} \lim_{x\to 0} \frac{-\cosh(x)}{6} = \frac{-1}{6}.$$

b) Es wird die Regel von l'Hospital für den Fall „$\frac{0}{0}$" verwendet. Die auftretenden Funktionen (Logarithmus, Identität) sind jeweils unendlich oft differenzierbar. Es gilt

$$\lim_{x \to 0}(1 + x)^{1/x} = \lim_{x \to 0}(e^{\ln(1+x)})^{1/x} = \lim_{x \to 0}\exp\left(\frac{\ln(1 + x)}{x}\right)$$

$$\overset{\exp \text{ stetig}}{=} \exp\left(\lim_{x \to 0}\frac{\ln(1 + x)}{x}\right) \overset{\text{l'H.}}{=} \exp\left(\lim_{x \to 0}\frac{1}{1 + x}\right) = e.$$

Aufgabe 159

▶ **Grenzwerte von Funktionen**

Berechnen Sie die folgenden Grenzwerte:

a) $(x^n - 1)(x - 1)^{-1}$ für $x \longrightarrow 1$ (n ganz, $n \neq 0$);

b) $2 + x[1 + (4/x^2)]^{1/2}$ für $x \longrightarrow 0, x > 0$, und für $x \longrightarrow 0, x < 0$;

c) $\dfrac{1}{x}\exp\left(-\frac{1}{x^2}\right)$ für $x \longrightarrow 0$.

Hinweise: Benutzen Sie in c) die 2. Abschätzung von Aufg. 132, Teil a), die für alle $x \leq 0$ gilt.

Lösung

a) Es gilt nach der Regel von de l'Hospital

$$\lim_{x \to 1}\frac{x^n - 1}{x - 1} = \lim_{x \to 1}\frac{nx^{n-1}}{1} = n.$$

b) Man rechnet nach:

$$2 + x\sqrt{1 + \frac{4}{x^2}} = \begin{cases} 2 + |x|\sqrt{1 + \frac{4}{x^2}}, & x > 0 \\ 2 - |x|\sqrt{1 + \frac{4}{x^2}}, & x < 0 \end{cases}$$

$$= \begin{cases} 2 + \sqrt{x^2 + 4} \to 4, & x \to 0, x > 0 \\ 2 - \sqrt{x^2 + 4} \to 0, & x \to 0, x < 0 \end{cases}.$$

c) Mit Hilfe des Hinweises und der Tatsache, dass $\exp(a) > 0 \; \forall a \in \mathbb{R}$ ist, erhält man:

$$0 \leq \left|\frac{1}{x}\exp\left(-\frac{1}{x^2}\right)\right| = \left|\frac{1}{x}\right|\underbrace{\exp\left(-\frac{1}{x^2}\right)}_{\to 0 \, (x \to 0)}$$

$$\leq \frac{1}{|x|}\frac{1}{1 + \frac{1}{x^2}} = \frac{1}{|x| + \frac{1}{|x|}} = \frac{1}{\frac{x^2+1}{|x|}} = \frac{\overbrace{|x|}}{\underbrace{x^2 + 1}_{\to 1 \, (x \to 0)}} \to 0 \, (x \to 0).$$

Hieraus folgt nach dem Sandwich-Theorem für Folgen unmittelbar, dass der gesuchte Grenzwert gleich 0 ist.

Aufgabe 160

▶ **Kurvendiskussion, quadratische Polynome**

Bestimmen Sie die Koeffizienten des Polynoms

$$p(x) := ax^2 + bx + c,$$

so dass die folgenden Bedingungen erfüllt sind:

1) Das Polynom p besitzt eine Nullstelle für $x = 1$.
2) Die Tangente im Punkt $(2, p(2))$ ist parallel zu der Geraden $y + 2x = 2$.
3) Die Tangente im Punkt $(-1, p(-1))$ steht senkrecht auf der Geraden $y - x = 5$.
   Hinweis: Zwei Geraden stehen senkrecht auf einander, wenn das Produkt ihrer Steigungen -1 ist.

Lösung

Die Ableitung des Polynoms p ist

$$p'(x) = 2a + b.$$

Bedingung 1) liefert

$$p(1) = a + b + c \stackrel{!}{=} 0.$$

Die Gerade $y = -2x - 2$ hat die Steigung -2, d. h. es muss nach 2) für die Tangente von p im Punkt $(2, p(2))$ gelten

$$p'(2) = 4a + b \stackrel{!}{=} -2.$$

Die Gerade $y = x + 5$ hat die Steigung 1, d. h. es muss nach 3) für die Tangente von p im Punkt $(-1, p(-1))$ gelten

$$1 \cdot p'(-1) = -2a + b \stackrel{!}{=} -1.$$

Insgesamt erhält man somit ein lineares Gleichungssystem mit drei Variablen und drei Unbekannten:

$$
\begin{array}{rccccccl}
 & a & + & b & + & c & = & 0 \\
\wedge & 4a & + & b & & & = & -2 \\
\wedge & -2a & + & b & & & = & -1
\end{array}
\quad\Longleftrightarrow\quad
\begin{array}{rccccccl}
 & a & + & b & + & c & = & 0 \\
\wedge & & & 3b & & & = & -4 \\
\wedge & -2a & + & b & & & = & -1
\end{array}
$$

$$
\Longleftrightarrow\quad
\begin{array}{rccccl}
 & a & + & c & = & \frac{4}{3} \\
\wedge & & b & & = & -\frac{4}{3} \\
\wedge & -2a & & & = & \frac{1}{3}
\end{array}
\ ;
$$

also $a = -\frac{1}{6}$, $b = -\frac{4}{3}$, $c = \frac{3}{2}$. Somit gilt

$$p(x) = -\frac{1}{6}x^2 - \frac{4}{3}x + \frac{3}{2}.$$

Aufgabe 161

▶ **Kurvendiskussion, Polynom**

Sei $f : \mathbb{R} \longrightarrow \mathbb{R}$, $x \mapsto x^5 - 6x^3 + 3$.

a) Bestimmen Sie lokale Extrema und Monotonieintervalle.
b) Wieviele Nullstellen hat f?
c) Zeigen Sie: f besitzt in $[2, \infty)$ eine differenzierbare Umkehrfunktion g.
d) Bestimmen Sie $g'(84)$.

Lösung

f ist ein Polynom, in dem nur ungerade Exponenten auftreten. Demzufolge ist f beliebig oft stetig differenzierbar, und es gilt:

$$\lim_{x \to -\infty} f(x) = -\infty, \quad \lim_{x \to \infty} f(x) = \infty.$$

a) Notwendige Bedingung für das Vorliegen eines lokalen Extremums ist $f'(x) = 0$.
   Es gilt

$$f'(x) = 5x^4 - 18x^2 = 5x^2 \left(x + \sqrt{2}\,\frac{3}{\sqrt{5}} \right) \left(x - \sqrt{2}\,\frac{3}{\sqrt{5}} \right).$$

Lokale Extrema können also nur bei

$$x_{\pm} = \pm\sqrt{2}\,\frac{3}{\sqrt{5}} \quad \text{und} \quad x_0 = 0$$

vorliegen. Um zu entscheiden, ob f an diesen Stellen Extremwerte annimmt und welcher Art diese sind, untersuchen wir die zweite Ableitung von f. Es ist allerdings auf Grund des Verhaltens der Funktion im Unendlichen schon von vornherein klar, dass nur eine gerade Anzahl an Extremstellen in Frage kommt und somit nur keine oder zwei Extremstellen vorliegen können.
Es ist

$$f''(x) = 20x^3 - 36x = 20x \left(x + \frac{3}{\sqrt{5}} \right) \left(x - \frac{3}{\sqrt{5}} \right).$$

Diese Funktion besitzt Nullstellen bei $-\frac{3}{\sqrt{5}}$, 0, $\frac{3}{\sqrt{5}}$ und ist links von $-\frac{3}{\sqrt{5}}$ negativ und rechts von $\frac{3}{\sqrt{5}}$ positiv, da $\lim_{x \to \pm\infty} = \pm\infty$. Also gilt:

$$f''(x_-) < 0, \qquad f''(x_+) > 0.$$

Damit sind die hinreichenden Kriterien für das Vorliegen eines relativen Maximums bzw. Minimums bei x_- bzw. x_+ erfüllt. Bei $x_0 = 0$ kann nach dem oben Gesagten kein relatives Extremum vorliegen. Das Monotonieverhalten von f kann nach diesen Untersuchungen wie folgt beschrieben werden.

f ist in

$$\left(-\infty, -\sqrt{2}\,\frac{3}{\sqrt{5}}\right) \qquad \text{streng monoton wachsend,}$$

$$\left(-\sqrt{2}\,\frac{3}{\sqrt{5}}, \sqrt{2}\,\frac{3}{\sqrt{5}}\right) \qquad \text{monoton fallend,}$$

$$\left(\sqrt{2}\,\frac{3}{\sqrt{5}}, \infty\right) \qquad \text{streng monoton wachsend.}$$

b) Es gilt

$$f(x_-) = +19{,}3932\ldots, \qquad f(x_+) = -13{,}3932\ldots.$$

Die Funktion f besitzt also drei Nullstellen.

c) f ist stetig und wegen

$$\frac{3}{\sqrt{5}} < \sqrt{2}\,\frac{3}{\sqrt{5}} = \sqrt{\frac{18}{5}} < \sqrt{4} = 2$$

ist f' positiv in $[2, \infty)$ und damit streng monoton wachsend. Also ist f in $[2, \infty)$ umkehrbar und die Umkehrabbildung g ist auch differenzierbar mit der Ableitung

$$g'(y) = \frac{1}{f'(g(y))}.$$

d) Es ist $84 = f(3)$ und damit

$$g'(84) = \frac{1}{f'(g(84))} = \frac{1}{f'(3)} = \frac{1}{3^2(45 - 18)} = \frac{1}{243}.$$

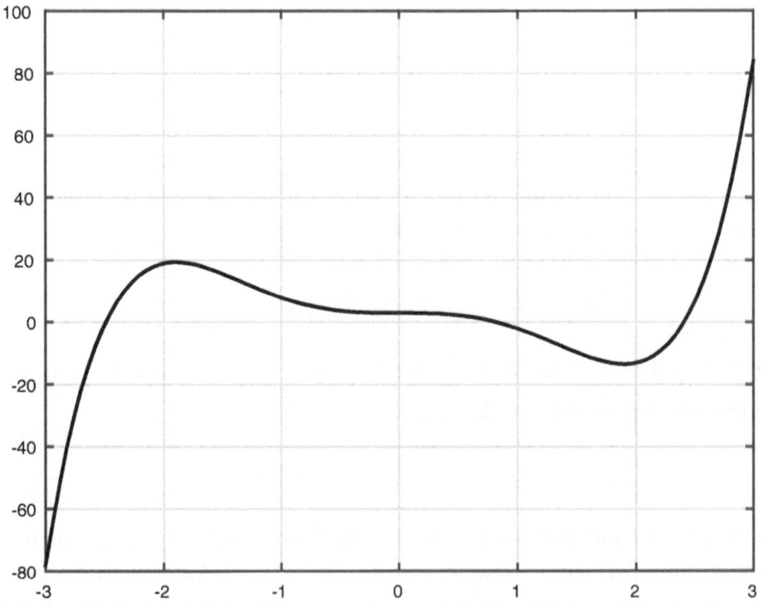

Abb. 2.10 Beispiel Aufg. 161 in $[-3, 3]$

Aufgabe 162

▶   **Kurvendiskussion, rationale Funktion**

Die Funktion $f : \mathbb{R} \supset D \to \mathbb{R}$ sei gegeben durch

$$f(x) = \frac{x^3}{x^2 - 1}, \quad x \in D.$$

Unterziehen Sie die Funktion f einer Kurvendiskussion:

a) Bestimmen Sie den Definitionsbereich D und die Schnittpunkte mit den Achsen.
b) Untersuchen Sie die Funktion auf Symmetrie: Ist f ggf. eine gerade oder ungerade Funktion?
c) Untersuchen Sie das Monotonieverhalten von f und untersuchen Sie das Verhalten von f für $x \to \pm\infty$.
d) Bestimmen Sie alle Maxima sowie Minima (lokale, globale), Wende- und Sattelpunkte.
e) Zeichnen Sie die Funktion f für $x \in [-6, 6]$.

Hinweise:
i)   Eine Funktion g heißt *gerade* bzw. *ungerade*, wenn gilt

$$g(x) = g(-x) \quad \text{bzw.} \quad g(x) = -g(-x) \quad \forall \, x \in D.$$

ii)   Ein Wende- bzw. Sattelpunkt liegt bei der Funktion g u. a. vor, wenn gilt

$$g''(x) = 0 \wedge g'(x), \, g'''(x) \neq 0 \quad \text{bzw.} \quad g'(x) = g''(x) = 0 \wedge g'''(x) \neq 0.$$

Lösung

a) Die Funktion f ist als Quotient zweier Polynome auf ganz $\mathbb{R}$ definiert abgesehen von den Nullstellen des Nenners:

$$x^2 - 1 = \Leftrightarrow x = -1 \vee x = 1.$$

Somit gilt $D = \mathbb{R} \setminus \{-1, 1\}$. Der Schnittpunkt mit der y-Achse ist $(0, f(0)) = (0, 0)$. Die Nullstellen der Funktion lauten:

$$f(x) = 0 \Leftrightarrow \frac{x^3}{x^2 - 1} = 0 \Leftrightarrow x^3 = 0 \Leftrightarrow x = 0.$$

Daher ist $(0, 0)$ der einzige Schnittpunkt mit der x-Achse.

b) Es gilt

$$f(-x) = \frac{(-x)^3}{(-x)^2 - 1} = -\frac{x^3}{x^2 - 1} = -f(x) \; \forall \, x \in D.$$

Die Funktion f ist also ungerade.

c) Es gilt

$$\lim_{x \to -\infty} f(x) = \lim_{x \to -\infty} \frac{x^3}{x^2 - 1} = \lim_{x \to -\infty} \frac{x}{1 - \frac{1}{x^2}} = -\infty,$$

$$\lim_{x \to \infty} f(x) = \lim_{x \to \infty} \frac{x^3}{x^2 - 1} = \lim_{x \to \infty} \frac{x}{1 - \frac{1}{x^2}} = \infty.$$

Die Ableitung von f lautet:

$$f'(x) = \frac{3x^2(x^2 - 1) - x^3 2x}{(x^2 - 1)^2} = \frac{3x^4 - 3x^2 - 2x^4}{(x^2 - 1)^2} = \frac{x^4 - 3x^2}{(x^2 - 1)^2}.$$

Damit erhält man für die Monotonie ($x \in D$):

$$f'(x) > 0 \iff \frac{x^4 - 3x^2}{(x^2 - 1)^2} > 0 \iff x^4 - 3x^2 > 0$$

$$\overset{x \neq 0}{\iff} x^2 > 3 \iff x < -\sqrt{3} \lor x > \sqrt{3},$$

$$f'(x) = 0 \iff \frac{x^4 - 3x^2}{(x^2 - 1)^2} = 0 \iff x^4 - 3x^2 = 0$$

$$\iff x = 0 \lor x^2 = 3 \iff x = 0 \lor x = -\sqrt{3} \lor x = \sqrt{3},$$

$$f'(x) < 0 \iff \frac{x^4 - 3x^2}{(x^2 - 1)^2} < 0 \iff x^4 - 3x^2 < 0$$

$$\overset{x \neq 0}{\iff} x^2 < 3 \iff -\sqrt{3} < x < \sqrt{3}.$$

Somit ist die Funktion auf $(-\infty, -\sqrt{3}) \cup (\sqrt{3}, \infty)$ streng monoton steigend und auf $(-\sqrt{3}, -1) \cup (-1, 1) \cup (1, \sqrt{3})$ streng monoton fallend.

d) Nach Teil c) können lokale Extrema bzw. Sattelpunkte nur an den Stellen

$$x = 0 \lor x = -\sqrt{3} \lor x = \sqrt{3}$$

auftreten (notwendige Bedingung). Für die zweite Ableitung von f gilt

$$f''(x) = \frac{(4x^3 - 6x)(x^2 - 1)^2 - (x^4 - 3x^2)2(x^2 - 1)2x}{(x^2 - 1)^4}$$

$$= \frac{4x^5 - 6x^3 - 4x^3 + 6x - 4x^5 + 12x^3}{(x^2 - 1)^3} = 2\frac{x^3 + 3x}{(x^2 - 1)^3}.$$

Weiterhin hat man

$$f''(-\sqrt{3}) = -2\sqrt{3}\frac{6}{(3 - 1)^3} = -\frac{3}{2}\sqrt{3} < 0,$$

$$f''(\sqrt{3}) = 2\sqrt{3}\frac{6}{(3 - 1)^3} = \frac{3}{2}\sqrt{3} > 0, \quad f''(0) = 0.$$

Somit liegt ein lokales Maximum an der Stelle $x = -\sqrt{3}$ und ein lokales Minimum an der Stelle $x = \sqrt{3}$ vor. Wegen Teil c) können keine absoluten Extrema vorliegen. An der Stelle $x = 0$ liegt im Falle $f'''(x) \neq 0$ ein Sattelpunkt vor. Um mögliche Wendepunkte von f zu ermitteln, ist die Betrachtung von f'' notwendig:

$$f''(x) = 0 \Leftrightarrow 2\frac{x^3 + 3x}{(x^2 - 1)^3} = 0 \Leftrightarrow x^3 + 3x = 0 \Leftrightarrow x = 0.$$

Für f''' gilt schließlich

$$f'''(x) = 2\frac{(3x^2 + 3)(x^2 - 1)^3 - (x^3 + 3x)3(x^2 - 1)^2 2x}{(x^2 - 1)^6}$$
$$= 2\frac{3x^4 + 3x^2 - 3x^2 - 3 - 6x^4 - 18x^2}{(x^2 - 1)^4} = -6\frac{x^4 + 6x^2 + 1}{(x^2 - 1)^4}.$$

Wegen $f'''(0) = -6$ liegt also an der Stelle $x = 0$ ein Sattelpunkt vor.

e) Zeichnung in Abb. 2.11.

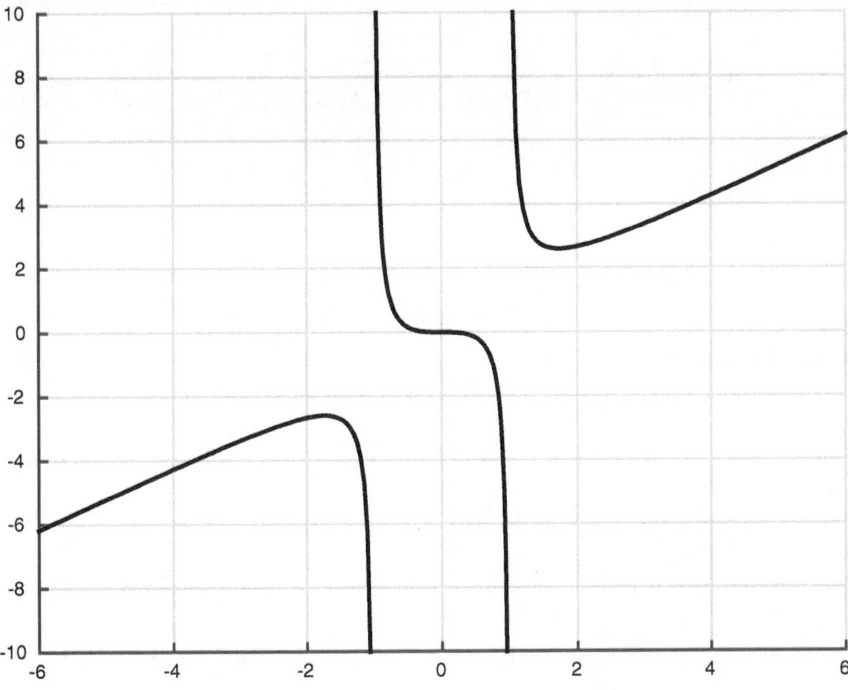

Abb. 2.11 Beispiel Aufg. 162

2.5 Taylorformel

Aufgabe 163

▶ **Taylorformel, Lagrange-Restglied**

Berechnen Sie $e^{1/2}$ bis auf 10^{-3} exakt. Verwenden Sie dazu die Taylorformel mit Entwicklungspunkt 0 und die Darstellung des Restgliedes nach Lagrange.

Lösung

Für die Taylorreihe der Exponentialfunktion mit Entwicklungspunkt $x_0 = 0$ und deren Restgliedabschätzung nach Lagrange gilt

$$\exp(x) = \sum_{n=0}^{\infty} \frac{x^n}{n!}, \quad x \in \mathbb{R};$$

da $\exp^{(n+1)} = \exp \leq 2$ in $[0, 1/2]$ (vgl. z. B. Aufg. 132, a)), gilt für das Restglied

$$\left| R_{\exp,n,0}\left(\frac{1}{2}\right) \right| = \left| \frac{1}{(n+1)!} \exp^{(n+1)}(\xi) \frac{1}{2^{n+1}} \right| \leq \frac{2}{(n+1)!2^{n+1}}$$

$$= \frac{1}{(n+1)!2^n}, \ \xi \in \left[0, \frac{1}{2}\right].$$

Es soll gelten

$$\left| R_{\exp,n,0}\left(\frac{1}{2}\right) \right| < \frac{1}{1000}.$$

Wählt man n so groß, dass gilt

$$\frac{1}{(n+1)!2^n} < \frac{1}{1000} \ \Leftrightarrow \ 1000 < (n+1)!2^n,$$

dann ist diese Bedingung für $n = 4$ erfüllt:

$$n = 0: 1; \quad n = 1: 4; \quad n = 2: 24; \quad n = 3: 192; \quad n = 4: 1920.$$

Für den gesuchten Näherungswert von $e^{1/2}$ bis auf 10^{-3} Genauigkeit erhält man somit

$$e^{1/2} \approx \sum_{n=0}^{4} \frac{1}{n!}\left(\frac{1}{2}\right)^n = 1 + \frac{1}{2} + \frac{1}{8} + \frac{1}{48} + \frac{1}{384} = \frac{633}{384} = 1{,}6484375.$$

Aufgabe 164

▶ **Taylorreihe**

Gegeben Sei die Funktion f mit $f(x) = \ln(1 + x)$, $x > -1$.

a) Entwickeln Sie die Funktion f in eine Taylorreihe um Null.
b) Bestimmen Sie den Wert von $\ln(2)$ als Bruch bis auf $2 \cdot 10^{-1}$ genau.

Lösung

a) Mit Hilfe vollständiger Induktion sieht man, dass die n-te Ableitung der Funktion
f gegeben ist durch

$$f^{(n)}(x) = (\ln(1 + x))^{(n)} = (-1)^{n-1} \frac{(n - 1)!}{(1 + x)^n} \, .$$

Also gilt für die Taylorentwicklung an der Stelle 0

$$\ln(1 + x) = \sum_{n=0}^{\infty} \frac{1}{n!} f^{(n)}(0) x^n = \sum_{n=1}^{\infty} \frac{1}{n!} (-1)^{n-1}(n - 1)! x^n = -\sum_{n=1}^{\infty} \frac{(-1)^n}{n} x^n.$$

Bemerkung: Hinsichtlich der Konvergenz dieser Reihe sei z. B. auf [3], VIII.62, und
auf Teil b) unten für $x = 1$ verwiesen.

b) Nach Teil a) gilt

$$\ln(2) = -\sum_{n=1}^{\infty} \frac{(-1)^n}{n}.$$

Da diese Reihe nach dem Leibniz-Kriterium (alternierende harmonische Reihe)
konvergiert, läßt sich der Rest wie folgt abschätzen

$$\left| \sum_{k=n}^{\infty} \frac{(-1)^k}{k} \right| \leq \left| \frac{(-1)^n}{n} \right| = \frac{1}{n}.$$

Für $n = 5$ wird somit die geforderte Genauigkeit erreicht, also

$$\ln(2) \approx 1 - 1/2 + 1/3 - 1/4 = 7/12.$$

Aufgabe 165

► **Taylorpolynome**

Bestimmen Sie die Taylorpolynome der folgenden Funktionen vom Grad m mit Entwicklungspunkt x_0:

a) $f : \mathbb{R} \to \mathbb{R},\ x \mapsto e^{e^x};\ m = 3;\ x_0 = 0;$
b) $g : \mathbb{R} \to \mathbb{R},\ x \mapsto \sin(x);\ m = 2n + 1, n \in \mathbb{N}_0;\ x_0 = \pi.$

Lösung

Die Taylorformel lautet

$$h(x) = \sum_{k=0}^{\infty} \frac{h^{(k)}(x_0)}{k!}(x - x_0)^k.$$

a) Die ersten drei Ableitungen der Funktion f lauten

$$f'(x) = (e^{e^x})' = e^x e^{e^x};\quad f''(x) = (e^x e^{e^x})' = e^x e^{e^x} + e^x e^x e^{e^x}$$
$$= (e^x + e^{2x})e^{e^x};$$
$$f'''(x) = ((e^x + e^{2x})e^{e^x})' = (e^x + 2e^{2x})e^{e^x} + (e^x + e^{2x})e^x e^{e^x}$$
$$= (e^x + 3e^{2x} + e^{3x})e^{e^x}.$$

Damit gilt für das Taylorpolynom von f vom Grad $m = 3$ und Entwicklungspunkt $x_0 = 0$

$$T_{f,3,0}(x) = \sum_{k=0}^{3} \frac{f^{(k)}(0)}{k!}x^k = e + ex + ex^2 + \frac{5e}{6}x^3.$$

b) Es gilt

$$g^{(2n)}(x) = (-1)^n \sin(x),\ g^{(2n+1)}(x) = (-1)^n \cos(x);$$
$$g^{(2n)}(\pi) = (-1)^n \sin(\pi) = 0;\ g^{(2n+1)}(\pi) = (-1)^n \cos(\pi) = (-1)^{n+1}.$$

Somit lautet das Taylorpolynom von g vom Grad $m = 2n + 1$ und Entwicklungspunkt $x_0 = \pi$

$$T_{g,2n+1,\pi}(x) = \sum_{k=0}^{2n+1} \frac{g^{(k)}(\pi)}{k!}(x - \pi)^k = \sum_{k=0}^{n} \frac{(-1)^{k+1}}{(2k + 1)!}(x - \pi)^{2k+1}.$$

Aufgabe 166

▶ **Taylorreihe**

Zu $\alpha \in \mathbb{R}$ werde $f : (-1, \infty) \ni x \mapsto (1 + x)^{\alpha} \in \mathbb{R}$ betrachtet.

a) Bestimmen Sie die Taylorreihe T_{f,x_0} für $x_0 = 0$.
b) Stellt T_{f,x_0} die Funktion f in $(0, 1)$ dar?
c) Approximieren Sie $\dfrac{1}{2}\sqrt[5]{34} = (1 + 2^{-4})^{1/5}$ mit einer Genauigkeit von 10^{-4}.

Hinweis: Verwenden Sie in a) $\dbinom{\alpha}{k} = \dfrac{\alpha(\alpha - 1)\ldots(\alpha - k + 1)}{k!}$.

Lösung

a) Mit Hilfe vollständiger Induktion erhält man

$$f^{(k)}(x) = \left(\prod_{i=0}^{k-1}(\alpha - i)\right)(1 + x)^{\alpha - k}\,.$$

Also gilt für die Taylorentwicklung um $x_0 = 0$ (s. Hinweis)

$$T_{f,0} = \sum_{k=0}^{\infty}\binom{\alpha}{k}x^k\,.$$

b) Nach dem Quotientenkriterium konvergiert die Reihe, falls

$$\left|\frac{\alpha\cdots(\alpha - k)k!}{\alpha\cdots(\alpha - k + 1)(k + 1)!}x\right| \le q < 1$$

$$\Longleftrightarrow \underbrace{\left|\frac{\alpha}{k + 1} - \frac{k}{k + 1}\right|}_{=:\beta_k}|x| \le q < 1$$

für $k \ge K$ gilt. Ein solches $K \in \mathbb{N}$ existiert offenbar für alle $|x| < 1$, da $\beta_k \to 1$ $(k \to \infty)$. Also konvergiert $T_{f,0}$ für $x \in (0, 1)$. Weiter gilt

$$f(x) = \sum_{k=0}^{n}\frac{f^{(k)}(0)}{k!}x^k + R_n(x; 0)$$

und wegen $\binom{\alpha}{n+1} \leq 1$ für $n \geq \alpha$ folgt für solche n und $|x| < 1$ (s. Teil a) für $f^{(n+1)}$)

$$|R_n(x;0)| \leq \frac{|x|^{n+1}}{(n+1)!} \max_{0 \leq t \leq 1} \left| f^{(n+1)}(tx) \right|$$

$$\leq \frac{1}{(n+1)!} \prod_{i=0}^{n} (\alpha - i) 2^{\alpha - (n+1)} = 2^{\alpha} \binom{\alpha}{n+1} 2^{-(n+1)}$$

$$\leq 2^{\alpha} \cdot 2^{-(n+1)} \to 0 \, (\to \infty).$$

Also konvergiert das Restglied gegen 0 gleichmäßig für $x \in (0, 1)$, und damit ist f in $(0, 1)$ durch ihre Taylorreihe dargestellt.

c) Um die Genauigkeit 10^{-4} zu erreichen, muss das Restglied kleiner als diese Zahl werden. Es ist (mit $\alpha = 1/5$)

$$(1 + x)^{1/5} = \sum_{k=0}^{\infty} \binom{\alpha}{k} x^k, \quad x \in (0, 1)$$

und für das Restglied gilt

$$R_n(2^{-4}; 0) \leq 2^{1/5} 2^{-4(n+1)} \binom{1/5}{n+1} 2^{-(n+1)} \leq 2^{1/5} \cdot 2^{-5(n+1)}.$$

Weiter ist für $n = 2$

$$2^{1/5} \cdot 2^{-5(2+1)} = 2^{1/5} \cdot 2^{-15} < 10^{-4} < 2^{1/5} \cdot 2^{-10} = 2^{1/5} \cdot 2^{-5(1+1)}.$$

Wähle also $n = 2$. Dann ist $|R_2| < 10^{-4}$ und

$$\left(1 + 2^{-4}\right)^{1/5} = \sum_{k=0}^{2} \binom{1/5}{k} 2^{-4k} + R_2$$

$$= 1 + \binom{1/5}{1} 2^{-4} + \binom{1/5}{2} 2^{-8} + R_2$$

$$= 1 + \frac{1}{80} - \frac{1}{3200} + R_2 = 1{,}012188 + R_2.$$

Aufgabe 167

▶ **Taylorpolynome**

Bestimmen Sie das Taylorpolynom $T_{f,4,0}$ zu folgenden auf $\mathbb{R}$ definierten Funktionen:

a) $f : f(x) = \sin(x \exp(x))$;
b) $f : f(x) = \ln(3 + x^3)$.

Lösung

a) Man berechnet die ersten vier Ableitungen von f:

$$f'(x) = (\exp(x) + x \exp(x)) \cos(x \exp(x))$$
$$= \exp(x)(1 + x) \cos(x \exp(x))$$

$$f''(x) = (\exp(x) + (1 + x) \exp(x)) \cos(x \exp(x))$$
$$- \exp^2(x)(1 + x)^2 \sin(x \exp(x))$$
$$= -\sin(x \exp(x))(\exp(x) + x \exp(x))^2$$
$$+ \cos(x \exp(x))(2 \exp(x) + x \exp(x))$$

$$f'''(x) = -\cos(x \exp(x))(\exp(x) + x \exp(x))^3$$
$$- 3 \sin(x \exp(x))(\exp(x) + x \exp(x))$$
$$\cdot (2 \exp(x) + x \exp(x)) + \cos(x \exp(x))(3 \exp(x) + x \exp(x))$$

$$f^{(4)}(x) = \sin(x \exp(x))(\exp(x) + x \exp(x))^4$$
$$- 6 \cos(x \exp(x))(\exp(x) + x \exp(x))^2$$
$$\cdot (2 \exp(x) + x \exp(x)) - 3 \sin(x \exp(x))(2 \exp(x) + x \exp(x))^2$$
$$- 4 \sin(x \exp(x))(\exp(x) + x \exp(x))(3 \exp(x) + x \exp(x))$$
$$+ \cos(x \exp(x))(4 \exp(x) + x \exp(x)).$$

Es folgt

$$f(0) = 0, \; f'(0) = 1, \; f''(0) = 2, \; f'''(0) = 2, \; f^{(4)}(0) = -8$$

und daraus

$$T_{f,4,0}(x) = x + x^2 + \frac{1}{3}x^3 - \frac{1}{3}x^4.$$

b) Auch hier leitet man f viermal ab:

$$f'(x) = \frac{3x^2}{3 + x^3}$$

$$f''(x) = \frac{6x}{3 + x^3} - \frac{9x^4}{(3 + x^3)^2}$$

$$f'''(x) = \frac{6}{3 + x^3} - \frac{54x^3}{(3 + x^3)^2} + \frac{54x^6}{(3 + x^3)^3}$$

$$f^{(4)}(x) = \frac{-180x^2}{(3 + x^3)^2} + \frac{648x^5}{(3 + x^3)^3} - \frac{486x^8}{(3 + x^3)^4}$$

Es folgt:

$$f(0) = \ln(3), \; f'(0) = 0, \; f''(0) = 0, \; f'''(0) = 2, \; f^{(4)}(0) = 0$$

und daraus

$$T_{f,4,0}(x) = \ln(3) + \frac{1}{3}x^3.$$

Aufgabe 168

▶ **Taylorpolynom**

Entwickeln Sie die Funktion

$$f(x) = \lambda(x^2 - F^2)^2$$

bis zur 4. Ordnung um alle Minima (λ und F sind reelle Zahlen).

Lösung

Minimum von $f(x) = \lambda(x^2 - F^2)^2$:

$$f'(x) = 4\lambda x(x^2 - F^2), \; f''(x) = 4\lambda(3x^2 - F^2)$$
$$f'(x) = 0 \Leftrightarrow x = 0 \text{ oder } (x - F) = 0 \text{ oder } (x + F) = 0$$
$$\Leftrightarrow x = 0 \text{ oder } x = F \text{ oder } x = -F$$
$$f''(0) = -4\lambda F^2 \,; \; f''(\pm F) = 8\lambda F^2$$

F = 0 :

$$f(x) = \lambda x^4 \begin{cases} < 0; \lambda < 0, \; x \in \mathbb{R} \setminus \{0\} \; \Rightarrow \; \text{kein Minimum.} \\ > 0; \lambda > 0, \; x \in \mathbb{R} \setminus \{0\} \text{ und } f(0) = 0 \; \Rightarrow \; \text{Minimum bei } x = 0. \end{cases}$$

Im Fall $\lambda < 0$ ist f nach unten unbeschränkt, hat also kein Minimum. Für das Taylorpolynom erhält man also

$$T_{f,4,0}(x) = \lambda x^4$$

F ≠ 0 :

$$f''(0) = \begin{cases} < 0; \lambda > 0; (\text{max}) \\ > 0; \lambda < 0; (\text{min}) \end{cases} \quad f''(\pm F) = \begin{cases} > 0; \lambda > 0; (\text{min}) \\ < 0; \lambda < 0; (\text{max}) \end{cases}.$$

Für die Taylorpolynome an den Minima ergibt sich also

$$T_{f,4,0}(x) = \lambda F^4 - 2\lambda F^2 x^2 + \lambda x^4$$
$$T_{f,4,F}(x) = 4\lambda F^2(x - F)^2 + 4\lambda F(x - F)^3 + \lambda(x - F)^4$$
$$T_{f,4,-F}(x) = 4\lambda F^2(x + F)^2 - 4\lambda F(x + F)^3 + \lambda(x + F)^4.$$

Bemerkung: Da f selbst ein Polynom 4. Grades ist, sind die angegebenen Taylorpolynome alle auch gleich f selbst.

Aufgabe 169

▶ **Newton-Verfahren**

Es sei $f : [a, b] \longrightarrow \mathbb{R}$ zweimal stetig differenzierbar und es gebe m, M mit:

$$|f'(x)| \geq m , \quad |f''(x)| \leq M , \quad x \in [a, b], \, m > 0 .$$

Die Iterationsfolge des Newton-Verfahrens ist folgendermaßen definiert:

$$x_0 \in [a, b] ; \quad x_{n+1} := x_n - f(x_n) f'(x_n)^{-1} , \quad n \in \mathbb{N}_0 .$$

Beweisen Sie:

a) f hat in $[a, b]$ höchstens eine Nullstelle.

b) Ist z eine Nullstelle von f in (a, b), so gilt mit $r := \min\{2mM^{-1}, b - z, z - a\}$, $x_0 \in [a, b] \cap (z - r, z + r)$ und $q := (2m)^{-1} M |x_0 - z| < 1$ für alle $n \in \mathbb{N}_0$:

1) $x_n \in [a, b]$, $|z - x_{n+1}| \leq (2m)^{-1} M |z - x_n|^2$;

2) $|z - x_n| \leq (2m) M^{-1} q^{(2^n)}$;

3) $\lim\limits_{n} x_n = z$.

Lösung

a) Da f' stetig ist, gilt entweder $f'(x) \geq m > 0$, $x \in [a, b]$ oder $-f'(x) \geq m > 0$, $x \in [a, b]$, d. h. f ist streng monoton wachsend (bzw. fallend) und besitzt somit höchstens eine Nullstelle in $[a, b]$.

b) Es bezeichne $K_r(z)$ das offene Intervall $(z - r, z + r)$.

1) Mit $x, y \in K_r(z)$ gilt die Taylorformel

$$f(y) = f(x) + (y - x) f'(x) + R_2(y; x)$$

mit der Abschätzung für das Restglied

$$|R_2(y; x)| \leq \frac{1}{2} |x - y|^2 M .$$

Setze $g(x) := x - \frac{f(x)}{f'(x)}$. Dann gilt

$$g(x) - z = -\frac{1}{f'(x)} \big(f(x) + (z - x) f'(x) \big) = \frac{1}{f'(x)} R_2(z; x) .$$

Mit $x \in K_r(z)$ folgt also

$$|g(x) - z| \leq \frac{M}{2m} |x - z|^2 < \frac{M}{2m} r^2 \leq r \qquad (*)$$

und damit auch $g(x) \in K_r(z)$. Wegen $x_{n+1} = g(x_n)$ und $x_0 \in K_r(z)$ sind alle $x_n \in K_r(z)$. Weiter gilt wegen (∗)

$$|z - x_{n+1}| = |z - g(x_n)| \leq \frac{M}{2m}|z - x_n|^2, \; n \in \mathbb{N}_0.$$

2) Setze $r_n := \frac{|z-x_n|M}{2m}$. Dann gilt mit Ungleichung (∗) gerade $r_{n+1} \leq r_n^2$, $n \in \mathbb{N}$. Also folgt

$$r_n \leq r_0^{(2^n)} \iff |z - x_n| \leq \frac{2m}{M}q^{(2^n)}.$$

3) Wegen obiger Ungleichung und $q < 1$, und weil $\frac{2m}{M}q^{(2^n)}$ eine Nullfolge ist, gilt $|z - x_n| \to 0 \; (n \to \infty)$.

Aufgabe 170

▶   **Ungleichungen, Taylorentwicklung**

Beweisen Sie die folgenden Ungleichungen:

a) Für $x \in (0, \infty)$, $\alpha \in (0, 1)$ gilt: $x^\alpha - \alpha x \leq 1 - \alpha$.
b) Für $a, b \in (0, \infty)$ und $\alpha, \beta \in (0, 1)$ mit $\alpha + \beta = 1$ gilt: $a^\alpha b^\beta \leq \alpha a + \beta b$.

c) Für $a, b \in (0, \infty)$ und $p, q \in (1, \infty)$ mit $\dfrac{1}{p} + \dfrac{1}{q} = 1$ gilt: $ab \leq \dfrac{1}{p}a^p + \dfrac{1}{q}b^q$.

Hinweis: Betrachten Sie in a) die Funktion $f(x) = x^\alpha - \alpha x$ und verwenden sie Taylorentwicklung bis zur ersten Ordnung. Für b) läßt sich das Ergebnis aus a) benutzen.

Lösung

a) Wie im Hinweis angegeben entwickeln wir $f(x) = x^\alpha - \alpha x$ nach Taylor bis zur ersten Ordnung. Als Entwicklungspunkt wählen wir $x_0 = 1$. Die benötigten Ableitungen ergeben sich zu:

$$f'(x) = \alpha x^{\alpha-1} - \alpha$$
$$f''(x) = \alpha(\alpha - 1)x^{\alpha-2}$$
$$f'(1) = 0.$$

Mit $f(1) = 1 - \alpha$ folgt für beliebiges $x \in (0, \infty)$:

$$f(x) = f(1) + f'(1)(x - 1) + \frac{1}{2}f''(\xi)(x - 1)^2 \; (\xi \text{ zwischen } x \text{ und } 1)$$

$$= 1 - \alpha + \frac{1}{2}\underbrace{\alpha}_{>0}\underbrace{(\alpha - 1)}_{<0}\underbrace{\xi^{\alpha-2}}_{>0}\underbrace{(x - 1)^2}_{\geq 0} \leq 1 - \alpha.$$
$$\underbrace{\phantom{\frac{1}{2}\alpha(\alpha - 1)\xi^{\alpha-2}(x - 1)^2}}_{\leq 0}$$

b) Man erhält unter Verwendung von a) für $x = \frac{a}{b}$

$$a^\alpha b^\beta = a^\alpha b^{1-\alpha} = b \cdot \left(\frac{a}{b}\right)^\alpha$$

$$\leq b \cdot \left(1 - \alpha + \alpha\frac{a}{b}\right) = b \cdot (1 - \alpha) + \alpha a = a\alpha + b\beta.$$

c) Anwendung von b) mit $\alpha = 1/p$ und $\beta = 1/q$ liefert:

$$ab = (a^p)^{\frac{1}{p}}(b^q)^{\frac{1}{q}} \leq \frac{1}{p}a^p + \frac{1}{q}b^q.$$

2.6   Eigenschaften trigonometrischer Funktionen

Aufgabe 171

▶   **Gerade und ungerade Funktionen**

Eine Funktion $f : \mathbb{R} \longrightarrow \mathbb{R}$ heißt *gerade*, wenn $f(-x) = f(x)$ für alle $x \in \mathbb{R}$, und *ungerade*, wenn $f(-x) = -f(x)$ für alle $x \in \mathbb{R}$.

Sei f für alle $x \in \mathbb{R}$ differenzierbar.

a) Zeigen Sie: Die Ableitung einer geraden (ungeraden) Funktion ist ungerade (gerade).

b) Sei: $f : \mathbb{R} \longrightarrow \mathbb{R}$ die Polynomfunktion

$$f(x) = a_0 + a_1 x + \cdots + a_n x^n, \quad (a_k \in \mathbb{R}).$$

Beweisen Sie: f ist genau dann gerade (ungerade), wenn $a_k = 0$ für alle ungeraden (geraden) Indizes k.

Hinweis: Verwenden Sie für b) die Aussage von a) auch für höhere Ableitungen.

Lösung

a) Sei $x_0 \in \mathbb{R}$ beliebig. Ist f gerade, so gilt

$$f'(-x_0) = \lim_{x \to -x_0} \frac{f(-x_0) - f(x)}{-x_0 - x}$$

$$= \lim_{y \to x_0} \frac{f(-x_0) - f(-y)}{-x_0 + y}$$

$$= -\lim_{y \to x_0} \frac{f(x_0) - f(y)}{x_0 - y} = -f'(x_0).$$

Ist f ungerade, so erhält man

$$
\begin{aligned}
f'(-x_0) &= \lim_{x \to -x_0} \frac{f(-x_0) - f(x)}{-x_0 - x} \\
&= \lim_{y \to x_0} \frac{f(-x_0) - f(-y)}{-x_0 + y} \\
&= \lim_{y \to x_0} \frac{-f(x_0) + f(y)}{-x_0 + y} \\
&= \lim_{y \to x_0} \frac{f(x_0) - f(y)}{x_0 - y} = f'(x_0).
\end{aligned}
$$

b) Ist $a_k = 0$ für alle geraden Indizes k, also $f(x) = \sum_{j=0}^{l} a_{2j+1} x^{2j+1}$, so folgt

$$
\begin{aligned}
f(-x) &= \sum_{j=0}^{l} a_{2j+1}(-x)^{2j+1} = \sum_{j=0}^{l} a_{2j+1}(-1)^{2j+1} x^{2j+1} = -\sum_{j=0}^{l} a_{2j+1} x^{2j+1} \\
&= -f(x);
\end{aligned}
$$

also ist f ungerade.

Ist $a_k = 0$ für alle ungeraden Indizes k, also $f = \sum_{j=0}^{l} a_{2j} x^{2j}$, so folgt

$$
f(-x) = \sum_{j=0}^{l} a_{2j}(-x)^{2j} = \sum_{j=0}^{l} a_{2j} x^{2j} = f(x);
$$

also ist f gerade.

Sei jetzt $f := \sum_{i=0}^{n} a_i x^i$ (d. h. $grad(f) = n$). Wir zeigen induktiv, dass dann alle a_i mit ungeradem Index i verschwinden, falls f gerade ist, und alle a_i mit geradem Index i verschwinden, falls f ungerade ist.

Im Fall $n = 0$ ist $f(x) = a_0$. Es tritt noch kein Koeffizient mit ungeradem Index auf, so dass nur zu zeigen ist, dass a_0 verschwindet, falls f als ungerade vorausgesetzt wird. Dies folgt leicht aus $a_0 = f(-1) = -f(1) = -a_0$. Wir nehmen nun an, die Aussage sei bis zum Grad n bewiesen und zeigen sie für $grad(f) = n + 1$. Ist $f : f(x) = \sum_{i=0}^{n+1} a_i x^i$ gerade, so gilt nach a), dass $f' : f'(x) = \sum_{i=0}^{n} (i + 1)a_{i+1} x^i$ ungerade ist, also nach Induktionsvoraussetzung

$$
(i + 1)a_{i+1} = 0, \ i = 0,\ldots,n, \ i \text{ gerade,}
$$

und somit $a_1 = 0, a_3 = 0,\ldots,a_{n+1} = 0$, falls n gerade ist, bzw. $a_1 = 0, a_3 = 0,\ldots,a_n = 0$, falls n ungerade ist, also die Behauptung (falls f gerade ist).

Ist f ungerade, so gilt nach a), dass $f' : f'(x) = \sum_{i=0}^{n}(i+1)a_{i+1}x^i$ gerade ist, also nach Induktionsvoraussetzung

$$(i+1)a_{i+1} = 0,\ i = 0,\ldots,n,\ i\ \text{ungerade},$$

und somit $a_2 = 0, a_4 = 0, \ldots, a_{n+1} = 0$, falls n ungerade ist, bzw. $a_2 = 0$, $a_4 = 0, \ldots, a_n = 0$, falls n gerade ist. Somit bleibt nur noch $a_0 = 0$ zu zeigen. Diese Eigenschaft folgt aber unmittelbar aus $a_0 = f(0) = -f(0) = -a_0$, womit der Beweis abgeschlossen ist.

Aufgabe 172

▶ **Additionstheoreme für sin und cos**

Beweisen Sie für $x, y \in \mathbb{R}$ die beiden Additionstheoreme

$$\sin(x+y) = \sin(x)\cos(y) + \cos(x)\sin(y)$$

und

$$\cos(x+y) = \cos(x)\cos(y) - \sin(x)\sin(y)$$

Hinweis: Betrachten Sie die Funktion

$$F(x) = [\sin(x+y) - \sin(x)\cos(y) - \cos(x)\sin(y)]^2$$
$$+ [\cos(x+y) - \cos(x)\cos(y) + \sin(x)\sin(y)]^2$$

und verwenden Sie das bekannte Ergebnis, dass aus $F'(x) = 0\ \forall x$ folgt: $F = $ konst.

Lösung

Sei $y \in \mathbb{R}$ beliebig. Differenziert man die im Hinweis angegebene Funktion F, so erhält man:

$$F'(x) = 2[\sin(x+y) - \sin(x)\cos(y) - \cos(x)\sin(y)]$$
$$\cdot\, [\cos(x+y) - \cos(x)\cos(y) + \sin(x)\sin(y)]$$
$$+ 2[\cos(x+y) - \cos(x)\cos(y) + \sin(x)\sin(y)]$$
$$\cdot\, [-\sin(x+y) + \sin(x)\cos(y) + \cos(x)\sin(y)] = 0.$$

Nach dem Hinweis ist dann F konstant auf ganz $\mathbb{R}$ und wegen

$$F(0) = [\sin(y) - \sin(y)]^2 + [\cos(y) - \cos(y)]^2 = 0$$

folgt $F \equiv 0$. Nun gilt aber für beliebige $a, b \in \mathbb{R}$:

$$a^2 + b^2 = 0 \iff a = 0 \wedge b = 0\,.$$

Angewendet auf $F(x)$ zeigt das die beiden Behauptungen.

Aufgabe 173

► **Trigonometrische Funktionen**

Beweisen Sie folgende Eigenschaften der trigonometrischen Funktionen:

a) $\cos\left(\frac{\pi}{2}\right) = 0, \quad \sin\left(\frac{\pi}{2}\right) = 1$;
b) $\cos\left(x + \frac{\pi}{2}\right) = -\sin(x), \quad \sin\left(x + \frac{\pi}{2}\right) = \cos(x), \quad x \in \mathbb{R}$;
c) $\cos(x + \pi) = -\cos(x), \quad \sin(x + \pi) = -\sin(x), \quad x \in \mathbb{R}$;
d) $\cos(x + 2\pi) = \cos(x), \quad \sin(x + 2\pi) = \sin(x), \quad x \in \mathbb{R}$.

Hinweis: Sie dürfen die Additionstheoreme für sin und cos (vgl. Aufg. 172) und die Definition von π (i. e. $\pi/2$ ist kleinste positive Nullstelle von cos) benutzen.

Lösung

Im weiteren Verlauf werden die folgenden Additionstheoreme für cos und sin benutzt:

$$\cos(x + y) = \cos(x)\cos(y) - \sin(x)\sin(y), \quad x, y \in \mathbb{R};$$
$$\sin(x + y) = \sin(x)\cos(y) + \cos(x)\sin(y), \quad x, y \in \mathbb{R}.$$

a) Nach Definition ist $\frac{\pi}{2}$ die kleinste positive Nullstelle des Cosinus, d. h.

$$\cos\left(\frac{\pi}{2}\right) = 0.$$

Mit Hilfe von $\cos^2(x) + \sin^2(x) = 1 \; \forall\, x \in \mathbb{R}$ erhält man daher

$$\cos^2\left(\frac{\pi}{2}\right) + \sin^2\left(\frac{\pi}{2}\right) = 1 \;\Rightarrow\; \sin\left(\frac{\pi}{2}\right) = 1 \;\vee\; \sin\left(\frac{\pi}{2}\right) = -1.$$

Da $\sin(0) = 0$ ist und die Steigung des Sinus, nämlich der Cosinus, positiv ist für $0 \leq x < \frac{\pi}{2}$, kann somit nur gelten:

$$\sin\left(\frac{\pi}{2}\right) = 1.$$

b)
$$\cos\left(x + \frac{\pi}{2}\right) = \cos(x)\cos\left(\frac{\pi}{2}\right) - \sin(x)\sin\left(\frac{\pi}{2}\right) \overset{a)}{=} \cos(x)\cdot 0 - \sin(x)\cdot 1$$
$$= -\sin(x);$$

$$\sin\left(x + \frac{\pi}{2}\right) = \sin(x)\cos\left(\frac{\pi}{2}\right) + \cos(x)\sin\left(\frac{\pi}{2}\right) \overset{a)}{=} \sin(x)\cdot 0 + \cos(x)\cdot 1$$

$$= \cos(x).$$

c)

$$\cos(x + \pi) = \cos\left(x + \frac{\pi}{2}\right)\cos\left(\frac{\pi}{2}\right) - \sin\left(x + \frac{\pi}{2}\right)\sin\left(\frac{\pi}{2}\right)$$

$$\overset{a),\,b)}{=} -\sin(x)\cdot 0 - \cos(x)\cdot 1 = -\cos(x);$$

$$\sin(x + \pi) = \sin\left(x + \frac{\pi}{2}\right)\cos\left(\frac{\pi}{2}\right) + \cos\left(x + \frac{\pi}{2}\right)\sin\left(\frac{\pi}{2}\right)$$

$$\overset{a),\,b)}{=} \cos(x)\cdot 0 - \sin(x)\cdot 1 = -\sin(x);$$

d)

$$\cos(x + 2\pi) = \cos(x + \pi)\cos(\pi) - \sin(x + \pi)\sin(\pi)$$

$$\overset{a),\,c)}{=} -\cos(x)\left(\cos\left(\frac{\pi}{2}\right)\cos\left(\frac{\pi}{2}\right) - \sin\left(\frac{\pi}{2}\right)\sin\left(\frac{\pi}{2}\right)\right)$$

$$+ \sin(x)\left(\sin\left(\frac{\pi}{2}\right)\cos\left(\frac{\pi}{2}\right) + \cos\left(\frac{\pi}{2}\right)\sin\left(\frac{\pi}{2}\right)\right)$$

$$\overset{a)}{=} -\cos(x)(0 - 1) + \sin(x)(0 + 0) = \cos(x);$$

$$\sin(x + 2\pi) = \sin(x + \pi)\cos(\pi) + \cos(x + \pi)\sin(\pi)$$

$$\overset{a),\,c)}{=} -\sin(x)\left(\cos\left(\frac{\pi}{2}\right)\cos\left(\frac{\pi}{2}\right) - \sin\left(\frac{\pi}{2}\right)\sin\left(\frac{\pi}{2}\right)\right)$$

$$- \cos(x)\left(\sin\left(\frac{\pi}{2}\right)\cos\left(\frac{\pi}{2}\right) + \cos\left(\frac{\pi}{2}\right)\sin\left(\frac{\pi}{2}\right)\right)$$

$$\overset{a)}{=} -\sin(x)(0 - 1) - \cos(x)(0 + 0) = \sin(x).$$

Aufgabe 174

▶   **Trigonometrische Funktionen, Extrema**

a) Sei $y \in \mathbb{R}$ mit $\sin^2(y) = \cos(y)$. Zeigen Sie:

$$\cos(y) = \frac{1}{2}\left(\sqrt{5} - 1\right).$$

b) Die Funktion $g : \mathbb{R} \longrightarrow \mathbb{R}$ sei definiert durch

$$g(x) := \sin(x)\exp(\cos(x)), \quad x \in \mathbb{R}.$$

Beweisen Sie: g hat ein lokales Extremum in $\left(0, \frac{\pi}{2}\right)$.
Welche Art des Extremums liegt vor?

Lösung

a) Offenbar ist $\cos(y) = \sin^2(y) = 1 - \cos^2(y)$ positive Lösung der Gleichung (setze $x = \cos(y)$)

$$x^2 + x - 1 = 0.$$

Man erhält durch quadratische Ergänzung

$$x^2 + x - 1 = x^2 + 2x\,(1/2) + 1/4 - 5/4$$
$$= \left(x + 1/2 - \sqrt{5}/2\right)\left(x + 1/2 + \sqrt{5}/2\right).$$

Die positive Lösung der obigen Gleichung ist also

$$x = \frac{1}{2}\left(\sqrt{5} - 1\right) \in (0, 1).$$

b) g ist beliebig oft stetig differenzierbar. Notwendige Bedingung für das Vorliegen eines lokalen Extremums im Innern von $[0, \pi/2]$ ist also

$$g'(x) = \left[\cos(x) - \sin^2(x)\right] \cdot \exp(\cos(x)) = 0$$
$$\Leftrightarrow \quad \cos(x) = \sin^2(x)$$
$$\overset{a)}{\Leftrightarrow} \quad \cos(x) = \frac{1}{2}\left(\sqrt{5} - 1\right).$$

Da $\cos$ in $(0, \pi/2)$ injektiv mit Bildbereich $(0, 1)$ ist, existiert dort ein eindeutig bestimmtes x_0 mit

$$\cos(x_0) = \frac{1}{2}\left(\sqrt{5} - 1\right).$$

Im Innern von $[0, \pi/2]$ kann also höchstens an dieser Stelle x_0 ein lokales Extremum vorliegen.

Für die zweite Ableitung von g erhält man

$$g''(x) = \left[- \sin(x) - 2\sin(x)\cos(x)\right]\exp(\cos(x))$$
$$- \sin(x)\left[\cos(x) - \sin^2(x)\right]\exp(\cos(x)).$$

An der Stelle $x = x_0$ verschwindet der letzte Anteil in der Differenz, und es bleibt (wegen $\sin(x_0) > 0$ für $x_0 \in (0, \pi/2)$)

$$g''(x_0) = - \sin(x_0)(1 + 2\cos(x_0))\exp(\cos(x_0))$$
$$= - \sin(x_0)\sqrt{5}\exp(\cos(x_0)) < 0.$$

An der Stelle x_0 liegt also ein lokales Maximum vor. An den beiden Rändern $a = 0$ und $b = \pi/2$ finden wir demzufolge lokale Minima (vgl. Abb. 2.12 bis 2.15).

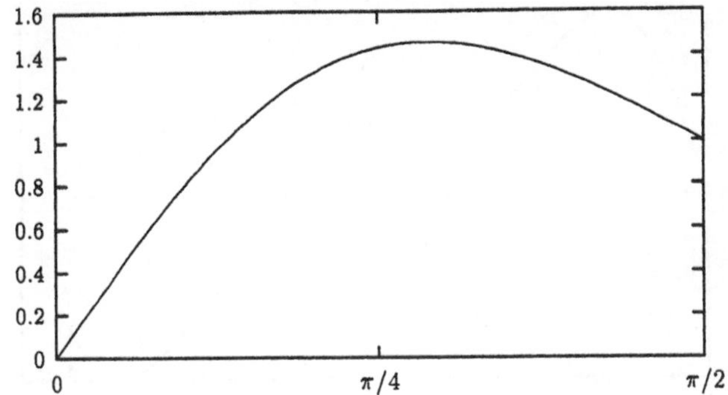

Abb. 2.12   Verlauf der Funktion g in $[0, \pi/2]$

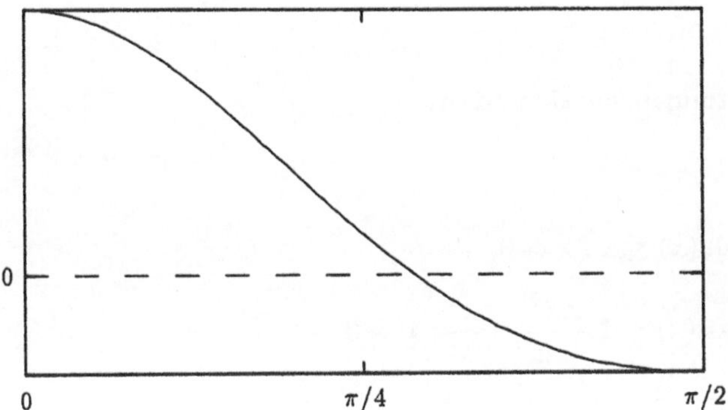

Abb. 2.13   Verlauf der ersten Ableitung g' in $[0, \pi/2]$

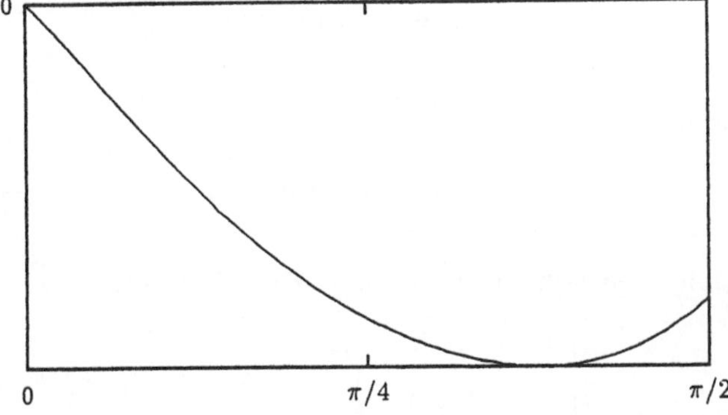

Abb. 2.14   Verlauf der zweiten Ableitung g'' in $[0, \pi/2]$

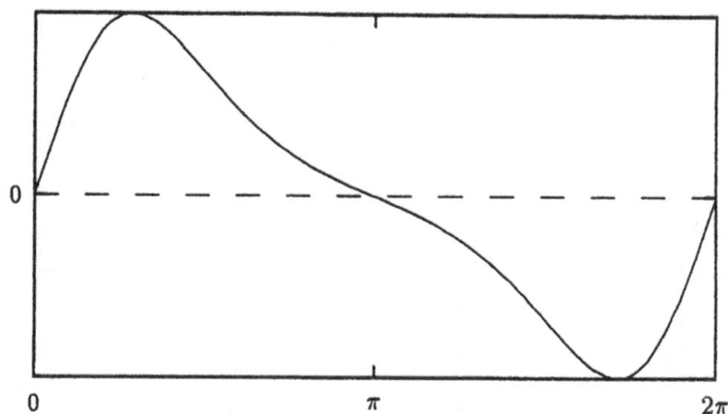

Abb. 2.15 Verlauf der Funktion g in $[0, 2\pi]$

Aufgabe 175

▶ **Abschätzungen von sin und cos**

Zeigen Sie:

a) $x - \dfrac{x^3}{6} \le \sin(x) \le x$, $x > 0$;

b) $1 - \dfrac{x^2}{2} \le \cos(x) \le 1 - \dfrac{x^2}{2} + \dfrac{x^4}{24}$, $x > 0$.

Lösung

a) Wir beweisen zunächst die rechte Ungleichung und unterscheiden dazu zwei Fälle:
Fall 1: $x \ge \sqrt{6}$

In diesem Fall gilt unmittelbar mit Hilfe von $|\sin(x)| \le 1$, dass

$$\sin(x) \le |\sin(x)| \le 1 \le \sqrt{6} \le x$$

Fall 2: $x < \sqrt{6}$

Es gilt:

$$-\sin(x) = \sum_{k=1}^{\infty} (-1)^k a_k =: s \, , \, a_k = \frac{x^{2k-1}}{(2k-1)!}$$

$(a_k)_{k \in \mathbb{N}}$ ist Teilfolge von $(\frac{x^l}{l!})_{l \in \mathbb{N}}$. Diese ist wegen

$$\frac{x^l}{l!} \le x^{l_0} \left(\frac{x}{l_0 + 1} \right)^{l - l_0} \to 0 \quad (x < l_0 < l, l \to \infty)$$

eine Nullfolge. (Die Ungleichung zeigt man durch Induktion über l.) Damit konvergiert $(a_k)_{k \in \mathbb{N}}$ ebenfalls gegen 0.

Weiter folgt aus $x < \sqrt{6}$, dass

$$x^2 < 6 \implies x^2 < (2k+1)2k \quad \forall k \in \mathbb{N}$$

$$\implies \frac{x^{2k+1}}{x^{2k-1}} = x^2 < (2k+1)2k = \frac{(2k+1)!}{(2k-1)!} \quad \forall k \in \mathbb{N}$$

$$\implies a_{k+1} < a_k \quad \forall k \in \mathbb{N};$$

also ist $(a_k)_{k\in\mathbb{N}}$ monoton fallend. Aus dem Leibnizkriterium erhält man dann $s_1 \le s$, also $-x \le -\sin(x)$ bzw. $\sin(x) \le x$.

Zum Beweis der linken Ungleichung geht man analog vor:

Fall 1: $x \ge \sqrt{20}$

In diesem Fall benutzt man wieder $|\sin(x)| \le 1$, denn man hat

$$x^2 - 6 \ge 14 \implies x(x^2 - 6) \ge 14\sqrt{20} > 6$$

$$\implies x^3 - 6x - 6 \ge 0$$

$$\implies x - \frac{x^3}{6} \le -1 \le \sin(x)$$

Fall 2: $x < \sqrt{20}$

Es gilt:

$$\sin(x) - x = \sum_{k=1}^{\infty}(-1)^k b_k =: s, \ b_k = \frac{x^{2k+1}}{(2k+1)!}.$$

Wie oben gesehen ist $(b_k)_{k\in\mathbb{N}}$ eine Nullfolge. Weiter folgt aus $x < \sqrt{20}$:

$$x^2 < 20 \implies x^2 < (2k+2)(2k+3) \quad \forall k \in \mathbb{N}$$

$$\implies \frac{x^{2k+3}}{x^{2k+1}} < \frac{(2k+3)!}{(2k+1)!} \quad \forall k \in \mathbb{N}$$

$$\implies a_{k+1} < a_k \quad \forall k \in \mathbb{N},$$

also ist $(a_k)_{k\in\mathbb{N}}$ monoton fallend. Aus dem Leibnizkriterium erhält man dann $s_1 \le s$, also $-\frac{x^3}{6} \le \sin(x) - x$ bzw. $x - \frac{x^3}{6} \le \sin(x)$.

b) Wir unterscheiden wieder zwei Fälle:

Fall 1: $x \ge \sqrt{12}$

Es ergibt sich unmittelbar mittels $|\cos(x)| \le 1$:

$$1 - \frac{x^2}{2} \le 1 - 6 = -5 \le -1 \le \cos(x)$$

und

$$x^2(x^2 - 12) \ge 0 \implies x^4 - 12x^2 \ge 0$$

$$\implies 1 - \frac{x^2}{2} + \frac{x^4}{24} \ge 1 \ge \cos(x).$$

Fall 2: $x < \sqrt{12}$

Man betrachtet analog Aufgabenteil a)

$$\cos(x) - 1 = \sum_{k=1}^{\infty} (-1)^k a_k =: s \quad a_k = \frac{x^{2k}}{(2k)!}.$$

$(a_k)_{k \in \mathbb{N}}$ ist eine Nullfolge (s. o.) und fällt monoton, denn

$$x < \sqrt{12} \Longrightarrow x^2 < 12$$
$$\Longrightarrow x^2 < (2k + 2)(2k + 1) \quad \forall k \in \mathbb{N}$$
$$\Longrightarrow \frac{x^{2k+2}}{(2k + 2)!} < \frac{x^{2k}}{(2k)!} \quad \forall k \in \mathbb{N}$$
$$\Longrightarrow a_{k+1} < a_k \quad \forall k \in \mathbb{N}.$$

Es folgt nach dem Leibnizkriterium $s_1 \le s \le s_2$, d. h.
$-\frac{x^2}{2} \le \cos(x) - 1 \le -\frac{x^2}{2} + \frac{x^4}{24}$ und daraus durch Addition von 1 die Behauptung.

Eine *alternative* (kürzere, aber nicht so elementare) *Lösung* ergibt sich wie folgt:

1): a) 2. Ungleichung: Sei $F(x) := \sin(x) - x$. Zu zeigen ist $F(x) \le 0$ für $x \ge 0$. Offenbar ist $F(0) = 0$ und

$$F'(x) = \cos(x) - 1 \le 0 .$$

Damit ist F monoton fallend, also $F(x) \le F(y) \forall x \ge y$; mit $y = 0$ folgt die Behauptung.

2): b) 1. Ungleichung: Sei $G(x) := \cos(x) - (1 - \frac{1}{2}x^2)$. Zu zeigen ist $G(x) \ge 0$ für $x \ge 0$. Offenbar ist $G(0) = 0$ und

$$G'(x) = -\sin(x) + x \overset{1)}{\ge} 0 .$$

Es folgt wie oben die Behauptung.

3): a) 1. Ungleichung: Sei $F(x) := \sin(x) - (x - \frac{x^3}{6})$. Zu zeigen ist $F(x) \ge 0$ für $x \ge 0$. Offenbar ist $F(0) = 0$ und

$$F'(x) = \cos(x) - \left(1 - \frac{1}{2}x^2\right) \overset{2)}{\ge} 0 .$$

Es folgt ganz analog die Behauptung.

4): b) 2. Ungleichung: Sei $G(x) := \cos(x) - (1 - \frac{1}{2}x^2 + \frac{x^4}{24})$. Zu zeigen ist $G(x) \le 0$ für $x \ge 0$. Offenbar ist $G(0) = 0$ und

$$G'(x) = -\sin(x) + x - \frac{1}{6}x^3 \overset{3)}{\le} 0 .$$

Wieder folgt sofort die Behauptung.

Aufgabe 176

▶   **Lösungen von gewöhnlichen Differentialgleichungen 2-ter Ordnung**

Gegeben sei die Differentialgleichung

$$y''(x) + y(x) = x + 1, \ x \in (0, \pi).$$

a) Zeigen Sie, dass jedes $y \in V$ mit

$$V := \{f \mid f(x) = x + 1 + \alpha \cos(x) + \beta \sin(x); \ \alpha, \beta \in \mathbb{R}\}$$

eine Lösung der Differentialgleichung ist.

b) Gegeben seien die folgenden Anfangs- bzw. Randwertbedingungen für die obige Differentialgleichung:
1) $y(0) = a, \ y'(0) = b; \quad a, b \in \mathbb{R};$
2) $y(0) = 1, \ y(\pi) = \pi.$
Untersuchen Sie für 1) bzw. 2), ob eine Lösung aus der Menge V existiert. Bestimmen Sie im Falle der Lösbarkeit alle Lösungen aus V.

Lösung

a) Einsetzen der Funktionen liefert direkt

$$(x + 1 + \alpha \cos(x) + \beta \sin(x))'' + (x + 1 + \alpha \cos(x) + \beta \sin(x))$$
$$= (1 - \alpha \sin(x) + \beta \cos(x))' + x + 1 + \alpha \cos(x) + \beta \sin(x)$$
$$= -\alpha \cos(x) - \beta \sin(x) + x + 1 + \alpha \cos(x) + \beta \sin(x) = x + 1.$$

b) 1) Einsetzen der Anfangswerte liefert

$$y(0) = a \wedge y'(0) = b \Leftrightarrow 1 + \alpha = a \wedge 1 + \beta = b$$
$$\Leftrightarrow \alpha = a - 1 \wedge \beta = b - 1,$$

d. h. es gibt eine eindeutige Lösung y mit

$$y(x) = x + 1 + (a - 1) \cos(x) + (b - 1) \sin(x)$$

für beliebige $a, b \in \mathbb{R}$.

2) Einsetzen der Randwerte liefert

$$y(0) = 1 \wedge y(\pi) = \pi \Leftrightarrow \alpha = 0 \wedge \alpha = 1 \ \text{(Widerspruch!)},$$

d. h. es gibt in diesem Fall keine Lösung.

Aufgabe 177

▶ **Lösungsmengen von gewöhnlichen Differentialgleichungen
n-ter Ordnung**

Gegeben Sei eine Differentialgleichung der Form

$$\sum_{k=0}^{n} a_k\, y^{(k)}(x) = g(x), \quad a_k \in \mathbb{R},\ a_n \neq 0,\ n \in \mathbb{N}_0.$$

Zeigen Sie:

a) Ist V die Menge der Lösungen der Differentialgleichung für $g = 0$, dann ist V einen Vektorraum.

b) Sei z eine Lösung der Differentialgleichung zu gegebenem g, und sei V_g die Menge der Lösungen der Differentialgleichung. Dann gilt

$$V_g = \{z + h \mid h \in V\}.$$

Hinweis: Die obige Differentialgleichung ist eine *lineare Differentialgleichung n-ter Ordnung mit konstanten Koeffizienten*. Gilt $g = 0$, so liegt eine *homogene Differentialgleichung* vor; ist $g \neq 0$, eine *inhomogene Differentialgleichung*.

Lösung

a) 1) Die Nullfunktion liegt offensichtlich in V, denn es gilt

$$\sum_{k=0}^{n} a_k\, y^{(k)}(x) = \sum_{k=0}^{n} a_k \cdot 0 = 0.$$

2) Seien $y_1, y_2 \in V$ beliebig, dann gilt

$$\sum_{k=0}^{n} a_k (y_1 + y_2)^{(k)}(x) = \sum_{k=0}^{n} a_k (y_1^{(k)}(x) + y_2^{(k)}(x))$$
$$= \sum_{k=0}^{n} a_k\, y_1^{(k)}(x) + \sum_{k=0}^{n} a_k\, y_2^{(k)}(x) = 0 + 0 = 0,$$

also liegt $y_1 + y_2$ in V.

3) Sei $\alpha \in \mathbb{R}$, sei $y_1 \in V$ beliebig. Dann gilt

$$\sum_{k=0}^{n} a_k (\alpha y_1)^{(k)}(x) = \sum_{k=0}^{n} a_k \alpha y_1^{(k)}(x) = \alpha \sum_{k=0}^{n} a_k\, y_1^{(k)}(x) = \alpha \cdot 0 = 0,$$

also liegt αy_1 in V.

b) „$\subset$" Sei $\tilde{z} \in V_g$ beliebig, dann gilt für $\tilde{z} - z$

$$\sum_{k=0}^{n} a_k (\tilde{z} - z)^{(k)}(x) = \sum_{k=0}^{n} a_k (\tilde{z}^{(k)}(x) - z^{(k)}(x))$$

$$= \sum_{k=0}^{n} a_k \tilde{z}^{(k)}(x) - \sum_{k=0}^{n} a_k z^{(k)}(x) = g(x) - g(x) = 0,$$

also liegt $\tilde{z} - z$ in V. Daher existiert ein $h \in V$ mit $\tilde{z} = z + h$, d.h. $\tilde{z} \in \{z + h \mid h \in V\}$. Da $\tilde{z} \in V$ beliebig war, gilt

$$V_g \subset \{z + h \mid h \in V\}.$$

„$\supset$" Sei $\tilde{z} = z + \tilde{h} \in \{z + h \mid h \in V\}$ mit $\tilde{h} \in V$ beliebig, dann gilt

$$\sum_{k=0}^{n} a_k \tilde{z}^{(k)}(x) = \sum_{k=0}^{n} a_k (z + \tilde{h})^{(k)}(x)$$

$$= \sum_{k=0}^{n} a_k z^{(k)}(x) + \sum_{k=0}^{n} a_k \tilde{h}^{(k)}(x) = g(x) + 0 = g(x),$$

also ist $\tilde{z}$ eine Lösung der Differentialgleichung. Da $\tilde{z} \in \{z + h \mid h \in V\}$ beliebig war, gilt somit

$$V_g \supset \{z + h \mid h \in V\}.$$

Aufgabe 178

▶ **Hermite-Polynome**

Die *Hermite-Polynome* H_n sind Lösungen der Differentialgleichung

$$v'' - 2yv' + (v - 1)v = 0, \quad y \in \mathbb{R},$$

mit $v = 2n + 1$, $n \in \mathbb{N}_0$. Diese Differentialgleichung tritt u. a. in der Quantenmechanik bei der Betrachtung des eindimensionalen Oszillators, der z. B. die Schwingungen eines zweiatomigen Moleküls beschreibt, auf. Eine Darstellung der Hermite-Polynome lautet

$$H_n(y) = (-1)^n e^{y^2} \frac{d^n}{dy^n} e^{-y^2}, \quad n \in \mathbb{N}_0.$$

a) Begründen Sie **kurz**, warum H_n ein Polynom ist, obwohl die Exponentialfunktion in der Darstellung auftaucht, und berechnen sie die ersten vier Hermite-Polynome.

b) Zeigen Sie, dass die Hermite-Polynome H_n der Differentialgleichung

$$H_n'' - 2yH_n' + 2nH_n = 0$$

genügen.

c) Zeigen Sie, dass für die Hermite-Polynome die folgende Beziehung gilt:

$$nH_{n-1} + \frac{1}{2}H_{n+1} = yH_n, \quad n \in \mathbb{N}.$$

Hinweis: Sie dürfen in Teil b) und c) die Beziehung $H_n' = 2nH_{n-1}$, $n \in \mathbb{N}$, benutzen.

Lösung

a) Es gilt

$$H_0(y) = (-1)^0 e^{y^2} e^{-y^2} = 1;$$

$$H_1(y) = (-1)^1 e^{y^2} \frac{d}{dy} e^{-y^2} = -e^{y^2}(-2ye^{y^2}) = 2y;$$

$$H_2(y) = (-1)^2 e^{y^2} \frac{d^2}{dy^2} e^{-y^2} = e^{y^2} \frac{d}{dy}(-2ye^{-y^2}) = e^{y^2}(4y^2 - 2)e^{-y^2} = 4y^2 - 2;$$

$$H_3(y) = (-1)^3 e^{y^2} \frac{d^3}{dy^3} e^{-y^2} = -e^{y^2}(8y + (4y^2 - 2)(-2y))e^{-y^2} = 8y^3 - 12y.$$

Die n-te Ableitung von e^{-y^2} hat eine Gestalt der Form $p_n(y)e^{-y^2}$, wobei $p_n(y)$ ein Polynom ist. Leitet man diesen Ausdruck nochmal ab, so ändert sich lediglich das Polynom vor e^{-y^2}:

$$(p_n(y)e^{-y^2})' = (p_n'(y) - 2yp_n(y))e^{-y^2} =: p_{n+1}(y)e^{-y^2}.$$

Durch das Multiplizieren mit e^{y^2} tritt anschließend die Exponentialfunktion nicht mehr auf, und es bleibt nur noch das Polynom p_{n+1} stehen. Anhand von Teil c) läßt sich ebenfalls erkennen, dass die H_n Polynome sind, denn mit H_{n-1} und H_n ist auch H_{n+1} ein Polynom.

b) Die Berechnungen von H_n' und H_n'' liefern

$$H_n'(y) = \frac{d}{dy}\left((-1)^n e^{y^2} \frac{d^n}{dy^n} e^{-y^2}\right)'$$

$$= (-1)^n \left(2ye^{y^2} \frac{d^n}{dy^n} e^{-y^2} + e^{y^2} \frac{d^{n+1}}{dy^{n+1}} e^{-y^2}\right)$$

$$= (-1)^n 2y e^{y^2} \frac{d^n}{dy^n} e^{-y^2} - (-1)^{n+1} e^{y^2} \frac{d^{n+1}}{dy^{n+1}} e^{-y^2}$$

$$= 2y H_n(y) - H_{n+1}(y),$$

und nach dem Hinweis (für $n+1$) und dem oben Gezeigten erhält man

$$H_n'' = (2y H_n - H_{n+1})' = 2H_n + 2y H_n' - H_{n+1}'$$

$$= 2H_n + 2y(2y H_n - H_{n+1}) - (2n+2) H_n.$$

Somit gilt für $n \in \mathbb{N}_0$

$$H_n'' - 2y H_n' + 2n H_n$$

$$= 2H_n + 2y(2y H_n - H_{n+1}) - (2n+2) H_n - 2y(2y H_n - H_{n+1}) + 2n H_n = 0.$$

c)   Wie in Teil b) gezeigt ist $H_n' = 2y H_n - H_{n+1}$, so dass zusammen mit dem Hinweis folgt:

$$n H_{n-1} + \frac{1}{2} H_{n+1} = \frac{1}{2}(H_n' + H_{n+1}) = \frac{1}{2}(2y H_n - H_{n+1} + H_{n+1}) = y H_n \, .$$

2.7   Das (Riemann-)Integral

Aufgabe 179

▶   **Untersumme und Obersumme**

Berechnen Sie die „Untersumme" $\mathcal{U}_N = S_{Z_N}^{\varphi}$ und die „Obersumme" $\mathcal{O}_N = S_{Z_N}^{\psi}$ für die Funktion $f(x) = (x-1)^3$ und eine äquidistante Unterteilung $Z_N := \{x_k \mid x_k = a + kh, k = 0, \ldots, N\}$ ($h = \frac{b-a}{N}$) des Intervalls $[a,b] = [1,5]$, $N = 10$, wobei

$$\varphi(x) := f(x_{k-1})(= m_k) \, , \; \psi(x) = f(x_k)(= M_k) \quad \text{für} \quad x \in (x_{k-1}, x_k], \, k = 1, \ldots, N.$$

Lösung

Wir verwenden die Definition von Untersumme S_Z^{φ} und Obersumme $S_{Z_N}^{\psi}$ (vgl. z. B. [8], 9.1, [3], 82.) und die Summenformel

$$\sum_{i=1}^{n} i^3 = \frac{n^2(n+1)^2}{4} \, ,$$

(siehe z. B. Aufg. 25a). Somit ergibt sich

$$
S_{Z_N}^{\varphi} = \sum_{k=1}^{N} f(x_{k-1})(x_k - x_{k-1}) = \sum_{k=1}^{N}(1 + (k-1)h - 1)^3 h
$$

$$
= h^4 \sum_{k=1}^{N}(k-1)^3 = \frac{(b-a)^4}{N^4}\sum_{k=1}^{N-1}k^3 = \frac{(b-a)^4}{N^4}\frac{(N-1)^2 N^2}{4}
$$

$$
= \frac{(b-a)^4(N-1)^2}{4N^2} = \frac{4^4 \cdot 9^2}{4 \cdot 10^2} = \frac{1296}{25} = 51{,}84
$$

und

$$
S_{Z_N}^{\psi} = \sum_{k=1}^{N} f(x_k)(x_k - x_{k-1}) = \sum_{k=1}^{N}(1 + kh - 1)^3 h
$$

$$
= h^4 \sum_{k=1}^{N}k^3 = \frac{(b-a)^4}{N^4}\frac{(N+1)^2 N^2}{4} = \frac{(b-a)^4(N+1)^2}{4N^2}
$$

$$
= \frac{4^4 \cdot 11^2}{4 \cdot 10^2} = \frac{1936}{25} = 77{,}44.
$$

Zum Vergleich: Der exakte Wert des Integrals beträgt

$$
\int_{1}^{5}(x-1)^3\,dx = \int_{0}^{4} z^3\,dz = \left[\frac{1}{4}z^4\right]_0^4 = 4^3 = 64.
$$

Aufgabe 180

▶ **Integrale für Treppenfunktionen**

Seien $f \in B[a,b]$, $\alpha := \inf\limits_{x\in[a,b]} f(x)$, $\beta := \sup\limits_{x\in[a,b]} f(x)$ sowie

$$
\varphi_u : [a,b] \ni x \mapsto \alpha \in \mathbb{R}
$$

$$
\varphi_o : [a,b] \ni x \mapsto \beta \in \mathbb{R}
$$

$$
F_u := \{\varphi \in \mathcal{T}[a,b] \mid \varphi \le f\}
$$

$$
F_o := \{\psi \in \mathcal{T}[a,b] \mid \psi \ge f\}.
$$

wobei $\mathcal{T}[a,b]$ die Menge der Treppenfunktionen auf $[a,b]$ bezeichnet. Beweisen Sie:

a) $\alpha(b-a) \le \int_a^b \psi(x)\,dx \quad \forall \psi \in F_o$;

b) $\beta(b-a) \ge \int_a^b \varphi(x)\,dx \quad \forall \varphi \in F_u$;

c) $\int_a^b \varphi(x)\,dx \le \int_a^b \psi(x)\,dx \quad \forall \varphi \in F_u, \forall \psi \in F_o$.

Lösung

a) Sei $\psi \in F_o$ beliebig und $Z : a = x_0 \le \ldots \le x_n = b$ eine beliebige Zerlegung von $[a,b]$. Dann gilt:

$$\int_a^b \psi(x)\,dx = S^\psi = S_Z^\psi = \sum_{k=1}^N \psi\left(\frac{x_k + x_{k-1}}{2}\right)(x_k - x_{k-1})$$

$$\overset{\psi \in F_o}{\ge} \sum_{k=1}^N f\left(\frac{x_k + x_{k-1}}{2}\right)(x_k - x_{k-1})$$

$$\overset{f \ge \alpha}{\ge} \sum_{k=1}^N \alpha(x_k - x_{k-1})$$

$$= \alpha \sum_{k=1}^N (x_k - x_{k-1}) = \alpha(x_N - x_0) = \alpha(b-a).$$

b) Sei $\varphi \in F_u$ beliebig und $Z : a = x_0 \le \ldots \le x_n = b$ eine beliebige Zerlegung von $[a,b]$. Dann gilt:

$$\int_a^b \varphi(x)\,dx = S^\varphi = S_Z^\varphi = \sum_{k=1}^N \varphi\left(\frac{x_k + x_{k-1}}{2}\right)(x_k - x_{k-1})$$

$$\overset{\varphi \in F_u}{\le} \sum_{k=1}^N f\left(\frac{x_k + x_{k-1}}{2}\right)(x_k - x_{k-1})$$

$$\overset{f \le \beta}{\le} \sum_{k=1}^N \beta(x_k - x_{k-1})$$

$$= \beta \sum_{k=1}^N (x_k - x_{k-1}) = \beta(x_N - x_0) = \beta(b-a).$$

c) Seien $\varphi \in F_u$, $\psi \in F_o$ beliebig und $Z : a = x_0 \leq \ldots \leq x_n = b$ eine beliebige Zerlegung von $[a, b]$. Dann gilt:

$$\int_a^b \varphi(x)\,dx = S^\varphi = S_Z^\varphi = \sum_{k=1}^N \varphi\left(\frac{x_k + x_{k-1}}{2}\right)(x_k - x_{k-1})$$

$$\overset{\varphi \in F_u}{\leq} \sum_{k=1}^N f\left(\frac{x_k + x_{k-1}}{2}\right)(x_k - x_{k-1})$$

$$\overset{\psi \in F_o}{\leq} \sum_{k=1}^N \psi\left(\frac{x_k + x_{k-1}}{2}\right)(x_k - x_{k-1})$$

$$= S_Z^\psi = S^\psi = \int_a^b \psi(x)\,dx.$$

Aufgabe 181

▶   **Integrale für Treppenfunktionen, Unterintegrale**

Beweisen Sie:

a) Für eine beliebige Treppenfunktion $\varphi \in \mathcal{T}[a, b]$, $c \in [a, b]$ gilt:

$$\int_a^b \varphi(x)\,dx = \int_a^c \varphi(x)\,dx + \int_c^b \varphi(x)\,dx.$$

b) Für eine Funktion $f \in B[a, b]$, $c \in [a, b]$ gilt:

$$\underline{\int}_a^b f(x)\,dx = \underline{\int}_a^c f(x)\,dx + \underline{\int}_c^b f(x)\,dx.$$

Hierbei bezeichnet $B[a, b]$ die Menge der beschränkten Funktionen auf $[a, b]$.
Bemerkung: Es gilt eine analoge Aussage für Oberintegrale.

a) Sei $Z : a = x_0 < \ldots < x_N = b$, $n \in \mathbb{N}$ eine Zerlegung von $[a, b]$ mit $x_i = c$ für ein $i \in \{0, 1, \ldots, N\}$. Dann ist $Z_1 : a = x_0 < \ldots < x_i = c$ eine Zerlegung von $[a, c]$ und $Z_2 : c = x_i < \ldots < x_N = b$ eine Zerlegung von $[c, b]$ und mit einer beliebigen Treppenfunktion $\varphi \in \mathcal{T}[a, b]$ ist auch $\varphi\,|_{[a,c]} \in \mathcal{T}[a, c]$ und $\varphi\,|_{[c,b]} \in \mathcal{T}[c, b]$. Weiter gilt:

$$\int\limits_a^b \varphi(x)\,dx = S^\varphi = S_Z^\varphi = \sum_{k=1}^N \varphi\left(\frac{x_{k-1} + x_k}{2}\right)(x_k - x_{k-1})$$

$$= \sum_{k=1}^i \varphi\left(\frac{x_{k-1} + x_k}{2}\right)(x_k - x_{k-1}) + \sum_{k=i+1}^N \varphi\left(\frac{x_{k-1} + x_k}{2}\right)(x_k - x_{k-1})$$

$$= S_{Z_1}^{\varphi|_{[a,c]}} + S_{Z_2}^{\varphi|_{[c,b]}} = \int\limits_a^c \varphi(x)\,dx + \int\limits_c^b \varphi(x)\,dx.$$

b) Man beweist leicht die folgende Aussage für zwei Mengen $A, B \subset \mathbb{R}$:

$$\sup(A + B) = \sup(A) + \sup(B)\,, \text{ wobei } A + B = \{a + b \mid a \in A,\, b \in B\}\,, \quad (2.1)$$

denn zum einen ist $x := \sup(A) + \sup(B)$ eine obere Schranke von $A + B$ und zum anderen gilt für $\varepsilon > 0$ beliebig (nach der Charakterisierung des Supremums, vgl. z. B. [3], Satz 8.7):

$$\exists\, a \in A, b \in B : \quad \sup(A) - \frac{\varepsilon}{2} \leq a\ \wedge\ \sup(B) - \frac{\varepsilon}{2} \leq b,$$

also folgt

$$x - \varepsilon \leq a + b \in A + B$$

und damit wiederum nach der genannten Charakterisierung die oben behauptete Aussage.

Außerdem sieht man unmittelbar ein, dass

$$\varphi \in \mathcal{T}[a, b], \varphi \leq f$$
$$\Longleftrightarrow \exists\, \varphi_1 \in \mathcal{T}[a, c], \varphi_2 \in \mathcal{T}[c, b] : \varphi|_{[a,c]} = \varphi_1 \leq f \wedge \varphi|_{[c,b]} = \varphi_2 \leq f \qquad (2.2)$$

richtig ist.

Damit gilt nun

$$\int\limits_a^b f(x)dx = \sup\left\{\int\limits_a^b \varphi(x)dx \,\middle|\, \varphi \in \mathcal{T}[a,b], \varphi \le f\right\}$$

$$\overset{a)}{=} \sup\left\{\int\limits_a^c \varphi(x)dx + \int\limits_c^b \varphi(x)dx \,\middle|\, \varphi \in \mathcal{T}[a,b], \varphi \le f\right\}$$

$$\overset{(2.2)}{=} \sup\left\{\int\limits_a^c \varphi_1(x)dx + \int\limits_c^b \varphi_2(x)dx \,\middle|\, \varphi_1 \in \mathcal{T}[a,c], \varphi_1 \le f, \varphi_2 \in \mathcal{T}[c,b], \varphi_2 \le f\right\}$$

$$\overset{(2.1)}{=} \sup\left\{\int\limits_a^c \varphi_1(x)dx \,\middle|\, \varphi_1 \in \mathcal{T}[a,c], \varphi_1 \le f\right\}$$

$$+ \sup\left\{\int\limits_c^b \varphi_2(x)dx \,\middle|\, \varphi_2 \in \mathcal{T}[c,b], \varphi_2 \le f\right\}$$

$$= \int\limits_a^c f(x)dx + \int\limits_c^b f(x)dx.$$

Aufgabe 182

▶ **Kriterium für Integrierbarkeit**

Sei $f \in B[a,b]$, $c \in [a,b]$, $f\,|_{[a,c]} \in R[a,c]$, $f\,|_{[c,b]} \in R[c,b]$. Zeigen Sie, dass dann gilt: $f \in R[a,b]$.

Hinweis: Benutzen Sie Aufg. 181, b) (auch für Oberintegrale)!

Lösung

Es gilt:

$$\int\limits_a^b f(x)\,dx \overset{\text{Hinweis}}{=} \int\limits_a^c f(x)\,dx + \int\limits_c^b f(x)\,dx$$

$$\overset{\text{Vor.}}{=} \overline{\int}_a^c f(x)\,dx + \overline{\int}_c^b f(x)\,dx \overset{\text{Hinweis}}{=} \overline{\int}_a^b f(x)\,dx.$$

Somit folgt die Behauptung.

Aufgabe 183

▶ **Näherungen des vollständigen elliptischen Integrals**

Bestimmen Sie eine Näherung des vollständigen elliptischen Integrals

$$E\left(\frac{1}{2}\right) = \int_0^{\frac{\pi}{2}} \sqrt{1 - \frac{1}{4}\sin^2(t)}\, dt$$

mit Hilfe einer Unter- und einer Obersumme zu einer durch die äquidistanten Punkte

$$x_j = j\frac{\pi}{20}\,,\ j = 0,\ldots,10\,,$$

definierten Zerlegung.

Lösung

Die betrachtete Funktion

$$f : f(t) = \sqrt{1 - \frac{1}{4}\sin^2(t)}$$

ist auf $\left[0, \frac{\pi}{2}\right]$ offenbar monoton fallend. Die Untersumme ergibt sich daher zu

$$S_U = \sum_{j=1}^{10} (x_j - x_{j-1}) \cdot f(x_j)$$

$$= \frac{\pi}{20} \cdot \sum_{j=1}^{10} \sqrt{1 - \frac{1}{4}\sin^2(x_j)}$$

$$\approx 0{,}16 \cdot (1{,}00 + 0{,}99 + 0{,}97 + 0{,}96 + 0{,}94$$
$$+\, 0{,}91 + 0{,}90 + 0{,}88 + 0{,}87 + 0{,}87)$$

$$\approx 1{,}49.$$

Für die Obersumme hat man

$$S_O = \sum_{j=0}^{9} (x_{j+1} - x_j) \cdot f(x_j)$$

$$= \frac{\pi}{20} \sum_{j=0}^{9} \sqrt{1 - \frac{1}{4}\sin^2(x_j)}$$

$$\approx 0{,}16 \cdot (1{,}00 + 1{,}00 + 0{,}99 + 0{,}97 + 0{,}96$$
$$+\, 0{,}94 + 0{,}91 + 0{,}90 + 0{,}88 + 0{,}87)$$

$$\approx 1{,}51.$$

Aufgabe 184

▶ **Ober- und Unterintegrale**

Seien $f, g : [a, b] \to \mathbb{R}$ beschränkte Funktionen. Zeigen Sie für die Ober- bzw. Unterintegrale:

a)
$$\overline{\int}(f + g)(x)dx \le \overline{\int} f(x)dx + \overline{\int} g(x)dx;$$

b)
$$\underline{\int}(f + g)(x)dx \ge \underline{\int} f(x)dx + \underline{\int} g(x)dx;$$

c)
$$\overline{\int}(cf)(x)dx = c \overline{\int} f(x)dx, \quad c \in [0, \infty).$$

Lösung

Da die Funktionen f, g beschränkt sind, sind das Ober- bzw. Unterintegral reelle Zahlen. Weiterhin wird benutzt, dass $\mathcal{T}[a, b]$ ein Vektorraum ist.

a) Sei $\varepsilon > 0$ beliebig. Dann existieren $\varphi_1, \varphi_2 \in \mathcal{T}[a, b]$ mit $f \le \varphi_1$, $g \le \varphi_2$, so dass gilt:

$$\int_a^b \varphi_1(x)dx \le \overline{\int} f(x)dx + \frac{\varepsilon}{2}, \quad \int_a^b \varphi_2(x)dx \le \overline{\int} g(x)dx + \frac{\varepsilon}{2}.$$

Wegen $f + g \le \varphi_1 + \varphi_2$ erhält man somit

$$\overline{\int}(f + g)(x)dx = \inf\left\{ \int_a^b \varphi(x)dx \mid \varphi \in \mathcal{T}[a, b], \ f + g \le \varphi \right\}$$

$$\le \int_a^b (\varphi_1 + \varphi_2)(x)dx = \int_a^b \varphi_1(x)dx + \int_a^b \varphi_2(x)dx$$

$$\le \overline{\int} f(x)dx + \overline{\int} g(x)dx + \varepsilon.$$

Da $\varepsilon > 0$ beliebig war, gilt somit

$$\overline{\int}(f + g)(x)dx \le \overline{\int} f(x)dx + \overline{\int} g(x)dx.$$

b) Sei $\varepsilon > 0$ beliebig. Dann existieren $\varphi_1, \varphi_2 \in \mathcal{T}[a,b]$ mit $f \geq \varphi_1$, $g \geq \varphi_2$, so dass gilt:

$$\int_a^b \varphi_1(x)dx \geq \underline{\int} f(x)dx - \frac{\varepsilon}{2}, \quad \int_a^b \varphi_2(x)dx \geq \underline{\int} g(x)dx - \frac{\varepsilon}{2}.$$

Wegen $f + g \geq \varphi_1 + \varphi_2$ erhält man somit

$$\underline{\int}(f+g)(x)dx = \sup\left\{\int_a^b \varphi(x)dx \mid \varphi \in \mathcal{T}[a,b],\ f+g \geq \varphi\right\}$$

$$\geq \int_a^b (\varphi_1 + \varphi_2)(x)dx = \int_a^b \varphi_1(x)dx + \int_a^b \varphi_2(x)dx$$

$$\geq \underline{\int} f(x)dx + \underline{\int} g(x)dx - \varepsilon.$$

Da $\varepsilon > 0$ beliebig war, gilt somit

$$\underline{\int}(f+g)(x)dx \geq \underline{\int} f(x)dx + \underline{\int} g(x)dx.$$

c) Für $c = 0$ ist die Behauptung offensichtlich wahr, denn man hat

$$\overline{\int}(cf)(x)dx = \overline{\int} 0\,dx = 0 = 0 \overline{\int} f(x)dx = c\overline{\int} f(x)dx.$$

Für $c > 0$ gilt

$$\overline{\int}(cf)(x)dx = \inf\left\{\int_a^b \varphi(x)dx \mid \varphi \in \mathcal{T}[a,b],\ cf \leq \varphi\right\}$$

$$= \inf\left\{\int_a^b (c\varphi)(x)dx \mid \varphi \in \mathcal{T}[a,b],\ cf \leq c\varphi\right\}$$

$$= c\inf\left\{\int_a^b \varphi(x)dx \mid \varphi \in \mathcal{T}[a,b],\ f \leq \varphi\right\} = c\overline{\int} f(x)dx.$$

Aufgabe 185

► **Ober- und Unterintegrale**

Sei $f : [a, b] \to \mathbb{R}$ eine beschränkte Funktion. Zeigen Sie, dass gilt:

a)
$$\overline{\int}(-f)(x)dx = -\underline{\int}f(x)dx;$$

b)
$$\underline{\int}(-f)(x)dx = -\overline{\int}f(x)dx.$$

Lösung

a) Es gilt:
$$\overline{\int}(-f)(x)dx = -\underline{\int}f(x)dx$$
$$\Leftrightarrow \overline{\int}(-f)(x)dx \leq -\underline{\int}f(x)dx \,\wedge\, \overline{\int}(-f)(x)dx \geq -\underline{\int}f(x)dx,$$

was zu zeigen ist.

„$\geq$" Mit Hilfe der Charakterisierung des Supremums (vgl. z. B. Aufg. 50) gilt die folgende Äquivalenz:

$$-\overline{\int}(-f)(x)dx \leq \underline{\int}f(x)dx$$

$$\Leftrightarrow \forall\, \varepsilon > 0 \,\exists\, \varphi \in \mathcal{T}[a,b] \text{ mit } \varphi \leq f : \; -\overline{\int}(-f)(x)dx - \varepsilon \leq \int\limits_a^b \varphi(x)dx.$$

Sei nun $\varepsilon > 0$ beliebig, dann gilt nach der Charakterisierung des Infimums:

$$\forall\, \varepsilon > 0 \,\exists\, \psi \in \mathcal{T}[a,b] \text{ mit } -f \leq \psi : \; \overline{\int}(-f)(x)dx + \varepsilon \geq \int\limits_a^b \psi(x)dx.$$

Mit $\psi = -\varphi$ und $-f \leq \psi \,\Leftrightarrow\, \varphi \leq f$ erhält man dann:

$$-\overline{\int}(-f)(x)dx - \varepsilon \leq -\int\limits_a^b \psi(x)dx = \int\limits_a^b (-\psi)(x)dx$$

$$= \int\limits_a^b \varphi(x)dx \leq \underline{\int}f(x)dx.$$

Da ε beliebig war, gilt

$$-\!\!\!\!\!\int (-f)(x)dx \leq \int\!\!\!\!\!\int f(x)dx \quad \Leftrightarrow \quad \int\!\!\!\!\!\int (-f)(x)dx \geq -\!\!\!\!\!\int f(x)dx.$$

„$\leq$"   Mit Hilfe der Charakterisierung des Infimums gilt die folgende Äquivalenz:

$$\int\!\!\!\!\!\int (-f)(x)dx \leq -\!\!\!\!\!\int f(x)dx$$

$$\Leftrightarrow \quad \forall\, \varepsilon > 0 \,\exists\, \varphi \in \mathcal{T}[a,b] \text{ mit } \varphi \geq -f : \; -\!\!\!\!\!\int f(x)dx + \varepsilon \geq \int_a^b \varphi(x)dx.$$

Sei nun $\varepsilon > 0$ beliebig, dann gilt nach der Charakterisierung des Supremums:

$$\forall\, \varepsilon > 0 \,\exists\, \psi \in \mathcal{T}[a,b] \text{ mit } \psi \leq f : \; \int\!\!\!\!\!\int f(x)dx - \varepsilon \leq \int_a^b \psi(x)dx.$$

Mit $\psi = -\varphi$ und $\psi \leq f \;\Leftrightarrow\; \varphi \geq -f$ erhält man dann:

$$-\!\!\!\!\!\int f(x)dx + \varepsilon \geq -\int_a^b \psi(x)dx = \int_a^b (-\psi)(x)dx$$

$$= \int_a^b \varphi(x)dx \geq \int\!\!\!\!\!\int (-f)(x)dx.$$

Da ε beliebig war, gilt

$$\int\!\!\!\!\!\int (-f)(x)dx \leq -\!\!\!\!\!\int f(x)dx.$$

b)   Offensichtlich gilt $f \in B[a,b] \;\Leftrightarrow\; -f \in B[a,b]$. Somit folgt direkt die Behauptung, wenn man in Teil a) jeweils f durch $-f$ ersetzt.

Aufgabe 186

▶   **Riemannsche Summen**

Berechnen Sie für $a > 1$ das Integral

$$\int_1^a \ln(x)dx$$

mittels Riemannscher Summen.

Hinweis: Verwenden Sie die Zerlegung

$$1 = x_0 < x_1 < \ldots < x_n = a$$

mit $x_k = a^{k/n}$, und werten Sie die Funktion $f(x) = \ln(x)$ an den Stellen $\xi_k = x_{k-1}$, $k = 0, \ldots, n$, aus.

Lösung

Wähle folgende Zerlegung (siehe Hinweis):

$$1 = x_0 < x_1 < \ldots < x_n = a$$

mit $x_k = a^{k/n}$, $\xi_k = x_{k-1}$, $k = 0, \ldots, n$. Dann gilt mit Hilfe der geometrischen Reihe und der Teleskopsumme für die Riemannsche Summe:

$$S_{Z_n} = \sum_{k=1}^{n} f(\xi_k)(x_k - x_{k-1}) = \sum_{k=1}^{n} \ln(a^{(k-1)/n})(a^{k/n} - a^{(k-1)/n})$$

$$= \sum_{k=1}^{n} \ln(a)\frac{k-1}{n}(a^{k/n} - a^{(k-1)/n})$$

$$= \frac{\ln(a)}{n} \sum_{k=1}^{n} (k-1)(a^{k/n} - a^{(k-1)/n}) = \frac{\ln(a)}{n}\left((n-1)a - \sum_{k=1}^{n-1} a^{k/n}\right)$$

$$= \frac{\ln(a)}{n}\left((n-1)a - \left(\frac{1-(a^{1/n})^n}{1-a^{1/n}} - 1\right)\right) = \frac{n-1}{n}a\ln(a) - \frac{\ln(a)(a^{1/n} - a)}{n(1-a^{1/n})}$$

$$\to a\ln(a) - \frac{\ln(a)(1-a)}{-\ln(a)} = a\ln(a) - a + 1 \ (n \to \infty).$$

Die Konvergenz gilt wegen $a^{1/n} \to 1$ $(n \to \infty)$ (s. Aufg. 69) und weil nach der Regel von de l'Hospital

$$\lim_{n\to\infty} n(1 - a^{1/n}) = \lim_{n\to\infty} \frac{1-a^{1/n}}{1/n} = \lim_{x\to 0} \frac{1-a^x}{x} \stackrel{\text{l.H.}}{=} \lim_{x\to 0} \frac{-a^x \ln(a)}{1} = -\ln(a).$$

Damit erhält man $\int_1^a \ln(x)dx = a\ln(a) - a + 1$.

Aufgabe 187

▶ **Integrierbare Funktionen**

Beweisen Sie:

$$f, g \in R[a,b] \;\Rightarrow\; f \cdot g \in R[a,b].$$

Hinweise:

1) Zeigen Sie, dass $f^2 \in R[a,b]$ gilt, wenn $f \in R[a,b]$ ist.
2) Folgern Sie mit Hilfe der folgenden Darstellung für das Produkt

$$f \cdot g = \frac{1}{4}\big((f+g)^2 - (f-g)^2\big),$$

dass dann auch $f \cdot g \in R[a,b]$ liegt, wenn $f, g \in R[a,b]$ sind.
3) Verwenden Sie für 1) die Charakterisierung der Integrierbarkeit aus Satz 83.2 in [3].

Lösung

Sei $f \in R[a,b]$ beliebig. Für konstante Funktionen ist der Beweis offensichtlich trivial, daher gelte im Folgenden $f \neq \text{const}$. Wegen $R[a,b] \subset B[a,b]$ ist f beschränkt und somit existieren Supremum und Infimum:

$$\alpha := \inf\{f(x) \mid x \in [a,b]\}, \ \beta := \sup\{f(x) \mid x \in [a,b]\}, \ \beta' := \beta - \alpha \neq 0.$$

Definiere $\tilde{f}$ durch

$$\tilde{f} := \frac{f-\alpha}{\beta-\alpha} = \frac{f-\alpha}{\beta'}.$$

Dann gilt aufgrund der Vektorraumeigenschaften von $R[a,b]$:

$$f \in R[a,b] \ \Leftrightarrow\ (f-\alpha) \in R[a,b] \ \Leftrightarrow\ \tilde{f} = \frac{f-\alpha}{\beta'} \in R[a,b].$$

Weiterhin hat man $0 \leq \tilde{f} \leq 1$. Sei nun $\varepsilon > 0$ beliebig. Nach [3], 83.2, gibt es dann wegen $\tilde{f} \in R[a,b]$ Treppenfunktionen $\varphi, \psi \in \mathcal{T}[a,b]$ mit $0 \leq \varphi \leq \tilde{f} \leq \psi \leq 1$, so dass gilt:

$$\int_a^b \psi(x)dx - \int_a^b \varphi(x)dx \leq \frac{\varepsilon}{2}.$$

Wegen $0 \leq \varphi \leq \tilde{f} \leq \psi \leq 1$ hat man zudem

$$0 \leq \varphi^2 \leq \tilde{f}^2 \leq \psi^2 \leq 1, \ 0 \leq \varphi + \psi \leq 2, \ 0 \leq \psi - \varphi.$$

Aufgrund von von $\varphi^2, \psi^2 \in \mathcal{T}[a,b]$ erhält man schließlich

$$\int_a^b \psi^2(x)dx - \int_a^b \varphi^2(x)dx = \int_a^b (\psi^2(x) - \varphi^2(x))dx$$

$$= \int_a^b (\psi(x) + \varphi(x))(\psi(x) - \varphi(x))dx$$

$$\leq 2 \int_a^b (\psi(x) - \varphi(x))dx$$

$$= 2 \left(\int_a^b \psi(x)dx - \int_a^b \varphi(x)dx \right) \leq \varepsilon,$$

d. h. da $\varepsilon > 0$ beliebig war: $\tilde{f}^2 \in R[a,b]$. Also gilt:

$$\tilde{f}^2 \in R[a,b] \iff \left(\frac{f - \alpha}{\beta'} \right)^2 \in R[a,b]$$

$$\iff (f^2 - 2\alpha f + \alpha^2) \in R[a,b] \iff f^2 \in R[a,b].$$

Insgesamt hat man schließlich:

$$f, g \in R[a,b] \iff (f + g), (f - g) \in R[a,b]$$

$$\Rightarrow (f + g)^2, (f - g)^2 \in R[a,b]$$

$$\Rightarrow f \cdot g = \frac{1}{4}((f + g)^2 - (f - g)^2) \in R[a,b].$$

Aufgabe 188

▶   **Eigenschaft des Integrals**

Sei $f : [a,b] \to \mathbb{R}$ eine Riemann-integrierbare Funktion. Weiterhin gelte $\int_a^b f(x)dx \neq 0$. Zeigen Sie, dass dann ein $c \in (a,b)$ existiert, so dass gilt:

$$\int_a^c f(x)dx = \int_c^b f(x)dx.$$

Lösung

Da f Riemann-integrierbar ist, existiert eine stetige Stammfunktion von f:

$$F(z) := \int_a^z f(x)dx.$$

Die Funktion G mit

$$G(z) := \int_a^z f(x)dx - \int_z^b f(x)dx = F(z) - (F(b) - F(z)) = 2F(z) - F(b)$$

ist somit auch stetig auf $[a, b]$. Für $z = a$ bzw. $z = b$ erhält man schließlich

$$G(a) = 2F(a) - F(b) = -F(b), \quad G(b) = 2F(b) - F(b) = F(b).$$

Wegen $F(b) = \int_a^b f(x)dx \neq 0$ wechselt also die Funktion G das Vorzeichen und besitzt somit nach dem Zwischenwertsatz für stetige Funktionen eine Nullstelle, d. h. es existiert ein $c \in (a, b)$ mit

$$\int_a^c f(x)dx = \int_c^b f(x)dx.$$

Aufgabe 189

▶   **Substitutionsregel für unbestimmte Integrale**

Bekanntlich ist das unbestimmte Integral $\int f(x)\,dx$ ein Symbol für eine (beliebige) Stammfunktion von f. Um also eine Gleichung der Form $\int f(x)\,dx = F(x)$ zu beweisen, reicht es $F'(x) = f(x)$ zu zeigen.

Seien nun $f \in C[a, b]$ und eine differenzierbare Funktion $g : [\alpha, \beta] \mapsto [a, b]$ gegeben. Zeigen Sie die folgende Substitutionsregel für unbestimmte Integrale:

$$\int (f \circ g)(x) \cdot g'(x)\,dx = \left(\left(\int f(z)\,dz \right) \circ g \right)(x).$$

Lösung

Zu zeigen ist:

$$\left(\left(\int f(z)\,dz\right)\circ g\right)'(x) = (f\circ g)(x)\cdot g'(x).$$

Nach der Kettenregel gilt:

$$\left(\left(\int f(z)\,dz\right)\circ g\right)'(x) = \left(\left(\int f(z)\,dz\right)'\circ g\right)(x)\cdot g'(x)$$
$$= (f\circ g)(x)\cdot g'(x),$$

was die Behauptung beweist.

Aufgabe 190

▶   **Stammfunktionen**

Berechnen Sie die folgenden Stammfunktionen

a) $\displaystyle\int \frac{x}{(1+x^2)^3}\,dx;$

b) $\displaystyle\int \frac{e^{2x}}{1+2e^{2x}+e^{4x}}\,dx.$

Lösung

Zur Lösung wird Variablensubstitution verwendet.

a)

$$\int \frac{x}{(1+x^2)^3}\,dx \overset{z=1+x^2}{=} \frac{1}{2}\int \frac{1}{z^3}\,dz$$
$$= \frac{1}{2}\cdot\left(-\frac{1}{2z^2}\right) = -\frac{1}{4z^2} = -\frac{1}{4(1+x^2)^2}$$

b)

$$\int \frac{e^{2x}}{1+2e^{2x}+e^{4x}}\,dx = \int \frac{e^{2x}}{(1+e^{2x})^2}\,dx$$
$$= \frac{1}{2}\int \frac{2e^{2x}}{(1+e^{2x})^2}\,dx \overset{z=1+e^{2x}}{=} \frac{1}{2}\int \frac{1}{z^2}\,dz$$
$$= \frac{1}{2}\cdot\left(-\frac{1}{z}\right) = -\frac{1}{2+2e^{2x}}$$

Aufgabe 191

▶   **Stammfunktionen**

Berechnen Sie die folgenden Stammfunktionen ($a \in \mathbb{R}$):

$$a)\ \int 10^x\, dx\,,\quad b)\ \int \frac{dx}{a^2 + x^2}\,,\quad c)\ \int \frac{dx}{\sqrt{a^2 + x^2}}\,,\quad d)\ \int \frac{dx}{\sqrt{a^2 - x^2}}$$

Lösung

a) Es ist

$$\frac{d}{dx} 10^x = 10^x \ln 10.$$

Damit ergibt sich

$$\int 10^x dx = \frac{1}{\ln 10} \int \left(\frac{d}{dx} 10^x \right) dx = \frac{10^x}{\ln 10}.$$

b) Substituiere $x = a \cdot u$ und $u = \tan(z)$:

$$\begin{aligned}
\int \frac{dx}{a^2 + x^2} &= \int \frac{1}{a^2} \frac{dx}{1 + \left(\frac{x}{a} \right)^2} \\
&= \frac{1}{a^2} \int \frac{a\, du}{1 + u^2} \\
&= \frac{1}{a} \int (\arctan(u))'\, du \\
&= \frac{1}{a} \arctan(u) \\
&= \frac{1}{a} \arctan\left(\frac{x}{a} \right).
\end{aligned}$$

c) Substituiere $x = |a| \cdot u$ und $u = \sinh(z)$:

$$\begin{aligned}
\int \frac{dx}{\sqrt{a^2 + x^2}} &= \int \frac{1}{|a|} \frac{dx}{\sqrt{1 + \frac{x^2}{a^2}}} \\
&= \int \frac{du}{\sqrt{1 + u^2}} = \int \frac{\cosh(z)}{\sqrt{1 + \sinh^2(z)}} dz = \int dz = z \\
&= \operatorname{Arsinh} u \\
&= \operatorname{Arsinh} \left(\frac{x}{|a|} \right).
\end{aligned}$$

d) Substituiere $x = |a| \cdot u$ und $u = \sin(z)$:

$$\int \frac{dx}{\sqrt{a^2 - x^2}} = \int \frac{1}{|a|} \frac{dx}{\sqrt{1 - \frac{x^2}{a^2}}}$$

$$= \int \frac{du}{\sqrt{1 - u^2}} = \int \frac{\cos(z)}{\sqrt{1 - \sin^2(z)}} dz = \int dz = z$$

$$= \arcsin u$$

$$= \arcsin\left(\frac{x}{|a|}\right).$$

Aufgabe 192

▶ **Berechnung bestimmter Integrale**

Berechnen Sie die folgenden Integrale:

a) $\displaystyle\int_0^{\sqrt[3]{\frac{\pi}{2}}} x^5 \cdot \cos(x^3)\, dx$;

b) $\displaystyle\int_1^{e} \frac{1}{x}(\ln(x))^5\, dx$;

c) $\displaystyle\int_0^1 \sin(ax)\sin(bx)\, dx$, $a, b \in \mathbb{R}$, $|a| \neq |b|$;

d) $\displaystyle\int_0^3 \arctan(x)\, dx$.

Lösung

Zur Lösung wird Variablensubstitution und partielle Integration (p. I.) verwendet.

a)

$$\int_0^{\sqrt[3]{\frac{\pi}{2}}} x^5 \cdot \cos(x^3)\, dx = \frac{1}{3} \int_0^{\sqrt[3]{\frac{\pi}{2}}} x^3 \cdot 3x^2 \cdot \cos(x^3)\, dx$$

$$= \frac{1}{3} \int_0^{\sqrt[3]{\frac{\pi}{2}}} x^3 \cdot (\sin(x^3))'\, dx$$

$$\overset{\text{p. I.}}{=} \frac{1}{3}\left(\left[x^3 \cdot \sin(x^3)\right]_0^{\sqrt[3]{\frac{\pi}{2}}} - \int_0^{\sqrt[3]{\frac{\pi}{2}}} \underbrace{3x^2 \cdot \sin(x^3)}_{(-\cos(x^3))'}\, dx \right)$$

$$= \frac{1}{3}\left[x^3 \cdot \sin(x^3) + \cos(x^3)\right]_0^{\sqrt[3]{\frac{\pi}{2}}} = \frac{\pi}{6} - \frac{1}{3}.$$

b)

$$\int_1^e \frac{1}{x} \underbrace{(\ln(x))}_{z}^5 \, dx = \int_0^1 z^5 \, dz = \left[\frac{1}{6}z^6\right]_0^1 = \frac{1}{6}.$$

c)

$$\int_0^1 \sin(ax)\sin(bx)\,dx$$

$$\stackrel{\text{p.I.}}{=} \left[-\frac{1}{a}\cos(ax)\sin(bx)\right]_0^1 + \frac{b}{a}\int_0^1 \cos(ax)\cos(bx)\,dx$$

$$\stackrel{\text{p.I.}}{=} \left[-\frac{1}{a}\cos(ax)\sin(bx)\right]_0^1 + \frac{b}{a}\left(\left[\frac{1}{a}\sin(ax)\cos(bx)\right]_0^1 + \frac{b}{a}\int_0^1 \sin(ax)\sin(bx)\,dx\right).$$

Es folgt

$$\int_0^1 \sin(ax)\sin(bx)\,dx$$

$$= \frac{1}{1-\frac{b^2}{a^2}}\left[\frac{b}{a^2}\sin(ax)\cos(bx) - \frac{\cos(ax)\sin(bx)}{a}\right]_0^1$$

$$= \frac{1}{a^2-b^2}\left[b\sin(ax)\cos(bx) - a\cos(ax)\sin(bx)\right]_0^1$$

$$= \frac{b\sin(a)\cos(b) - a\cos(a)\sin(b)}{a^2-b^2}.$$

d)

$$\int_0^3 \arctan(x)\,dx = \int_0^3 1\cdot\arctan(x)\,dx$$

$$\stackrel{\text{p.I.}}{=} [x\cdot\arctan(x)]_0^3 - \int_0^3 \frac{x}{1+x^2}\,dx$$

$$= [x\cdot\arctan(x)]_0^3 - \frac{1}{2}\int_0^3 \frac{2x}{1+x^2}\,dx$$

$$= [x\cdot\arctan(x)]_0^3 - \frac{1}{2}[\ln(1+x^2)]_0^3$$

$$= [x\cdot\arctan(x) - \frac{1}{2}\ln(1+x^2)]_0^3$$

$$= 3\arctan(3) - \frac{\ln(10)}{2}.$$

Aufgabe 193

▶ **Partielle Integration und Substitution**

Berechnen Sie die folgenden Integrale:

a) $\int\limits_{0}^{3} x^3 \sqrt{9-x^2}\,dx$;

b) $\int\limits_{0}^{1} x \ln^2(x)\,dx$;

c) $\int\limits_{0}^{1} \cos(ax)\cos(bx)\,dx,\ a > b > 0$.

Lösung

a) Die Substitution

$$z = 9 - x^2 \ \Leftrightarrow\ x^2 = 9 - z,\ \frac{dz}{dx} = -2x \ \Leftrightarrow\ dx = -\frac{1}{2}\frac{dz}{x} \ (\Rightarrow z(0) = 9,\ z(3) = 0)$$

liefert

$$\int\limits_{0}^{3} x^3 \sqrt{9-x^2}\,dx = \int\limits_{9}^{0} -\frac{1}{2}(9-z)\sqrt{z}\,dz = \left(-3z^{3/2} + \frac{1}{5}z^{5/2}\right)\Big|_{9}^{0}$$

$$= -\left(-3^4 + \frac{1}{5}3^5\right) = \frac{162}{5}.$$

b) Mit Hilfe der Substitution

$$z = \ln(x),\ \frac{dz}{dx} = \frac{1}{x} \ \Leftrightarrow\ dx = e^z dz \ (\Rightarrow \ln(1) = 0,\ \lim_{x\to 0}\ln(x) = -\infty)$$

sowie zweifacher partieller Integration ergibt sich

$$\int\limits_{0}^{1} x \ln^2(x)\,dx = \int\limits_{-\infty}^{0} z^2 e^{2z}\,dz \overset{\text{p.I.}}{=} \frac{1}{2}z^2 e^{2z}\Big|_{-\infty}^{0} - \int\limits_{-\infty}^{0} z e^{2z}\,dz$$

$$\overset{\text{p.I.}}{=} \lim_{x\to-\infty}\frac{1}{2}z^2 e^{2z} - \frac{1}{2}z e^{2z}\Big|_{-\infty}^{0} + \int\limits_{-\infty}^{0} \frac{1}{2}e^{2z}\,dz$$

$$= -\lim_{x\to-\infty}\frac{1}{2}z e^{2z} + \frac{1}{4}e^{2z}\Big|_{-\infty}^{0} = \frac{1}{4} - \frac{1}{4}\lim_{x\to-\infty}e^{2z} = \frac{1}{4},$$

wobei benutzt wurde, dass die Exponentialfunktion stärker als jedes Polynom wächst.

c) Zweifaches Anwenden von partieller Integration liefert hier

$$\int_0^1 \cos(ax)\cos(bx)dx \overset{\text{p.I.}}{=} \cos(ax)\frac{1}{b}\sin(bx)\Big|_0^1 + \frac{a}{b}\int_0^1 \sin(ax)\sin(bx)dx$$

$$\overset{\text{p.I.}}{=} \frac{1}{b}\cos(a)\sin(b) + \frac{a}{b}\sin(ax)\frac{1}{b}(-\cos(bx))\Big|_0^1 + \frac{a^2}{b^2}\int_0^1 \cos(ax)\cos(bx)dx$$

$$\Leftrightarrow \left(1-\frac{a^2}{b^2}\right)\int_0^1 \cos(ax)\cos(bx)dx = \frac{1}{b}\cos(a)\sin(b) - \frac{a}{b^2}\sin(a)\cos(b)$$

$$\Leftrightarrow \int_0^1 \cos(ax)\cos(bx)dx = \frac{b^2}{b^2-a^2}\left(\frac{1}{b}\cos(a)\sin(b) - \frac{a}{b^2}\sin(a)\cos(b)\right)$$

$$\Leftrightarrow \int_0^1 \cos(ax)\cos(bx)dx = \frac{1}{b^2-a^2}(b\cos(a)\sin(b) - a\sin(a)\cos(b)).$$

Aufgabe 194

▶ **Partielle Integration**

Leiten Sie mit Hilfe partieller Integration die folgenden Rekursionsformeln her:

a) $\quad \alpha_n := \int (\ln x)^n\, dx\,, \quad \alpha_n = x\cdot(\ln x)^n - n\,\alpha_{n-1}\,, \quad n = 1,2,\ldots;$

b) $\quad \beta_n := \int x^\alpha(\ln x)^n\, dx\,,$

$$\beta_n = \frac{1}{\alpha+1}\left(x^{\alpha+1}(\ln x)^n - n\,\beta_{n-1}\right)\,, \qquad n = 1,2,\ldots\,, \quad (\alpha \neq -1).$$

Bestimmen Sie ein geeignetes α_0 bzw. β_0.

Lösung

a) Wählt man

$$f(x) = (\ln x)^n,\ f'(x) = \frac{n}{x}(\ln x)^{n-1}\ \text{ und }\ g'(x) = 1, g(x) = x,$$

dann erhält man mit partieller Integration für $n > 0$

$$\alpha_n := \int (\ln x)^n dx = \int (\ln x)^n \cdot 1\, dx$$

$$= x(\ln x)^n - \int n(\ln x)^{n-1}dx$$

$$= x(\ln x)^n - n\alpha_{n-1}.$$

Es ist

$$\alpha_0 = \int dx = x.$$

b) Wählt man

$$f(x) = (\ln x)^n, \; f'(x) = \frac{n}{x}(\ln x)^{n-1} \; \text{und} \; g'(x) = x^\alpha, g(x) = \frac{x^{\alpha+1}}{\alpha+1},$$

so erhält man mit partieller Integration für $n > 0$

$$\beta_n := \int x^\alpha (\ln x)^n dx$$

$$= \frac{x^{\alpha+1}}{\alpha+1}(\ln x)^n - \int \frac{n}{\alpha+1} x^\alpha (\ln x)^{n-1} dx$$

$$= \frac{1}{\alpha+1}\left(x^{\alpha+1}(\ln x)^n - n\beta_{n-1}\right).$$

Hier ist

$$\beta_0 = \int x^\alpha dx = \frac{x^{\alpha+1}}{\alpha+1}.$$

Aufgabe 195

▶ **Flächen- und Volumenberechnung, Torus**

a) Berechnen Sie den Flächeninhalt, der durch die folgenden Kurven begrenzt wird:

$$y = \frac{x}{2}, \quad y = \frac{x}{3}, \quad y = \sqrt{x}.$$

b) Berechnen Sie das Volumen des *Torus*, der durch die Rotation des Kreises mit der Gleichung $x^2 + (y-2)^2 = 1$ um die x-Achse entsteht (siehe Abb. 2.17).
Hinweis: Das Volumen bei der Rotation einer Funktion f um die x-Achse bzgl. des Intervalls $[x_1, x_2]$ ist gegeben durch $V = \pi \int_{x_1}^{x_2} f^2(x)dx$.

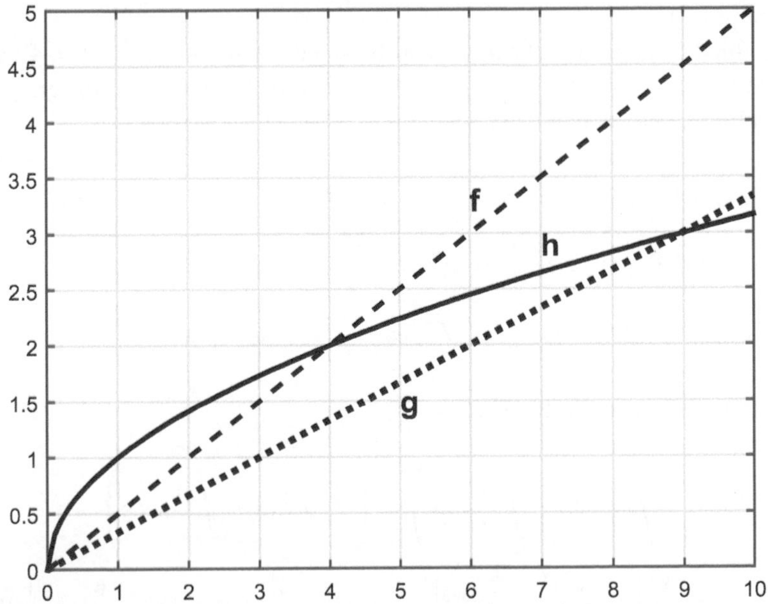

Abb. 2.16 Die Graphen der Funktionen f, g, h (Aufg. 195, Teil a))

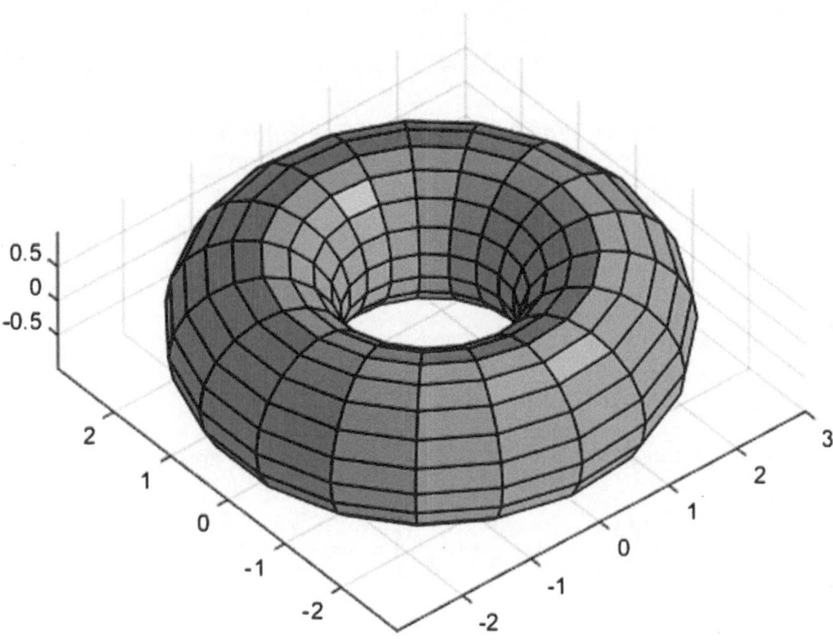

Abb. 2.17 Ein Torus mit Radius $r = 1$ und $R = 2$ (Aufg. 195, Teil b))

Lösung

a) Es soll die Fläche berechnet werden, die von den Funktionen $f(x) = \frac{x}{2}$, $g(x) = \frac{x}{3}$ und $h(x) = \sqrt{x}$ eingeschlossen wird (vgl. Abb. 2.16). Um die Integralgrenzen zu ermitteln, müssen daher die Schnittpunkte berechnet werden:

$$f(x) = g(x) \;\Leftrightarrow\; \frac{x}{2} = \frac{x}{3} \;\Leftrightarrow\; x = 0,$$

$$f(x) = h(x) \;\Leftrightarrow\; \frac{x}{2} = \sqrt{x} \;\Leftrightarrow\; \frac{x^2}{4} = x \;\Leftrightarrow\; x = 0 \vee x = 4 \;(x \geq 0),$$

$$g(x) = h(x) \;\Leftrightarrow\; \frac{x}{3} = \sqrt{x} \;\Leftrightarrow\; \frac{x^2}{9} = x \;\Leftrightarrow\; x = 0 \vee x = 9 \;(x \geq 0).$$

Somit erhält man für die Fläche

$$A = \left(\int_0^4 \frac{1}{2}x\,dx - \int_0^4 \frac{1}{3}x\,dx \right) + \left(\int_4^9 \sqrt{x}\,dx - \int_4^9 \frac{1}{3}x\,dx \right)$$

$$= \frac{x^2}{4}\bigg|_0^4 - \frac{x^2}{6}\bigg|_0^9 + \frac{2}{3}x^{3/2}\bigg|_4^9 = 4 - 0 - \frac{27}{2} + 0 + 18 - \frac{16}{3} = 3\frac{1}{6} \text{ [FE]}.$$

b) Die beiden Funktionen, die den Kreis beschreiben, lauten:

$$x^2 + (y-2)^2 = 1 \;\Leftrightarrow\; (y-2)^2 = 1 - x^2 \;\Leftrightarrow\; y = 2 \pm \sqrt{1-x^2}\;(-1 \leq x \leq 1).$$

Für das Volumen des Torus ergibt sich dann mit Hilfe der angegebenen Formel

$$V = \pi \int_{-1}^1 (2 + \sqrt{1-x^2})^2\,dx - \pi \int_{-1}^1 (2 - \sqrt{1-x^2})^2\,dx$$

$$= \pi \int_{-1}^1 (4 + 4\sqrt{1-x^2} + 1 - x^2 - (4 - 4\sqrt{1-x^2} + 1 - x^2))\,dx$$

$$= 8\pi \int_{-1}^1 \sqrt{1-x^2}\,dx = 8\pi \left(\frac{x}{2}\sqrt{1-x^2} + \frac{1}{2}\arcsin(x) \right)\bigg|_{-1}^1$$

$$= 8\pi \left(\frac{1}{2}\frac{\pi}{2} - 0 - \frac{1}{2}\left(-\frac{\pi}{2}\right) \right) = 4\pi^2.$$

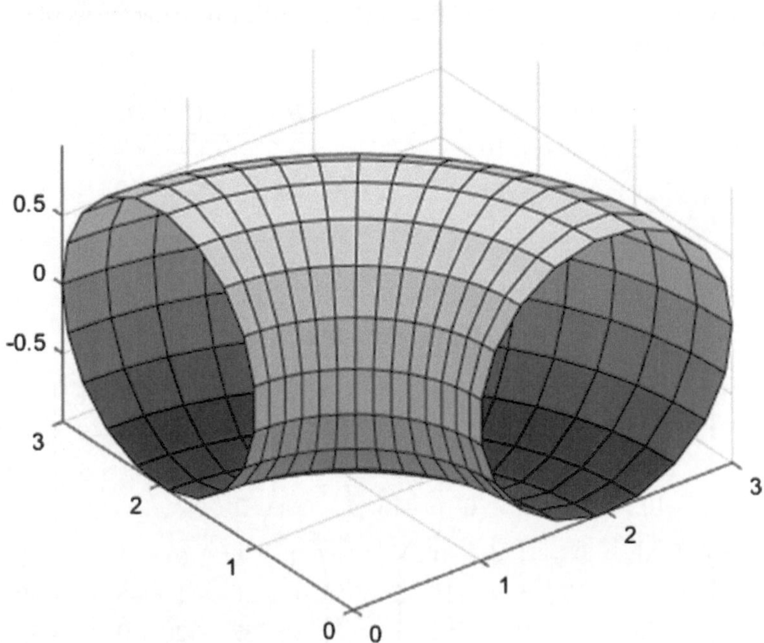

Abb. 2.18 Ein Semitorus mit Winkel zwischen 0 und $\pi/2$ mit Radius $r = 1$ und $R = 2$ (Aufg. 195, Teil b))

Aufgabe 196

▶ **Partialbruchzerlegung**

Berechnen Sie die folgenden Integrale mit Hilfe von Partialbruchzerlegung:

a) $\displaystyle\int_{3}^{4} \frac{x^3 - 17x^2 - 39x - 15}{x^4 + x^3 - 5x^2 - 7x + 10}\,dx\,;$

b) $\displaystyle\int_{3}^{4} \frac{4x^2 + x - 1}{(4x^2 + 1)(x - 2)}\,dx\,.$

Lösung

a) Da der Grad des Zählers kleiner ist als der des Nenners, ist keine Polynomdivision notwendig. Für die Nullstellen des Nenners erhält man mit Hilfe einer Polynomdivision:

$$x^4 + x^3 - 5x^2 - 7x + 10 = 0 \;\Leftrightarrow\; x = 1 \;\vee\; x = 2 \;\vee\; x^2 + 4x + 5 = 0$$
$$\Leftrightarrow x = 1 \;\vee\; x = 2 \;\vee\; (x + 2)^2 + 1 = 0.$$

Reelle Nullstellen sind also $x = 1$ und $x = 2$.

Somit ergibt sich für die Partialbruchzerlegung (die Koeffizienten werden mit Gauß-Elimination berechnet):

$$\frac{x^3 - 17x^2 - 39x - 15}{x^4 + x^3 - 5x^2 - 7x + 10} = \frac{A}{x-1} + \frac{B}{x-2} + \frac{C+Dx}{x^2+4x+5}$$

$$\Leftrightarrow A(x^3 + 4x^2 + 5x - 2x^2 - 8x - 10) + B(x^3 + 4x^2 + 5x - x^2 - 4x - 5)$$
$$+ C(x^2 - 3x + 2) + D(x^3 - 3x^2 + 2x) = x^3 - 17x^2 - 39x - 15$$

$$\Leftrightarrow x^3(A + B + D) + x^2(2A + 3B + C - 3D) + x(-3A + B - 3C + 2D)$$
$$+ 1 \cdot (-10A - 5B + 2C) = x^3 - 17x^2 - 39x - 15$$

$$\Leftrightarrow \left(\begin{array}{cccc|c} 1 & 1 & 0 & 1 & 1 \\ 2 & 3 & 1 & -3 & -17 \\ -3 & 1 & -3 & 2 & -39 \\ -10 & -5 & 2 & 0 & -15 \end{array} \right) \Leftrightarrow \left(\begin{array}{cccc|c} 1 & 1 & 0 & 1 & 1 \\ 0 & 1 & 1 & -5 & -19 \\ 0 & 4 & -3 & 5 & -36 \\ 0 & 5 & 2 & 10 & -5 \end{array} \right)$$

$$\Leftrightarrow \left(\begin{array}{cccc|c} 1 & 1 & 0 & 1 & 1 \\ 0 & 1 & 1 & -5 & -19 \\ 0 & 5 & -2 & 0 & -55 \\ 0 & 7 & 4 & 0 & -43 \end{array} \right) \Leftrightarrow \left(\begin{array}{cccc|c} 1 & 1 & 0 & 1 & 1 \\ 0 & 1 & 1 & -5 & -19 \\ 0 & 5 & -2 & 0 & -55 \\ 0 & 17 & 0 & 0 & -153 \end{array} \right)$$

$$\Leftrightarrow B = -9 \ \wedge \ C = 5 \ \wedge \ D = 3 \ \wedge \ A = 7.$$

Für den Wert des Integrals erhält man somit

$$\int_3^4 \frac{x^3 - 17x^2 - 39x - 15}{x^4 + x^3 - 5x^2 - 7x + 10} dx$$

$$= \int_3^4 \frac{7}{x-1} dx - \int_3^4 \frac{9}{x-2} dx + \int_3^4 \frac{3x+5}{x^2+4x+5} dx$$

$$= 7\ln(x-1) \Big|_3^4 - 9\ln(x-2) \Big|_3^4 + \int_3^4 \frac{\frac{3}{2}(2x+4)}{x^2+4x+5} dx - \int_3^4 \frac{dx}{(x+2)^2 + 1}$$

$$= 7(\ln(3) - \ln(2)) - 9(\ln(2) - \ln(1)) + \frac{3}{2}\ln(x^2+4x+5) \Big|_3^4 - \arctan(x+2) \Big|_3^4$$

$$= 7\ln(3) - 16\ln(2) + \frac{3}{2}(\ln(37) - \ln(26)) - \arctan(6) + \arctan(5).$$

b) Der Ansatz für die Partialbruchzerlegung lautet

$$\frac{4x^2 + x - 1}{(4x^2 + 1)(x-2)} \overset{!}{=} \frac{A}{x-2} + \frac{B+Cx}{4x^2+1}.$$

Durch Koeffizientenvergleich erhält man für die Unbekannten (mit Hilfe von Gauß-elimination):

$$4x^2 + x - 1 = (4x^2 + 1)A + (x - 2)(B + Cx)$$

$$\Leftrightarrow 4x^2 + x - 1 = (4A + C)x^2 + (B - 2C)x + (A - 2B)$$

$$\Leftrightarrow \left(\begin{array}{ccc|c} 4 & 0 & 1 & 4 \\ 0 & 1 & -2 & 1 \\ 1 & -2 & 0 & -1 \end{array} \right) \Leftrightarrow \left(\begin{array}{ccc|c} 4 & 0 & 1 & 4 \\ 8 & 1 & 0 & 9 \\ 1 & -2 & 0 & -1 \end{array} \right)$$

$$\Leftrightarrow \left(\begin{array}{ccc|c} 4 & 0 & 1 & 4 \\ 8 & 1 & 0 & 9 \\ 17 & 0 & 0 & 17 \end{array} \right) \Leftrightarrow A = 1 \wedge B = 1 \wedge C = 0.$$

Somit berechnet man für das Integral den Wert

$$\int_3^4 \frac{4x^2 + x - 1}{(4x^2 + 1)(x - 2)} dx = \int_3^4 \left(\frac{1}{(4x^2 + 1)} + \frac{1}{x - 2} \right) dx$$

$$= \left(\frac{1}{2} \arctan(2x) + \ln(|x - 2|) \right) \Big|_3^4$$

$$= \frac{1}{2}(\arctan(8) - \arctan(6)) + \ln(2).$$

2.8   Uneigentliche Integrale

Aufgabe 197

► **Uneigentliche Integrale**

Untersuchen Sie, ob die folgenden uneigentlichen Integrale existieren und berechnen Sie gegebenenfalls ihren Wert:

a) $\int_0^\infty 4x^2 e^{-2x} dx$;

b) $\int_{-\infty}^0 9x^2 e^{3x} dx$;

c) $\int_e^\infty \frac{(\ln(t))^n}{t} dt, \ n \in \mathbb{Z}.$

Hinweise: Verwenden Sie in a) und b) partielle Integration. Betrachten Sie in c) den Fall $n = -1$ getrennt.

Lösung

a) Zweimaliges Anwenden von partieller Integration sowie die Tatsache, dass die Exponentialfunktion schneller als jedes Polynom wächst, liefern die Existenz des Integrals:

$$4 \int_0^\infty x^2 e^{-2x}\,dx \overset{\text{p.I.}}{=} 4 \left(\frac{-1}{2} x^2 e^{-2x} \Big|_0^\infty + \frac{1}{2} \int_0^\infty 2x e^{-2x}\,dx \right)$$

$$\overset{\text{p.I.}}{=} -2x^2 e^{-2x} \Big|_0^\infty + 4\frac{-1}{2} x e^{-2x} \Big|_0^\infty + 2 \int_0^\infty e^{-2x}\,dx$$

$$= -e^{-2x} \Big|_0^\infty = -0 + 1 = 1.$$

b) Aufgrund der Tatsache, dass die Exponentialfunktion schneller als jedes Polynom wächst, erhält man für den Wert des uneigentlichen Integrals

$$\int_{-\infty}^0 9x^2 e^{3x}\,dx \overset{\text{p.I.}}{=} 9x^2 \frac{1}{3} e^{3x} \Big|_{-\infty}^0 - \int_{-\infty}^0 6x e^{3x}\,dx$$

$$\overset{\text{p.I.}}{=} 0 - 0 - 6x \frac{1}{3} e^{3x} \Big|_{-\infty}^0 + \int_{-\infty}^0 2 e^{3x}\,dx$$

$$= -0 + 0 + \frac{2}{3} e^{3x} \Big|_{-\infty}^0 = \frac{2}{3}.$$

c) Für $n = -1$ gilt

$$\int_e^\infty \frac{1}{t \ln(t)}\,dt = \ln(\ln(t)) \Big|_e^\infty = \infty.$$

Für $n \neq -1$ erhält man mit Hilfe der Substitution $z = \ln(t)$, $\frac{dz}{dt} = \frac{1}{t} \Leftrightarrow dz = \frac{dt}{t}$,

$$\int_e^\infty \frac{(\ln(t))^n}{t}\,dt = \int_{\ln(e)}^\infty z^n\,dz = \frac{1}{n+1} z^{n+1} \Big|_1^\infty = \left\{ \begin{array}{ll} \infty, & n > -1 \\ \frac{-1}{n+1}, & n < -1 \end{array} \right\}.$$

Somit existiert das Integral lediglich für $n < -1$.

Aufgabe 198

▶   **Uneigentliche Integrale**

Untersuchen Sie die uneigentlichen Integrale a) und b) auf Konvergenz und berechnen Sie den Wert des Integrals c):

a) $\displaystyle\int_{e^e}^{\infty} \frac{dx}{x \ln(x) \ln(\ln(x))}$;

b) $\displaystyle\int_{0}^{\infty} \frac{\sin(x)}{x}\,dx$;

Hinweise:

1) Zerlegen Sie das Integral geeignet (z. B. bzgl. der Intervalle $[0, 1]$ und $[1, \infty)$) und wenden Sie an einer Stelle partielle Integration an.

2) Die Funktion $\mathrm{Si}(x) := \int_0^x \frac{\sin(t)}{t}\,dt$ wird *Integralsinus* genannt.

c) $\displaystyle\int_{0}^{\infty} \frac{dx}{1 + e^{\lambda x}}$, $\quad \lambda > 0$.

Hinweis: Machen Sie eine geeignete Substitution und anschließend eine PBZ.

Lösung

a) Die Substitution

$$t = \ln(\ln(\ln(x))), \quad \frac{dt}{dx} = \frac{1}{\ln(\ln(x)) \ln(x) x}$$

$$\Leftrightarrow\ \ln(\ln(x)) \ln(x) x\, dt = dx\ \left(\Rightarrow t(e^e) = 0,\ \lim_{x \to \infty} t(x) = \infty\right)$$

liefert

$$\int_{e^e}^{\infty} \frac{dx}{x\, \ln(\ln(x))\, \ln(x)} = \int_0^{\infty} dt = t\Big|_0^{\infty} = \infty,$$

d. h. dieses Integral existiert nicht.

b) Nach der Regel von de l'Hospital gilt

$$\lim_{x \to 0} \frac{\sin(x)}{x} \overset{\text{l'H.}}{=} \lim_{x \to 0} \frac{\cos(x)}{1} = 1,$$

d. h. die Funktion f mit $f(x) = \frac{\sin(x)}{x}$ läßt sich durch $f(0) = 1$ in $x = 0$ stetig fortsetzen. Somit existiert das Integral $\int_0^1 \frac{\sin(x)}{x}\,dx$, da eine stetige Funktion auf einem

Kompaktum integriert wird. Für das restliche Integral erhält man mittels partieller Integration

$$\int_1^\infty \frac{\sin(x)}{x}\,dx \stackrel{\text{p.I.}}{=} -\frac{\cos(x)}{x}\Big|_1^\infty - \int_1^\infty \frac{\cos(x)}{x^2}\,dx = \cos(1) - \int_1^\infty \frac{\cos(x)}{x^2}\,dx.$$

Aufgrund der Abschätzung

$$\int_1^\infty \left|\frac{\cos(x)}{x^2}\right|\,dx \le \int_1^\infty \frac{1}{x^2}\,dx = -\frac{1}{x}\Big|_1^\infty = 1$$

existiert schließlich das gesamte Integral.

c) Mit Hilfe der Substitution

$$t = e^{\lambda x}, \; \frac{dt}{dx} = \lambda e^{\lambda x} \;\Leftrightarrow\; \frac{dt}{\lambda e^{\lambda x}} = dx \;\Leftrightarrow\; \frac{dt}{\lambda t} = dx$$

$$\left(\Rightarrow t(0) = 1, \lim_{x\to\infty} t(x) = \infty\right)$$

und unter Berücksichtigung von $\lambda > 0$ erhält man

$$\int_0^\infty \frac{dx}{1 + e^{\lambda x}} = \int_1^\infty \frac{1}{1+t}\frac{dt}{\lambda t} = \int_1^\infty \frac{1}{\lambda}\left(\frac{1}{t} - \frac{1}{1+t}\right)dt = \frac{1}{\lambda}(\ln(t) - \ln(1+t))\Big|_1^\infty$$

$$= \frac{1}{\lambda}\left(\lim_{t\to\infty} \ln\left(\frac{t}{1+t}\right) - \ln(1) + \ln(2)\right) = \frac{1}{\lambda}\ln(2).$$

Aufgabe 199

▶ **Uneigentliche Integrale**

Für welche $\alpha \in \mathbb{R}$ sind die folgenden uneigentlichen Integrale konvergent ($c \in \mathbb{R}$ beliebig):

a) $\displaystyle\int_1^\infty c \cdot e^{\alpha x}\,dx$;

b) $\displaystyle\int_1^\infty \frac{c}{x^\alpha}\,dx$.

Lösung

a) Im Fall $\alpha = 0$ erhält man

$$\int_1^\infty c \cdot e^{\alpha x}\, dx = \lim_{T\to\infty} \int_1^T c\, dx = \lim_{T\to\infty} c \cdot (T-1) = \begin{cases} 0, & c = 0 \\ \infty, & c > 0 \\ -\infty, & c < 0 \end{cases}.$$

Das Integral konvergiert also für $\alpha = 0$, $c = 0$ und divergiert für $\alpha = 0$, $c \neq 0$.
Im Fall $\alpha \neq 0$ gilt:

$$\int_1^\infty c \cdot e^{\alpha x}\, dx = \lim_{T\to\infty} \int_1^T c \cdot e^{\alpha x}\, dx = \lim_{T\to\infty} \left[\frac{c}{\alpha} e^{\alpha x}\right]_1^T = \lim_{T\to\infty} \frac{c}{\alpha}(e^{\alpha T} - e^{\alpha})$$

$$\implies \int_1^\infty c \cdot e^{\alpha x}\, dx = \begin{cases} 0, & c = 0 \\ \infty, & \alpha > 0, c > 0 \\ -\infty, & \alpha > 0, c < 0 \\ -\frac{c}{\alpha} e^{\alpha}, & \alpha < 0, c \neq 0 \end{cases}.$$

Das Integral konvergiert also für $\alpha < 0$ sowie für $\alpha > 0$, $c = 0$ und divergiert für $\alpha > 0$, $c \neq 0$.

b) Im Fall $\alpha = 1$ hat man:

$$\int_1^\infty \frac{c}{x^\alpha}\, dx = \int_1^\infty \frac{c}{x}\, dx = \lim_{T\to\infty} \int_1^T \frac{c}{x}\, dx$$

$$= \lim_{T\to\infty} \left[c \ln(x)\right]_1^T = \lim_{T\to\infty} c \ln(T) = \begin{cases} -\infty, & c < 0 \\ 0, & c = 0 \\ \infty, & c > 0 \end{cases}.$$

Das Integral konvergiert also für $\alpha = 1$, $c = 0$ und divergiert im Fall $\alpha = 1$, $c \neq 0$.
Ist $\alpha \neq 1$, so hat man:

$$\int_1^\infty \frac{c}{x^\alpha}\, dx = \lim_{T\to\infty} \int_1^T \frac{c}{x^\alpha}\, dx = \lim_{T\to\infty} \left[\frac{c}{-\alpha + 1} x^{-\alpha+1}\right]_1^T$$

$$= \lim_{T\to\infty} \frac{c}{-\alpha + 1}(T^{-\alpha+1} - 1) = \begin{cases} \frac{c}{\alpha-1}, & \alpha > 1, c \in \mathbb{R} \\ 0, & \alpha < 1, c = 0 \\ \infty, & \alpha < 1, c > 0 \\ -\infty, & \alpha < 1, c < 0 \end{cases}.$$

Das Integral konvergiert also für $\alpha > 1$ sowie für $\alpha < 1$, $c = 0$ und divergiert für $\alpha < 1$, $c \neq 0$.

Aufgabe 200

▶ **Vergleichskriterium für uneigentliche Integrale**

Sei $f \in C[a,\infty]$, $a \in \mathbb{R}$. Weiter sei $b \geq a$ und es existiere eine Funktion $g \in C[b,\infty]$, $g \geq 0$ mit

$$|f(x)| \leq g(x) \quad \forall x \geq b.$$

Beweisen Sie: Unter den gegebenen Voraussetzungen folgt aus der Konvergenz des Integrals $\int\limits_{b}^{\infty} g(x)\,dx$ die Konvergenz des Integrals $\int\limits_{a}^{\infty} f(x)\,dx$.

Hinweis: Sie können die Sätze 9.11 und 9.12 aus [8] benutzen.

Lösung

Ist $F : D \to \mathbb{R}$, D nicht nach oben beschränkt, so überlegt man sich leicht, dass folgendes Cauchy-Kriterium für die Existenz von $\lim\limits_{T\to\infty} F(T)$ gilt: Genau dann existiert vorstehender Grenzwert, wenn

$$\forall \varepsilon > 0 \,\exists C \in \mathbb{R} \,\forall T_2 > T_1 > C \quad |F(T_2) - F(T_1)| < \varepsilon.$$

Wir verwenden dieses Ergebnis, um für $F(T) := \int\limits_{b}^{T} f(x)\,dx$ die Existenz von

$$\int\limits_{b}^{\infty} f(x)\,dx = \lim_{T\to\infty} \int\limits_{b}^{T} f(x)\,dx = \lim_{T\to\infty} F(T)$$

zu zeigen. Setze noch $G(T) := \int\limits_{b}^{T} g(x)\,dx$. Sei $\varepsilon > 0$ beliebig. Dann existiert nach obenstehendem Cauchykriterium und nach der Voraussetzung, dass $\int\limits_{b}^{\infty} g(x)\,dx$ konvergiert, eine Konstante $C > 0$, so dass für alle $T_2 > T_1 > C$ gilt:

$$|G(T_2) - G(T_1)| = \int\limits_{T_1}^{T_2} g(x)\,dx < \varepsilon.$$

Es folgt:

$$|F(T_2) - F(T_1)| = \left| \int\limits_{T_1}^{T_2} f(x)\,dx \right|$$

$$\overset{\text{Hinweis}}{\leq} \int\limits_{T_1}^{T_2} |f(x)|\,dx \overset{\text{Voraus.}}{\leq} \int\limits_{T_1}^{T_2} g(x)\,dx < \varepsilon$$

und somit die Konvergenz von $\int_b^\infty f(x)\,dx$. Daraus folgt aber unmittelbar, dass auch

$\int_a^\infty f(x)\,dx$ existiert, denn es gilt

$$
\int_a^\infty f(x)\,dx = \lim_{T\to\infty} \int_a^T f(x)\,dx
$$

$$
= \lim_{T\to\infty} \left(\int_a^b f(x)\,dx + \int_b^T f(x)\,dx \right)
$$

$$
= \int_a^b f(x)\,dx + \int_b^\infty f(x)\,dx \; .
$$

Das erste Integral existiert, da $f \in C[a,b] \subset R[a,b]$; die Existenz des zweiten Integrals wurde oben gezeigt.

Aufgabe 201

▶ **Konvergenz uneigentlicher Integrale**

Untersuchen Sie die folgenden Integrale auf Konvergenz:

a) $\displaystyle\int_0^\infty \frac{x^2}{4x^4 + 25}\,dx$;

b) $\displaystyle\int_1^\infty \frac{\sin(x)}{x}\,dx$.

Hinweis: Verwenden Sie die Ergebnisse der Aufgaben 199 und 200 und in b) partielle Integration.

Lösung

a) Wir verwenden, die im Hinweis angegebenen beiden Aufgaben, brauchen also nach Aufgabe 200 nur den Integranden durch eine Majorante mit zugehörigem nach Aufgabe 199 als konvergent bekanntem uneigentlichen Integral nach oben abzuschätzen. Dies gelingt mittels:

$$
\frac{x^2}{4x^4 + 25} \leq \frac{x^2}{4x^4} \leq \frac{1}{4x^2} = \frac{c}{x^\alpha} \quad \text{mit} \quad c = \frac{1}{4},\, \alpha = 2.
$$

b) Man hat:

$$\int\limits_1^T \frac{\sin(x)}{x}\, dx \overset{\text{p. I.}}{=} \left[-x^{-1}\cos(x)\right]_1^T - \int\limits_1^T x^{-2}\cos(x)\, dx.$$

Wegen

$$\left|x^{-2}\cos(x)\right| \le \left|x^{-2}\right| = \frac{c}{x^\alpha}\,,\ c = 1\,,\ \alpha = 2\,,\ x > 1$$

folgt wie in Teil a) die Konvergenz von

$$\int\limits_1^\infty x^{-2}\cos(x)\, dx.$$

Da darüberhinaus

$$\left[-x^{-1}\cos(x)\right]_1^T = -\frac{\cos(T)}{T} + \cos(1) \to \cos(1) < \infty \quad (T \to \infty)$$

gilt, folgt insgesamt die Konvergenz des gegebenen Integrals.

Aufgabe 202

▶ **Integralvergleichskriterium**

a) Beweisen Sie das sog. *Integralvergleichskriterium*:
   Die Funktion f sei auf dem Intervall $[n, \infty)$, $n \in \mathbb{N}$, monoton fallend und positiv.
   Dann gilt: Die Reihe $\sum\limits_{k=n}^\infty f(k)$ konvergiert bzw. divergiert genau dann, wenn das Integral $\int\limits_n^\infty f(x)dx$ existiert bzw. nicht existiert.
b) Wenden Sie das Kriterium auf die folgende Reihe an:

$$\sum_{n=3}^\infty \frac{\ln(\ln(n))}{n\,(\ln(n))^2}.$$

Lösung

a) Da die Funktion f monoton ist, ist f auch auf $[n, b]$ mit $b < \infty$ integrierbar.
   Weiterhin gilt

$$f(k) \ge f(x) \ge f(k+1)\ \forall\, x \in [k, k+1],\ k \ge n.$$

Somit hat man

$$f(k) \geq \int_k^{k+1} f(x)dx \geq f(k+1) \ \forall \ k \geq n$$

$$\Rightarrow \sum_{k=n}^{\infty} f(k) \geq \int_n^{\infty} f(x)dx \geq \sum_{k=n}^{\infty} f(k+1) = \sum_{k=n+1}^{\infty} f(k).$$

Da f positiv ist, erhält man die Behauptung direkt mit Hilfe des Majoranten- bzw. des Minorantenkriteriums für Reihen und uneigentliche Integrale.

b) Es gilt

$$\left(\frac{\ln(\ln(x))}{x \ln^2(x)}\right)' = \frac{\frac{1}{x \ln(x)} x \ln^2(x) - x \ln(\ln(x)) \left(\ln^2(x) + \frac{2\ln(x)x}{x}\right)}{x^2 \ln^4(x)}$$

$$= \frac{1 - \ln(\ln(x))(2 + \ln(x))}{x \ln^3(x)}.$$

Für $x > 1$ ist der Nenner positiv, d. h. f ist monoton fallend, falls

$$\ln(\ln(x))(2 + \ln(x)) > 1$$

gilt. Wählt man $x \geq 5 > e^{e^{1/3}}$ so hat man

$$\ln(\ln(x))(2 + \ln(x)) \geq \ln(\ln(e^{e^{1/3}}))(2 + \ln(e^{e^{1/3}}))$$

$$= \ln(e^{1/3}\ln(e))(2 + e^{1/3}\ln(e)) > \frac{1}{3}(2+1) = 1.$$

Mit Hilfe der Substitution

$$t = \ln(x), \ \frac{dt}{dx} = \frac{1}{x} \ \Leftrightarrow \ xdt = dx, \ t(5) = \ln(5), \ \lim_{x\to\infty} t(x) = \infty,$$

erhält man schließlich mit Hilfe der Regel von de l'Hospital

$$\int_5^{\infty} \frac{\ln(\ln(x))}{x \ln^2(x)}dx = \int_{\ln(5)}^{\infty} \frac{\ln(t)}{t^2}dt \stackrel{\text{p.I}}{=} -\frac{1}{t}\ln(t)\Big|_{\ln(5)}^{\infty} + \int_{\ln(5)}^{\infty} \frac{dt}{t^2}$$

$$= -\lim_{t\to\infty} \frac{\ln(t)}{t} + \frac{\ln(\ln(5))}{\ln(5)} - \frac{1}{t}\Big|_{\ln(5)}^{\infty} \stackrel{\text{l'H.}}{=} \frac{\ln(\ln(5))}{\ln(5)} + \frac{1}{\ln(5)} < \infty.$$

Somit konvergiert die Reihe, da die Summanden für $n = 3$ und $n = 4$ für die Konvergenz unerheblich sind.

2.9 Funktionenfolgen und -reihen, Potenzreihen, Konvergenzradien

Aufgabe 203

▶ **Punktweise und gleichmäßige Konvergenz**

Die Funktionenfolge $f_n : [0, 1] \mapsto \mathbb{R}$ sei gegeben durch

$$f_n(x) = nx \cdot (1 - x)^n.$$

Beweisen Sie, dass f_n punktweise konvergiert. Bestimmen Sie den punktweisen Limes und zeigen Sie weiter, dass die Konvergenz nicht gleichmäßig auf $[0, 1]$ ist.

Hinweis: Sie können die Bernoullische Ungleichung (s. z. B. Aufg. 54) und die Tatsache verwenden, dass $\left(1 - \frac{1}{n}\right)^n$ monoton wachsend gegen $\frac{1}{e}$ konvergiert.

Lösung

Für $x = 0$ ist $f_n(x) = 0 \,\forall n \in \mathbb{N}$ und somit die punktweise Konvergenz in diesem Punkt unmittelbar klar. Für $0 < x \leq 1$ folgt sie aus

$$|f_n(x)| = f_n(x) = nx(1-x)^n$$

$$\leq (1 + nx)(1-x)^n$$

$$\overset{\text{Bern. Ungl.}}{\leq} (1+x)^n(1-x)^n = (1-x^2)^n \to 0 \quad (n \to \infty).$$

f_n konvergiert also punktweise gegen $f \equiv 0$.

Zum Nachweis, dass f_n nicht gleichmäßig konvergiert, haben wir zu zeigen, dass nicht gilt:

$$\forall \varepsilon > 0 \,\exists N \in \mathbb{N} \,\forall x \in [0, 1] \forall n \geq N \quad |f_n(x) - f(x)| < \varepsilon.$$

Zu zeigen ist daher:

$$\exists \varepsilon > 0 \,\forall N \in \mathbb{N} \,\exists x \in [0, 1] \exists n \geq N \quad |f_n(x) - f(x)| \geq \varepsilon.$$

Laut Hinweis konvergiert die Folge $\left(1 - \frac{1}{n}\right)^n$ monoton wachsend gegen $\frac{1}{e}$. Es gilt folglich

$$\left(1 - \frac{1}{n}\right)^n \geq \left(1 - \frac{1}{2}\right)^2 = \frac{1}{4}, \, n \geq 2.$$

Wähle nun $\varepsilon = \frac{1}{4}$. Für $N = 1$ ist dann

$$\left| f_1\left(\frac{1}{2}\right) - f\left(\frac{1}{2}\right) \right| = f_1\left(\frac{1}{2}\right) = \frac{1}{4} \geq \varepsilon.$$

Für $N \geq 2$ gilt nun mit $n := N$, $x := \frac{1}{N}$:

$$|f_n(x) - f(x)| = f_n(x) = N \cdot \frac{1}{N}\left(1 - \frac{1}{N}\right)^N = \left(1 - \frac{1}{N}\right)^N \geq \frac{1}{4} = \varepsilon.$$

Dies zeigt die Behauptung.

Aufgabe 204

▶ **Gleichmäßige Konvergenz**

Für $n \in \mathbb{N}$ seien

$$f_n : \left[0, \frac{\pi}{2}\right] \ni x \longmapsto (\cos x)^n \in \mathbb{R}\,,$$

$$g_n : [0, 2\pi] \ni x \longmapsto (\cos x)^n \in \mathbb{R}\,.$$

Zeigen Sie:

a) Die Folge (f_n) konvergiert punktweise aber nicht gleichmäßig.
b) Die Folge (g_n) konvergiert weder punktweise noch gleichmäßig.

Lösung

a) Für $x \in \left(0, \frac{\pi}{2}\right]$ ist $0 \leq \cos x < 1$, und daher ist $\lim\limits_{n \to \infty} (\cos x)^n = 0$ für diese x.
Die Folge (f_n) konvergiert punktweise gegen f, wobei

$$f : \left[0, \frac{\pi}{2}\right] \longrightarrow \mathbb{R}, \quad x \longmapsto \begin{cases} 1 & \text{für } x = 0 \\ 0 & \text{sonst} \end{cases}.$$

Weil f unstetig ist, ist die Folge (f_n) nicht gleichmäßig konvergent.

b) Die Folge (g_n) konvergiert nicht punktweise und daher auch nicht gleichmäßig, denn es ist $g_n(\pi) = (-1)^n$ und die Folge $((-1)^n)_{n \in \mathbb{N}}$ konvergiert nicht.

Aufgabe 205

▶ **Gleichmäßige Konvergenz, Integration und Konvergenz**

a) Zeigen Sie, dass die Folge $(f_n)_{n \in \mathbb{N}}$ von Funktionen, die durch

$$f_n : [0, \infty) \to \mathbb{R}, \ f_n(x) = \frac{x}{n^2} e^{-\frac{x}{n}}, \ n \in \mathbb{N},$$

definiert sind, für $n \to \infty$ gleichmäßig gegen die Nullfunktion konvergiert.

b) Zeigen Sie, dass bei uneigentlichen Integralen der Limes mit der Integration i. A. nicht vertauschbar ist, d. h. für die in a) definierten Funktionen gilt

$$\lim_{n\to\infty}\int_0^\infty f_n(x)\,dx \neq \int_0^\infty \lim_{n\to\infty} f_n(x)\,dx.$$

Warum gilt dies trotz gleichmäßiger Konvergenz nicht?

a) Sei $f \equiv 0$. Um die gleichmäßige Konvergenz zu zeigen, wird das Maximum der Funktion $|f_n| = f_n$ berechnet. Es gilt

$$f_n'(x) = \frac{1}{n^2}e^{-\frac{x}{n}} - \frac{x}{n^3}e^{-\frac{x}{n}}.$$

Nullsetzen der Ableitung liefert:

$$f_n'(x) = 0 \ \Leftrightarrow\ \frac{1}{n^2}e^{-\frac{x}{n}} - \frac{x}{n^3}e^{-\frac{x}{n}} = 0 \ \Leftrightarrow\ \frac{1}{n^2} = \frac{x}{n^3} \ \Leftrightarrow\ x = n.$$

Einsetzen in die zweite Ableitung

$$f_n''(x) = -\frac{1}{n^3}e^{-\frac{x}{n}} - \frac{1}{n^3}e^{-\frac{x}{n}} + \frac{x}{n^4}e^{-\frac{x}{n}} = \frac{x}{n^4}e^{-\frac{x}{n}} - \frac{2}{n^3}e^{-\frac{x}{n}}$$

ergibt

$$f_n''(n) = -\frac{1}{n^3}e^{-1} < 0,$$

d. h. an der Stelle $x = n$ liegt ein lokales Maximum vor. Wegen

$$\lim_{x\to\infty} \frac{x}{n^2}e^{-\frac{x}{n}} = 0 = f(0)$$

ist dies auch das globale. Insgesamt gilt also

$$\max_{x\in\mathbb{R}_0^+} |f_n(x) - f(x)| = \frac{1}{n}e^{-1} \to 0 \ (n \to \infty),$$

d. h. die Funktionenfolge $(f_n)_{n\in\mathbb{N}}$ konvergiert gleichmäßig auf $\mathbb{R}_0^+ = [0, \infty)$ gegen die Nullfunktion f.

b) Es gilt

$$\int_0^\infty \lim_{n\to\infty} f_n(x)\,dx = \int_0^\infty 0\,dx = 0.$$

Andererseits erhält man

$$\lim_{n\to\infty} \int_0^\infty f_n(x)\,dx = \lim_{n\to\infty} \int_0^\infty \frac{x}{n^2} e^{-\frac{x}{n}}\,dx$$

$$\overset{\text{p.I.}}{=} \lim_{n\to\infty} \left(\frac{x}{n^2}(-n e^{-\frac{x}{n}})\Big|_0^\infty + \int_0^\infty \frac{1}{n} e^{-\frac{x}{n}}\,dx \right)$$

$$= 0 - \lim_{n\to\infty} \left(e^{-\frac{x}{n}}\Big|_0^\infty \right) = 1,$$

wobei benutzt wurde, dass die Exponentialfunktion schneller als jedes Polynom wächst.

Die Vertauschung von Limes und Integration ist trotz gleichmäßiger Konvergenz deshalb nicht möglich, weil das Integrationsintervall nicht beschränkt ist; der maximale Funktionswert strebt hier mit wachsendem n gegen unendlich.

Aufgabe 206

▶ **Gleichmäßige Konvergenz, Vertauschung von Grenzprozessen**

Die Funktionenfolge $(f_n)_{n\in\mathbb{N}_0}$ sei definiert durch $f_n(x) := x^n$, $x \in [-1, 1]$.

a) Zeigen Sie, dass die Funktionenfolge auf $[0, 1]$ nicht gleichmäßig konvergiert.

b) Zeigen Sie, dass die Reihe $\sum_{n=0}^\infty f_n(x)$ nicht gleichmäßig auf $(-1, 1)$ konvergiert, aber auf $[-q, q]$ mit $0 \le q < 1$.

c) Zeigen Sie, dass die Vertauschung der Summation mit der Differentiation bzw. der Integration erlaubt ist, d. h.

$$\left(\sum_{n=0}^\infty f_n(x) \right)' = \sum_{n=0}^\infty f_n'(x), \ x \in (-1, 1);$$

$$\int_0^t \left(\sum_{n=0}^\infty f_n(x) \right) dx = \sum_{n=0}^\infty \int_0^t f_n(x)\,dx, \ t \in (-1, 1).$$

Hinweise: Sie können in a) [8], Satz 7.3 bzw. [3], 104.2, und in c) [3], Sätze 104.5 und 104.6, benutzen.

Lösung

a) Die Funktionen f_n, $n \in \mathbb{N}_0$, sind stetig. Es gilt

$$\lim_{n \to \infty} f_n(x) = \left\{ \begin{array}{ll} 1, & x = 1 \\ 0, & x \neq 1 \end{array} \right\}.$$

Da die Grenzfunktion nicht stetig ist, kann nach [3], Satz 104.2, keine gleichmäßige Konvergenz vorliegen.

b) Sei $q \in [0, 1)$ beliebig, dann gilt $|x| \leq q$ und $|x|^n \leq q^n \; \forall \; x \in [-q, q]$. Die Reihe konvergiert nach dem Majorantenkriterium gleichmäßig auf $[-q, q]$, denn mit Hilfe der geometrischen Reihe gilt:

$$\sum_{n=0}^{\infty} |f_n(x)| = \sum_{n=0}^{\infty} |x|^n \leq \sum_{n=0}^{\infty} q^n = \frac{1}{1-q} < \infty.$$

Auf $(-1, 1)$ ist die Konvergenz nicht gleichmäßig. Sei $\varepsilon = \frac{1}{2}$. Sei $m \in \mathbb{N}_0$ beliebig, dann gilt wiederum mit Hilfe der geometrischen Reihe:

$$\sum_{n=m+1}^{\infty} f_n(x) = \sum_{n=m+1}^{\infty} x^n = x^{m+1} \sum_{n=0}^{\infty} x^n = \frac{x^{m+1}}{1-x}, \; x \in (-1, 1).$$

Setzt man nun $x_0 = \left(\frac{1}{2}\right)^{1/(m+1)}$, so erhält man schließlich

$$\left| \sum_{n=0}^{\infty} f_n(x_0) - \sum_{n=0}^{m} f_n(x_0) \right| = \left| \sum_{n=m+1}^{\infty} f_n(x_0) \right| = \frac{x_0^{m+1}}{1-x_0} = \frac{1}{2} \frac{1}{1-x_0} > \frac{1}{2} = \varepsilon,$$

d. h. es kann keine gleichmäßige Konvergenz vorliegen.

c) Sei im folgenden $x_0 \in (-1, 1)$ beliebig. Setze $q = \frac{|x_0|+1}{2} < 1$, dann ist die Konvergenz der Funktionenreihe nach Teil b) gleichmäßig auf $[-q, q]$. Da die Funktionen f_n, $n \in \mathbb{N}_0$, offensichtlich integrierbar sind auf $(-1, 1)$, ist die Vertauschung von Summation und Integration nach [3], Satz 104.5, erlaubt.

Die Funktionen f_n, $n \in \mathbb{N}_0$, sind weiterhin stetig differenzierbar mit $f_n'(x) = n x^{n-1}$, $n \in \mathbb{N}$, bzw. $f_0'(x) = 0$. Mit Hilfe von

$$\lim_{n \to \infty} \left| \frac{(n+1)q^n}{n q^{n-1}} \right| = \lim_{n \to \infty} \frac{n+1}{n} q = q < 1$$

konvergiert die Reihe $\sum_{n=1}^{\infty} n q^{n-1}$ nach dem Quotientenkriterium. Nach dem Majorantenkriterium hat man auch die gleichmäßige Konvergenz von $\sum_{n=0}^{\infty} f_n'(x)$ auf $[-q, q]$:

$$\sum_{n=0}^{\infty} |f_n'(x)| = \sum_{n=1}^{\infty} |n x^{n-1}| \leq \sum_{n=1}^{\infty} n q^{n-1} < \infty.$$

Somit ist nach [3], Satz 104.6, die Vertauschung von Summation und Differentiation erlaubt.

Aufgabe 207

▶ **Spezielle Potenzreihen**

a) Bestimmen Sie eine Folge $(a_n)_{n \in \mathbb{N}_0}$, so dass für alle $x \in (-3, 3)$ gilt:

$$\sum_{k=0}^{\infty} a_k x^k = \frac{2}{x-3} \; .$$

b) Zeigen Sie für $x \in (-1, 1)$:

$$\sum_{k=0}^{\infty} (k+1) x^k = \frac{1}{(1-x)^2} \; .$$

c) Formen Sie für geeignete $x \in \mathbb{R}$ die Reihe

$$\sum_{k=1}^{\infty} \left(5^k + 2^{-k+1} \right) x^k$$

so um, dass sich schließlich ein Ausdruck in x ergibt, der ohne das Reihensymbol auskommt.

Hinweis: Verwenden Sie in b) ein geeignetes Cauchy-Produkt.

Lösung

a) Die Potenzreihe der Funktion $x \mapsto \frac{1}{1-x}$, für $|x| < 1$, wird bekanntlich geometrische Reihe genannt. Es gilt

$$\frac{2}{x-3} = \left(-\frac{2}{3}\right) \frac{1}{1 - \frac{x}{3}} = \left(-\frac{2}{3}\right) \cdot \sum_{k=0}^{\infty} \left(\frac{x}{3}\right)^k = \sum_{k=0}^{\infty} \frac{-2}{3^{k+1}} x^k$$

und die Reihe konvergiert für $|x| < 3$.

b) Für zwei absolut konvergente Reihen ist das Cauchy-Produkt

$$\sum_{k=0}^{\infty} c_k \, , \quad c_k = \sum_{n=0}^{k} a_n b_{k-n}$$

ebenfalls absolut konvergent. Wir wenden diese Aussage auf die geometrische Reihe an

$$\frac{1}{(1-x)^2} = \left(\sum x^k\right)\left(\sum x^k\right) = \sum_{k=0}^{\infty} \sum_{n=0}^{k} x^n x^{k-n} = \sum_{k=0}^{\infty} (k+1) x^k \, .$$

c)

$$\sum_{k=1}^{\infty}(5^k + 2^{-k+1})x^k = \sum_{k=1}^{\infty}(5x)^k + 2\sum_{k=1}^{\infty}\left(\frac{x}{2}\right)^k$$

$$= \frac{1}{1-5x} - 1 + 2\left(\frac{1}{1-\frac{x}{2}} - 1\right)$$

$$= \frac{1}{1-5x} - 1 + \frac{2x}{2-x},$$

und diese Rechnung ist gültig für alle $|x| < \frac{1}{5}$.

Aufgabe 208

▶   **Konvergenzradien von Potenzreihen**

Bestimmen Sie die Konvergenzradien der folgenden Potenzreihen:

a) $\displaystyle\sum_{n=0}^{\infty} x^{3n}$,

b) $\displaystyle\sum_{n=1}^{\infty}\left(a + \frac{1}{n}\right)x^n$ $(a \in \mathbb{R})$,

c) $\displaystyle\sum_{n=1}^{\infty}(a + n)x^n$ $(a \in \mathbb{R})$,

d) $\displaystyle\sum_{n=0}^{\infty} x^{(n^\nu)}$ $(\nu \in \mathbb{N})$,

e) $\displaystyle\sum_{n=0}^{\infty} a_n$ mit $a_n = \frac{n!}{n^n}$.

Lösung

a) Die gegebene Potenzreihe läßt sich schreiben als:

$$\sum_{k=0}^{\infty} a_k x^k, \; a_k = \begin{cases} 1, & k = 3n,\, n \in \mathbb{N} \\ 0, & \text{sonst} \end{cases}.$$

Daraus folgt unmittelbar für den Konvergenzradius r:

$$r = \frac{1}{\displaystyle\limsup_{k \to \infty} \sqrt[k]{|a_k|}} = 1.$$

b) Für den Konvergenzradius erhält man nach dem Quotientenkriterium

$$r = \lim_{n\to\infty} \left| \frac{a + \frac{1}{n}}{a + \frac{1}{n+1}} \right| = 1.$$

Dies gilt auch für $a = 0$.

c) Wiederum liefert das Quotientenkriterium den Konvergenzradius

$$r = \lim_{n\to\infty} \left| \frac{a + n}{a + n + 1} \right| = \lim_{n\to\infty} \left| \frac{1 + a/n}{1 + a/n + 1/n} \right| = 1.$$

d) Wir schreiben die Potenzreihe in der Form

$$\sum_{\mu=0}^{\infty} a_\mu x^\mu \quad \text{mit} \quad a_\mu = \begin{cases} 1 & \text{für } \mu = n^\nu, \\ 0 & \text{für } \mu \neq n^\nu. \end{cases}$$

Damit ist nun

$$\overline{\lim_{\mu\to\infty}} \sqrt[\mu]{|a_\mu|} = 1,$$

und für den Konvergenzradius der Reihe ergibt sich

$$r = \frac{1}{\overline{\lim_{\mu\to\infty}} \sqrt[\mu]{|a_\mu|}} = 1.$$

e) Es gilt

$$\left| \frac{a_n}{a_{n+1}} \right| = \frac{n!(n+1)^{n+1}}{n^n(n+1)!} = \left(\frac{n+1}{n} \right)^n = \left(1 + \frac{1}{n} \right)^n \to e \ (n \to \infty).$$

Nach dem Quotientenkriterium ist also $r = e$.

Aufgabe 209

▶ **Konvergenzradien von Potenzreihen**

Bestimmen Sie die Konvergenzradien der folgenden Potenzreihen:

a) $\displaystyle\sum_{n=0}^{\infty} \left(\frac{1 + 2(-1)^{n^2}}{2 - 6(-1)^n} \right)^n x^n;$

b) $\displaystyle\sum_{n=0}^{\infty} \frac{3^n (n!)^2 n^n}{(3n)!} x^{2n};$

c) $\displaystyle\sum_{n=0}^{\infty} \left(\alpha + \frac{1}{n} \right)^{n^2} x^n, \ \alpha \geq 0.$

Lösung

a) Es gilt

$$\frac{1 + 2(-1)^{n^2}}{2 - 6(-1)^n} = \left\{ \begin{array}{ll} -\frac{1}{8}, & n \text{ ungerade} \\ -\frac{3}{4}, & n \text{ gerade} \end{array} \right\}.$$

Mit Hilfe des Wurzelkriteriums erhält man also:

$$\limsup_{n \to \infty} \sqrt[n]{\left| \left(\frac{1 + 2(-1)^{n^2}}{2 - 6(-1)^n} \right)^n x^n \right|} = \limsup_{n \to \infty} \left| \frac{1 + 2(-1)^{n^2}}{2 - 6(-1)^n} \right| |x| = \frac{3}{4} |x| \overset{!}{<} 1;$$

d. h. es muss $|x| < \frac{4}{3}$ gelten. Also lautet der Konvergenzradius $r = \frac{4}{3}$.

b) Für $x = 0$ ist die Reihe offensichtlich konvergent. Anwenden des Quotientenkriteriums liefert

$$\lim_{n \to \infty} \left| \frac{\frac{3^{n+1}((n+1)!)^2(n+1)^{n+1}x^{2n+2}}{(3n+3)!}}{\frac{3^n(n!)^2 n^n x^{2n}}{(3n)!}} \right| = \lim_{n \to \infty} \left| \frac{3^{n+1}((n+1)!)^2(n+1)^{n+1}x^{2n+2}(3n)!}{3^n(n!)^2 n^n x^{2n}(3n+3)!} \right|$$

$$= \lim_{n \to \infty} \left| \frac{3(n+1)^3(n+1)^n x^2}{(3n+3)(3n+2)(3n+1)n^n} \right|$$

$$= |x|^2 \lim_{n \to \infty} \frac{(n+1)^2}{(3n+2)(3n+1)} \left(1 + \frac{1}{n} \right)^n$$

$$= |x|^2 \lim_{n \to \infty} \left(\frac{1 + 1/n}{3 + 2/n} \cdot \frac{1 + 1/n}{3 + 1/n} \cdot \left(1 + \frac{1}{n} \right)^n \right)$$

$$= \frac{e}{9} |x|^2 \overset{!}{<} 1,$$

d. h. es muss $|x| < \frac{3}{\sqrt{e}}$, gelten. Also ist der Konvergenzradius $r = \frac{3}{\sqrt{e}}$.

c) Es gilt:

$$\limsup_{n \to \infty} \sqrt[n]{\left| \left(\alpha + \frac{1}{n} \right)^{n^2} \right|} = \lim_{n \to \infty} \left(\alpha + \frac{1}{n} \right)^n = \left\{ \begin{array}{ll} 0, & \alpha < 1 \\ e, & \alpha = 1 \\ \infty, & \alpha > 1 \end{array} \right\}.$$

Somit gilt für den Konvergenzradius in Abhängigkeit von α:

$$r(\alpha) = \left\{ \begin{array}{ll} \infty, & \alpha < 1 \\ e^{-1}, & \alpha = 1 \\ 0, & \alpha > 1 \end{array} \right\}.$$

Aufgabe 210

▶ **Konvergenzradien von Potenzreihen**

Bestimmen Sie die Konvergenzradien der folgenden Potenzreihen:

a) $\displaystyle\sum_{n=0}^{\infty} \frac{n!\,n^n}{(n+1)(2n)!}\, z^{2n};$

b) $\displaystyle\sum_{n=0}^{\infty} \left(\frac{1+3(-1)^{n^2}}{1-5(-1)^n}\right)^n z^{3n}.$

Lösung

a) Für $z = 0$ ist die Reihe offensichlich konvergent, so dass das Quotientenkriterium für $z \neq 0$ liefert

$$\left| \frac{\frac{(n+1)!(n+1)^{n+1}z^{2n+2}}{(2n+2)!(n+2)}}{\frac{n!\,n^n z^{2n}}{(n+1)(2n)!}} \right| = |z|^2 \frac{(n+1)!(n+1)^{n+1}(n+1)(2n)!}{(2n+2)!(n+2)n!\,n^n}$$

$$= |z|^2 \frac{(n+1)^3(n+1)^n}{(n+2)(2n+2)(2n+1)n^n}$$

$$= |z|^2 \frac{1}{2} \cdot \frac{(n+1)^2}{(n+2)(2n+1)} \left(1 + \frac{1}{n}\right)^n$$

$$= |z|^2 \frac{1}{2} \cdot \frac{1+1/n}{2+1/n} \cdot \frac{1+1/n}{1+2/n} \cdot \left(1 + \frac{1}{n}\right)^n$$

$$\to |z|^2 \frac{e}{4} \quad (n \to \infty),$$

d. h. es muss gelten:

$$|z|^2 \frac{e}{4} \overset{!}{<} 1 \quad \Leftrightarrow \quad |z| < \frac{2}{\sqrt{e}}.$$

Somit erhält man für den Konvergenzradius $r = \frac{2}{\sqrt{e}}$.

b) Hier ist

$$\frac{1+3(-1)^{n^2}}{1-5(-1)^n} = \left\{ \begin{array}{ll} -\frac{1}{3}, & n \text{ ungerade} \\ -1, & n \text{ gerade} \end{array} \right\}.$$

In diesem Fall muss also gelten

$$\limsup_{n\to\infty} \sqrt[n]{\left| \left(\frac{1+3(-1)^{n^2}}{1-5(-1)^n}\right)^n z^{3n} \right|} = |z|^3 \limsup_{n\to\infty} \left| \frac{1+3(-1)^{n^2}}{1-5(-1)^n} \right| = |z|^3 \overset{!}{<} 1,$$

d. h. der Konvergenzradius ist $r = 1$.

Aufgabe 211

▶ **Konvergenzradien von Taylorreihen**

Bestimmen Sie die Taylor-Reihe im Entwicklungspunkt x_0 für die folgenden Funktionen f, sowie den Konvergenzradius der entstehenden Potenzreihen:

a) $\quad f : \mathbb{R} \ni x \mapsto \dfrac{2}{x^4 + 3} \in \mathbb{R}, \quad x_0 := 0;$

b) $\quad f : (-1, 1) \ni x \mapsto \ln\left(\dfrac{1}{2} + \dfrac{1}{2}x\right) + \ln(2) \in \mathbb{R}, \quad x_0 := 0.$

Lösung

a) Die gegebene Funktion läßt sich wie folgt in die Gestalt einer Potenzreihe überführen:

$$\frac{2}{x^4 + 3} = \frac{2}{3} \cdot \frac{1}{1 - \left(-\frac{x^4}{3}\right)} \stackrel{\text{falls} |x| < \sqrt[4]{3}}{=} \frac{2}{3} \cdot \sum_{k=0}^{\infty} \left(-\frac{x^4}{3}\right)^k$$

$$= \frac{2}{3} \cdot \sum_{k=0}^{\infty} \left(-\frac{1}{3}\right)^k x^{4k} = \frac{2}{3} \cdot \sum_{n=0}^{\infty} a_n x^n$$

mit

$$a_n = \begin{cases} \left(-\frac{1}{3}\right)^{\frac{n}{4}}, & n = 4k, \, k \in \mathbb{N} \\ 0, & \text{sonst} \end{cases}.$$

Man erhält weiter

$$\limsup_{n \to \infty} \sqrt[n]{|a_n|} = \sqrt[4]{\frac{1}{3}},$$

also den Konvergenzradius

$$r = \sqrt[4]{3}.$$

Da es sich also für $|x| < \sqrt[4]{3}$ um eine Potenzreihe handelt, die f darstellt, muss es sich um die Taylorreihe handeln (vergleiche dazu z. B. [8], 10.16).

b) Offenbar gilt:

$$f(x) = \ln\left(\frac{1}{2} + \frac{1}{2}x\right) + \ln(2) = \ln\left(2\left(\frac{1}{2} + \frac{1}{2}x\right)\right) = \ln(1 + x).$$

Wir beweisen nun mittels vollständiger Induktion die Behauptung

$$f^{(n)}(x) = (-1)^{n-1}(n-1)!(1+x)^{-n}, n \geq 1.$$

I. A.: $(n = 1)$ Benutzung der Kettenregel liefert

$$f'(x) = \frac{1}{1+x} \cdot 1 = (-1)^0 0! (1+x)^{-1}.$$

I. V.: Die Behauptung gelte bis n.

I. S.: $(n \to n + 1)$ Unter Verwendung der Induktionsbehauptung für ein $n \geq 1$ erhalten wir für $n + 1$:

$$f^{(n+1)}(x) = \left(f^{(n)}\right)'(x) = (-1)^{n-1}(n-1)!(-n)(1+x)^{-n-1}$$
$$= (-1)^n n!(1+x)^{-(n+1)}.$$

Mit $f(0) = \ln(1) = 0$ erhalten wir damit die Taylor-Reihe

$$f(x) = \sum_{n=0}^{\infty} \frac{1}{n!} f^{(n)}(0)x^n = \sum_{n=1}^{\infty} \frac{(-1)^{n-1}}{n} x^n.$$

Die Berechnung des Konvergenzradius r erfolgt mit Hilfe der Formel

$$r = \lim_{n} \left| \frac{a_n}{a_{n+1}} \right|.$$

Mit $a_n = \frac{(-1)^{n-1}}{n}$ folgt

$$r = \lim_{n} \left| \frac{a_n}{a_{n+1}} \right| = \lim_{n} \frac{n+1}{n} = 1.$$

Aufgabe 212

▶ **Konvergenz von Reihen, Weierstraßsches Majorantenkriterium**

Für welche x konvergiert die Reihe $\displaystyle\sum_{k=1}^{\infty} \frac{x^k}{1 - x^k}$?

Hinweis: Verwenden Sie das Weierstraßsche Majorantenkriterium (vgl. z. B. [3], 105.3).

Lösung

Eine notwendige Bedingung für die Konvergenz der Reihe $\sum_{k=1}^{\infty} a_k$ ist:

$$\lim_{k \to \infty} a_k = 0.$$

Für die zu untersuchende Reihe gilt für $|x| > 1$:

$$\lim_{k \to \infty} \frac{x^k}{1 - x^k} = -1,$$

d. h. die oben angegebene notwendige Bedingung für die Konvergenz der Reihe ist verletzt; die Reihe ist also divergent für $|x| > 1$.

Für $|x| = 1$ ist die Reihe nicht definiert.

Wir untersuchen nun das Verhalten der Reihe für $|x| \leq q_0 < 1$. Sei $a_k(x) := \frac{x^k}{1-x^k}$, dann ist

$$\left| \frac{a_{k+1}(x)}{a_k(x)} \right| = \left| \frac{\frac{x^{k+1}}{1-x^{k+1}}}{\frac{x^k}{1-x^k}} \right| = \left| \frac{x(1-x^k)}{1-x^{k+1}} \right| = |x| \left| \frac{1-x^k}{1-x^{k+1}} \right|.$$

Nun ist

$$\left| 1 - x^k \right| \leq 1 + |x|^k \leq 1 + q_0^k$$
$$\left| 1 - x^{k+1} \right| \geq \left| 1 - |x|^{k+1} \right| \geq 1 - q_0^{k+1}$$

und damit folgt für alle $|x| \leq q_0 (< 1)$

$$\left| \frac{a_{k+1}(x)}{a_k(x)} \right| \leq q_0 \frac{1 + q_0^k}{1 - q_0^{k+1}}$$

Die rechte Seite ist kleiner gleich $q := \frac{1+q_0}{2} (< 1)$, genau wenn

$$\frac{1 + q_0^k}{1 - q_0^{k+1}} = \frac{1}{1 - q_0^{k+1}} + \frac{q_0^k}{1 - q_0^{k+1}} \leq \frac{1}{2q_0} + \frac{1}{2} \, (> 1).$$

Da

$$\frac{1}{1 - q_0^{k+1}} \to 1 \quad \text{und} \quad \frac{q_0^k}{1 - q_0^{k+1}} \to 0 \, (k \to \infty),$$

ist dies sicher ab einem $K \in \mathbb{N}$ erfüllt. Also hat man

$$\exists K \; \forall k \geq K \; \forall |x| \leq q_0 : \left| \frac{a_{k+1}(x)}{a_k(x)} \right| \leq q.$$

Nach dem Quotientenkriterium ist die Reihe somit für alle $|x| < 1$ absolut konvergent. Da $a_1(x) = 1/(1-x)$ monoton wächst, gilt mit $C := \frac{q_0}{1-q_0}$ dass $|a_1(x)| \leq C$ und $|a_{k+1}(x)| \leq C q^k, k = 0, 1, 2, \ldots, |x| \leq q_0$. Somit erhalten wir die Abschätzung

$$\sum_{k=1}^{\infty} |a_k(x)| \leq C \sum_{k=1}^{\infty} q^{k-1} \quad \forall \, |x| \leq q_0.$$

Nach dem Weierstraßschen Majorantenkriterium konvergiert die Reihe der $a_k(x)$ also absolut und gleichmäßig für $|x| \leq q_0 < 1$.

Aufgabe 213

▶ **Konvergenzradius, Cauchy-Produkt**

Zeigen Sie für $x \in \mathbb{R}, |x| < 1, k \in \mathbb{N}_0$, dass

$$\frac{1}{(1-x)^{k+1}} = \sum_{n=0}^{\infty} \binom{n+k}{n} x^n.$$

Lösung

In einer Vorüberlegung zeigen wir zu festem $k \in \mathbb{N}$ induktiv für alle $n \in \mathbb{N}_0$:

$$\sum_{l=0}^{n} \binom{l+k}{l} = \binom{n+k+1}{n}$$

I. A.: $n = 0$:

$$\sum_{l=0}^{0} \binom{l+k}{l} = \binom{k}{0} = 1 = \binom{0+k+1}{0}$$

I. V.: Die Behauptung gelte bis n.

I. S.: $n \to n+1$:

$$\sum_{l=0}^{n+1} \binom{l+k}{l} = \sum_{l=0}^{n} \binom{l+k}{l} + \binom{n+1+k}{n+1}$$

$$\overset{\text{I. V.}}{=} \binom{n+1+k}{n} + \binom{n+1+k}{n+1} = \binom{n+1+k+1}{n+1}$$

Die Behauptung der Aufgabe zeigen wir nun induktiv über k.

I. A.: Für $k = 0$ hat man unmittelbar mit Hilfe der Formel für die geometrische Reihe:

$$\frac{1}{(1-x)^1} = \sum_{n=0}^{\infty} x^n = \sum_{n=0}^{\infty} \binom{n+0}{n} x^n.$$

I. V.: Die Behauptung gelte bis k.

I. S.: Im Schluss von k auf $k+1$ benutzen wir die obige Vorüberlegung, die Bildung des Cauchyprodukts und die Induktionsvoraussetzung (man beachte, dass der Konvergenzradius 1 erhalten bleibt!) und erhalten so:

$$\frac{1}{(1-x)^{k+2}} = \frac{1}{(1-x)^{k+1}} \cdot \frac{1}{1-x} \overset{\text{I. V.}}{=} \sum_{n=0}^{\infty} \binom{n+k}{n} x^n \cdot \sum_{n=0}^{\infty} x^n$$

$$\overset{\text{C.-P.}}{=} \sum_{n=0}^{\infty} \left(\sum_{l=0}^{n} \binom{l+k}{l} \right) x^n \overset{\text{Vorüb.}}{=} \sum_{n=0}^{\infty} \binom{n+k+1}{n} x^n.$$

Aufgabe 214

▶ **Potenzreihenentwicklung**

Berechnen Sie eine Potenzreihenentwicklung der Form $f(x) = \sum\limits_{n=0}^{\infty} a_n x^n$ von

$$f : \left[-\frac{1}{2}, \frac{1}{2} \right] \ni x \mapsto f(x) = \frac{1}{1 - x - x^2}.$$

Hinweis: Bilden Sie das Cauchy-Produkt $f \cdot \frac{1}{f}$ und benutzen Sie den Identitätssatz für Potenzreihen (vgl. z. B. [3], 64.5). Sie können dabei (ohne es an dieser Stelle zu beweisen) verwenden, dass die Voraussetzungen dieses Satzes bezüglich der Konvergenzradien von f bzw. $\frac{1}{f}$ erfüllt sind.

Lösung

Die gesuchte Potenzreihenentwicklung von f sei gegeben durch

$$\sum_{n=0}^{\infty} a_n x^n.$$

Außerdem ist

$$\frac{1}{f} = 1 - x - x^2 = \sum_{n=0}^{\infty} b_n x^n, \ b_0 = 1, \ b_1 = b_2 = -1, \ b_n = 0, \ n \geq 3.$$

Es gilt nun mit

$$c_n = \begin{cases} 1, & n = 0 \\ 0, & n > 0 \end{cases}$$

der Zusammenhang

$$\sum_{n=0}^{\infty} c_n x^n = 1 = f(x) \cdot \frac{1}{f(x)} = \sum_{n=0}^{\infty} \left(\sum_{l=0}^{n} a_l b_{n-l} \right) x^n,$$

aus dem man mittels des Identitätssatzes für Potenzreihen (s. Hinweis) folgert:

$$\sum_{l=0}^{n} a_l b_{n-l} = c_n.$$

Somit hat man

$$a_0 b_0 = 1$$
$$a_0 b_1 + a_1 b_0 = 0$$
$$a_0 b_2 + a_1 b_1 + a_2 b_0 = 0$$

$$\cdots$$

Einsetzen der b_n liefert

$$a_0 = 1$$
$$a_1 = 1$$
$$a_2 = a_0 + a_1$$
$$\ldots$$
$$a_n = a_{n-1} + a_{n-2}$$
$$\ldots$$

Die $a_n, n \in \mathbb{N}_0$ bilden also die Folge der Fibonacci-Zahlen, und die Funktion f hat die Darstellung

$$f(x) = \sum_{n=0}^{\infty} a_n x^n \, .$$

Bemerkung: Man kann noch zeigen, dass der Konvergenzradius dieser Reihe $r = \frac{1}{2}(\sqrt{5} - 1)$ beträgt (siehe z. B. [8], Abschnitt 7.15).

Aufgabe 215

▶   **Taylorreihen**

Bestimmen Sie die Taylor-Reihe im Entwicklungspunkt x_0 (einschl. des Konvergenzradius) für die folgenden Funktionen f:

a) $f : \mathbb{R} \smallsetminus \{0\} \ni x \mapsto \dfrac{1 + 2x}{1 - x} \in \mathbb{R} \quad , \; x_0 := 0 \, ;$

b) $f : \left(-\dfrac{1}{2}, \dfrac{1}{2}\right) \ni x \mapsto \dfrac{1}{x^2 + \frac{1}{4}} \in \mathbb{R} \quad , \; x_0 := 0 \, ;$

c) $f : (-1, 1) \ni x \mapsto \ln(1 + x) \in \mathbb{R} \quad , \; x_0 := 0 \, ;$

d) $f : (-1, 1) \ni x \mapsto \dfrac{\ln(1 + x)}{1 - x} \in \mathbb{R} \quad , \; x_0 := 0 \, .$

Hinweis: Für dem Konvergenzradius eines Cauchy-Produkts können Sie das Ergebnis aus [3], 63.3, benutzen.

Lösung

a) Es ist

$$\frac{1 + 2x}{1 - x} = \frac{1}{1 - x} + 2x \cdot \frac{1}{1 - x} \overset{|x|<1}{=} \sum_{n=0}^{\infty} x^n + 2 \sum_{n=1}^{\infty} x^n = 1 + 3 \sum_{n=1}^{\infty} x^n \, .$$

Für den Konvergenzradius erhält man also $r = \lim \left| \dfrac{3}{3} \right| = 1$.

b) Mit der Substitution $y = -4x^2$ erhalten wir

$$\frac{1}{x^2 + 1/4} = \frac{4}{1 - y} = 4\sum_{n=0}^{\infty} y^n \quad (|y| < 1)$$

$$= 4\sum_{n=0}^{\infty}(-4)^n x^{2n} \quad (|x| < 1/2).$$

Für die angegebenen x ist diese Reihe absolut konvergent.
Die Berechnung des Konvergenzradius r erfolgt mit Hilfe der Formel

$$r = \left(\limsup_m \sqrt[m]{|a_m|}\right)^{-1}.$$

Es ist

$$a_m = \begin{cases} (-4)^n & m = 2n \text{ gerade,} \\ 0 & m \text{ ungerade.} \end{cases}$$

Damit erhält man für gerade $m = 2n$

$$\sqrt[m]{|a_m|} = \sqrt[2n]{4^n} = 2$$

und für ungerade m

$$\sqrt[m]{|a_m|} = 0.$$

Damit ist $\limsup_m \sqrt[m]{|a_m|} = 2$ und der Konvergenzradius $r = \dfrac{1}{2}$.

c) Wir beweisen mittels vollständiger Induktion die Behauptung (vgl. auch Aufg. 211, Beweis von Teil b)).

$$f^{(n)}(x) = (-1)^{n-1}(n-1)!(1+x)^{-n}, n \geq 1.$$

I. A.: $(n = 1)$ Benutzung der Kettenregel liefert

$$f'(x) = \frac{1}{1+x} \cdot 1 = (-1)^0 0!(1+x)^{-1}.$$

I. V.: Die Behauptung gelte bis n.

I. S.: $(n \to n + 1)$ Unter Verwendung der Induktionsbehauptung für ein $n \geq 1$ erhalten wir für $n + 1$:

$$f^{(n+1)}(x) = \left(f^{(n)}\right)'(x) = (-1)^{n-1}(n-1)!(-n)(1+x)^{-n-1}$$

$$= (-1)^n n!(1+x)^{-(n+1)}.$$

Mit $f(0) = \ln(1) = 0$ erhalten wir damit die Taylor-Reihe

$$f(x) = \sum_{n=0}^{\infty} \frac{1}{n!} f^{(n)}(0) x^n = \sum_{n=1}^{\infty} \frac{(-1)^{n-1}}{n} x^n.$$

Die Berechnung des Konvergenzradius r erfolgt mit Hilfe der Formel

$$r = \lim_n \left| \frac{a_n}{a_{n+1}} \right|.$$

Mit $a_n = \frac{(-1)^{n-1}}{n}$ folgt

$$r = \lim_n \left| \frac{a_n}{a_{n+1}} \right| = \lim_n \frac{n+1}{n} = 1.$$

d) Mit Hilfe der Ergebnisse aus Teil c)

$$\ln(1+x) = \sum_{m=1}^{\infty} \frac{(-1)^{m-1}}{m} x^m = \sum_{m=0}^{\infty} a_m$$

mit $a_0 = 0$ und der Darstellung der geometrischen Reihe

$$\frac{1}{1-x} = \sum_{n=0}^{\infty} x^n = \sum_{n=0}^{\infty} b_n$$

erhalten wir

$$\begin{aligned}
\frac{\ln(1+x)}{1-x} &= \left(\sum_{n=0}^{\infty} a_n \right) \left(\sum_{m=0}^{\infty} b_m \right) = \sum_{n=0}^{\infty} \sum_{m=0}^{n} a_m b_{n-m} \\
&= \sum_{n=0}^{\infty} \sum_{m=1}^{n} \frac{(-1)^{m-1}}{m} x^m x^{n-m} \\
&= \sum_{n=0}^{\infty} \left(\sum_{m=1}^{n} \frac{(-1)^{m-1}}{m} \right) x^n.
\end{aligned}$$

Für den Konvergenzradius des Cauchy-Produkts gilt $r \geq \min(r_a, r_b) = 1$ (vgl.
z. B. [3], Satz 63.3).

Aufgabe 216

▶ **Konvergenzradien von Potenzreihen**

Die Potenzreihen

$$f(x) = \sum_{n=0}^{\infty} a_n x^n \quad \text{bzw.} \quad g(x) = \sum_{n=0}^{\infty} b_n x^n$$

haben die Konvergenzradien r_a bzw. r_b. Was läßt sich über Konvergenzradien von

$$\sum_{n=0}^{\infty} a_n b_n x^n \; , \quad \sum_{n=0}^{\infty} \frac{a_n}{b_n} x^n$$

sagen (obere und untere Schranken?), wobei im letzten Fall $b_n \neq 0$, $n \in \mathbb{N}_0$, angenommen wird?

Lösung

Sei r_c der Konvergenzradius der Potenzreihe $\sum_{n=0}^{\infty} c_n x^n$. Für den Konvergenzradius gilt allgemein

$$r_c = \left(\overline{\lim_{n}} \sqrt[n]{|c_n|} \right)^{-1}.$$

mit den Konventionen $1/0 := \infty$ und $1/\infty = 0$.

a) Wir betrachten zunächst die Potenzreihe mit $c_n = a_n \cdot b_n$.

   1. Fall: $r_a = 0$ und $r_b = \infty$ oder $r_b = 0$ und $r_a = \infty$. In diesen Fällen sind keine allgemeinen Aussagen möglich.

   2. Fall: Andernfalls erhält man aus

$$\overline{\lim_{n}} \sqrt[n]{|c_n|} \leq \overline{\lim_{n}} \sqrt[n]{|a_n|} \cdot \overline{\lim_{n}} \sqrt[n]{|b_n|}$$

   die untere Schranke

$$r_c \geq r_a \cdot r_b$$

   für der Konvergenzradius r_c.

b) Seien nun die Koeffizienten in der Potenzreihe gegeben durch $c_n = a_n/b_n$. Falls die Grenzwerte

$$\lim_{n} \left| \frac{a_n}{a_{n+1}} \right| (= r_a) \quad \text{und} \quad \lim_{n} \left| \frac{b_n}{b_{n+1}} \right| (= r_b)$$

   existieren und außerdem $r_b \neq 0$ gilt, dann existiert auch

$$\lim_{n} \left| \frac{c_n}{c_{n+1}} \right| = \frac{\lim_{n} \left| \frac{a_n}{a_{n+1}} \right|}{\lim_{n} \left| \frac{b_n}{b_{n+1}} \right|},$$

   und es ist

$$r_c = r_a / r_b.$$

Aufgabe 217

▶ **Gamma-Funktion**

Für $x > 0$ definiert man die Gamma-Funktion (Abk.: Γ-Funktion) auch durch

$$\Gamma(x) = \int_0^\infty t^{x-1} e^{-t}\, dt.$$

a) Beweisen Sie, dass für $x > 0$ gilt: $\Gamma(x+1) = x\,\Gamma(x)$.
b) Beweisen Sie, dass die Γ-Funktion *logarithmisch-konvex* ist, d. h.

$$\Gamma(\lambda x + (1-\lambda)y) \le \Gamma(x)^\lambda \Gamma(y)^{1-\lambda},\ 0 < \lambda < 1,\ x, y > 0.$$

c) Beweisen Sie, dass für $0 < \lambda < 1$ und $n \ge 1$ gilt:

$$n!(n+\lambda)^{\lambda-1} \le \Gamma(n+\lambda) \le (n-1)!\,n^\lambda.$$

Folgern Sie daraus, dass für $x > 0$ gilt:

$$\Gamma(x) = \lim_{n\to\infty} \frac{n!\,n^x}{x(x+1)\cdots(x+n)}.$$

Hinweise: Verwenden Sie in a) partielle Integration (p. I.). Benutzen Sie in b) die *Hölder-sche Ungleichung* für Integrale:

$$\int_a^b |f(x)g(x)|dx \le \left(\int_a^b |f(x)|^p dx\right)^{1/p} \left(\int_a^b |g(x)|^q dx\right)^{1/q}$$

für beliebige $p, q \in (1, \infty)$ mit $\frac{1}{p} + \frac{1}{q} = 1$.

Bemerkung: Insbesondere folgt aus der Definition und a) induktiv, dass $\Gamma(n) = (n-1)!$, $n \in \mathbb{N}$.

Lösung

a) Für $x > 0$ erhält man mit Hilfe partieller Integration

$$\Gamma(x+1) = \int_0^\infty t^x e^{-t}\, dt \overset{\text{p. I.}}{=} -t^x e^{-t}\Big|_0^\infty + x \int_0^\infty t^{x-1} e^{-t}\, dt = x\,\Gamma(x),$$

wobei benutzt wurde, dass die Exponentialfunktion schneller als jedes Polynom wächst.

b) Setze $\frac{1}{p} = \lambda$ und $\frac{1}{q} = 1 - \lambda$, dann gilt wegen $0 < \lambda < 1$, dass $p, q \in [1, \infty)$, $\frac{1}{p} + \frac{1}{q} = \lambda + (1 - \lambda) = 1$. Weiterhin definieren wir die Funktionen $f, g : [0, \infty) \to \mathbb{R}$ durch

$$f(t) := (t^{x-1}e^{-t})^{1/p} \text{ und } g(t) := (t^{y-1}e^{-t})^{1/q},$$

dann gilt mit Hilfe der Hölderschen Ungleichung

$$\int_0^b |f(t)g(t)|\,dt = \int_0^b (t^{x-1}e^{-t})^{1/p}(t^{y-1}e^{-t})^{1/q}\,dt = \int_0^b t^{\frac{x}{q}+\frac{y}{q}-(\frac{1}{p}+\frac{1}{q})}e^{-t(\frac{1}{p}+\frac{1}{q})}\,dt$$

$$= \int_0^b t^{(\lambda x+(1-\lambda)y)-1}e^{-t}\,dt$$

$$\leq \left(\int_0^b t^{x-1}e^{-t}\,dt\right)^{1/p}\left(\int_0^b t^{y-1}e^{-t}\,dt\right)^{1/q}$$

$$= \left(\int_0^b t^{x-1}e^{-t}\,dt\right)^{\lambda}\left(\int_0^b t^{y-1}e^{-t}\,dt\right)^{1-\lambda}.$$

Mit $b \to \infty$ folgt daraus schließlich

$$\Gamma(\lambda x + (1 - \lambda)y) \leq \Gamma(x)^{\lambda}\Gamma(y)^{1-\lambda}.$$

c) Sei $0 < \lambda < 1$, dann gilt

$$n + \lambda = \lambda(n + 1) + (1 - \lambda)n \text{ und } n + 1 = \lambda(n + \lambda) + (1 - \lambda)(n + \lambda + 1).$$

Mit Teil a) und b) erhält man

$$\Gamma(n + \lambda) = \Gamma(\lambda(n + 1) + (1 - \lambda)n)$$

$$\overset{b)}{\leq} \Gamma(n + 1)^{\lambda}\Gamma(n)^{1-\lambda} \overset{a)}{=} n^{\lambda}\Gamma(n)^{\lambda}\Gamma(n)^{1-\lambda} = (n - 1)!n^{\lambda}$$

sowie

$$n! = \Gamma(n + 1) = \Gamma(\lambda(n + \lambda) + (1 - \lambda)(n + \lambda + 1))$$

$$\overset{b)}{\leq} \Gamma(n + \lambda)^{\lambda}\Gamma(n + \lambda + 1)^{1-\lambda}$$

$$= \Gamma(n + \lambda)^{\lambda}\Gamma(n + \lambda)^{1-\lambda}(n + \lambda)^{1-\lambda} = \Gamma(n + \lambda)(n + \lambda)^{1-\lambda}.$$

Insgesamt liefert dies

$$n!(n + \lambda)^{\lambda-1} \leq \Gamma(n + \lambda) \leq (n - 1)!n^\lambda$$

$$\Leftrightarrow \left(\frac{n + \lambda}{n}\right)^\lambda \leq \frac{(n + \lambda)(n + \lambda - 1)\cdots(\lambda + 1)\lambda\Gamma(\lambda)}{n!n^\lambda} \leq \frac{n + \lambda}{n},$$

da nach a) gilt

$$\Gamma(n + \lambda) = \Gamma(n + \lambda - 1 + 1) = (n + \lambda - 1)\Gamma(n + \lambda - 1)$$

$$= (n + \lambda - 1)(n + \lambda - 2)\Gamma(n + \lambda - 2) = \cdots$$

$$= (n + \lambda - 1)(n + \lambda - 2)\cdots(\lambda + 1)\lambda\Gamma(\lambda).$$

Mit Hilfe des Sandwichs-Theorems folgt schließlich für $0 < \lambda < 1$, dass

$$\lim_{n\to\infty} \frac{n!n^\lambda}{(n + \lambda)(n + \lambda - 1)\cdots(\lambda + 1)\lambda} = \Gamma(\lambda).$$

Wegen

$$\lim_{n\to\infty} \frac{n!n}{(n + 1)n \cdots 2 \cdot 1} = \lim_{n\to\infty} \frac{n}{n + 1} = 1 = \Gamma(1)$$

gilt die Beziehung auch für $\lambda = 1$. Läßt sich zeigen, dass aus der Gültigkeit der Formel für ein $x > 0$ auch die Gültigkeit für $x + 1$ folgt, so gilt sie insgesamt für alle $x \in \mathbb{R}_0^+$. Die Formel gelte also für $x > 0$. Aufgrund von

$$\Gamma(x + 1) \overset{a)}{=} x\Gamma(x) = \lim_{n\to\infty} \frac{n!n^x}{(x + 1)(x + 2)\cdots(x + n)}$$

$$= \lim_{n\to\infty} \frac{n!n^{(x+1)-1}}{(x + 1)\cdots((x + 1) + n - 1)}$$

$$= \lim_{n\to\infty} \frac{n!n^{(x+1)-1}}{(x + 1)\cdots((x + 1) + n - 1)} \lim_{n\to\infty} \frac{n}{((x + 1) + n)}$$

$$= \lim_{n\to\infty} \frac{n!n^{(x+1)}}{(x + 1)\cdots((x + 1) + n - 1)((x + 1) + n)},$$

ist dies erfüllt.

Liste von Symbolen und Abkürzungen

$\emptyset$ $\{\}$	leere Menge
$A' := X \setminus A$	Komplement von A
$f^{-1}(D)$	Urbildmenge von D unter f
$\mathcal{P}(X)$	Potenzmenge von X
$\#X$, auch card (X)	Anzahl der Elemente von X
$A \triangle B$	symmetrische Differenz von A, B (s. Aufg. 38)
$g \circ f$	Hintereinanderausführung von Abbildungen
id_B	identische Abbildung auf B
$\wedge$, $\vee$	und (Konjunktion), oder (Disjunktion)
$\neg$	nicht (Negation)
$\overline{q} = \neg q$	"nicht q"
$\Longrightarrow$	daraus folgt
$\Longleftrightarrow$	Äquivalenz
ab oder $a \cdot b$	für die Multiplikation von Zahlen
$a \mid b$	a teilt b
$a \nmid b$	a teilt nicht b
$\forall$	für alle
$\exists$	es existiert
$\exists !$	es existiert genau ein
$\nexists$	es existiert kein
$[x]$	Gauß-Klammer (auch: $\lfloor x \rfloor$)
$\lim_{x \nearrow 0}$, auch $\lim_{x \to 0^-}$	$\lim_{\substack{x \to 0 \\ x < 0}}$
$\lim_{x \searrow 0}$, auch $\lim_{x \to 0^+}$	$\lim_{\substack{x \to 0 \\ x > 0}}$
$\lvert \cdot \rvert_p$	Betrag (s. Aufg. 34)
$[f(x)]_a^b$ (auch: $f(x)\big\vert_a^b) = f(b) - f(a)$	
AGM-Ungl.	Ungleichung zw. dem arithm. und geometrischen Mittel (s. (1.3))
$\triangle -$ Ungl.	Dreiecksungleichung
$[a,b]$, (a,b), $(a,b]$	abgeschlossenes, offenes, halboffenes Intervall
$C[a,b]$, $B[a,b]$	Raum der stetigen bzw. beschränkten Funktionen
$R[a,b]$	Raum der Riemann-integrierbaren Funktionen

© Springer-Verlag Berlin Heidelberg 2016
H.-J. Reinhardt, *Aufgabensammlung Analysis 1*, DOI 10.1007/978-3-662-49417-2

$\mathcal{T}[a,b]$	Raum der Treppenfunktionen auf $[a,b]$
S_Z^φ	Integral der Treppenfunktion φ für die Zerlegung Z
C.-P.	Cauchy-Produkt
C.-S.	Cauchy-Schwarz
I. A., I. V., I. S.	Induktionsanfang, -voraussetzung, -schluss
$K_r(z)$	offener Kreis (bzw. Intervall) um Mittelpunkt z mit Radius r
$\overline{K_r}(z)$	abgeschlossener Kreis (bzw. Intervall)
$\mathbb{N}_0$	$\mathbb{N} \cup \{0\}$
$\mathbb{R}^*$	$\mathbb{R} \setminus \{0\}$
$\mathbb{R}^+$	$\{x \in \mathbb{R} \mid x > 0\}$
$\mathbb{R}_0^+$	$\{x \in \mathbb{R} \mid x \geq 0\}$
l'H.	l'Hospital
P_L	Laplace-Wahrscheinlichkeit (s. Aufg. 58)
PBZ	Partialbruchzerlegung
p. I.	partielle Integration
Re bzw. Im	Real- bzw. Imaginärteil einer komplexen Zahl
T_{f,m,x_0}	Taylorpolynom m-ten Grades von f mit Entwicklungspunkt x_0
T_{f,x_0}	Taylorreihe von f mit Entwicklungspunkt x_0
R_{f,n,x_0}, auch $R_n(.;x_0)$	Restglied der Taylorentwicklung von f mit Entwicklungspunkt x_0
w. A.	wahre Aussage

Literatur

1. Forster, O.: Analysis 1. Springer Spektrum, Wiesbaden (2013)

2. Forster, O., Wessoly, R.: Übungsbuch zur Analysis 1. Springer Spektrum, Wiesbaden (2013)

3. Heuser, H.: Lehrbuch der Analysis, Teil 1. Vieweg + Teubner, Wiesbaden (2009)

4. Heuser, H.: Lehrbuch der Analysis, Teil 2. Vieweg + Teubner, Wiesbaden (2008)

5. Königsberger, K.: Analysis 1. Springer, Berlin, Heidelberg (2004)

6. Neunzert, H., Eschmann, W. G., Blickensdörfer-Ehlers, A., Schelkes, K.: Analysis 1. Springer, Berlin, Heidelberg (1996)

7. Stummel, F., Hainer, K.: Praktische Mathematik. Teubner, Stuttgart (1982)

8. Walter, W.: Analysis 1. Springer, Berlin, Heidelberg (2004)

9. Walter, W.: Analysis 2. Springer, Berlin, Heidelberg (2002)

Sachverzeichnis

A

abelsche Gruppe, 20
Ableitungen
    der hyperbolischen Funktionen, 181
    spezieller Funktionen, 171
    von Polynomen, 183
    von Umkehrfunktionen, 182
Abschätzungen
    für den Logarithmus, 169
    für die Exponential- und
        Logarithmusfunktion, 167
    für die Exponentialfunktion, 163
    von sin und cos, 218
Abzählbarkeitsaussagen, 25
Additionstheoreme für sin und cos, 213
Anordnungsaxiome, 14
Arcustangens- und Arcuscotangensfunktionen,
    184
arithmetisches Mittel, 82, 92
Assoziativität, Kommutativität, 16
Aussagenlogik, 1, 2

B

Bernoullische Ungleichung, 56, 66, 67
Betrag $|\cdot|_p$, 35
Bijektivität von Funktionen, 10
Binomialkoeffizienten, 58

C

Cauchy-Folge, 96, 98
Cauchy-Kriterium, 95
Cauchy-Produkt, 273
    von Reihen, 132

D

de Morgan
    Regel von, 3

Differenzierbarkeit
    von Funktionen, 177, 179
Differenzierbarkeit und Monotonie, 178
Divergenz von Reihen, 123
Dynkin-System, 13

E

endlicher Körper, 15
Exponentialfunktion, 171
    Eigenschaften der, 163
    Stetigkeit der, 162

F

Fibonacci-Zahlen, 21
Fixpunkte stetiger Funktionen, 149
Flächen- und Volumenberechnung, 246
Funktion
    gerade, 199
    gerade und ungerade, 211
    gleichmäßig stetige, 141, 143, 145, 146
    Hölder-stetige, 176
    Lipschitz-stetige, 147
    logarithmisch konvexe, 279
    stetige und gleichmäßig stetige, 144
    streng konvexe, 148
    streng konvexe, differenzierbare, 180
    ungerade, 199
Funktionalgleichung für den Logarithmus, 165

G

Gamma-Funktion, 279
Gauß-Klammern, 39
    Rechenregeln für, 40
geometrisches Mittel, 82
Gleichungen mit komplexen Zahlen, 77
Grenzwerte

von Funktionen, 187, 189, 190, 192, 194, 195
von Zahlenfolgen, 89

H
Häufungswerte von Zahlenfolgen, 106
Hermite-Polynome, 223
Hintereinanderausführung von Abbildungen, 9, 10
Höldersche Ungleichung
   für Integrale, 279

I
indirekter Beweis, 28, 38
Infimum und Supremum, 61
Integrale
   Berechnung bestimmter, 242
   Eigenschaft der, 238
   für Treppenfunktionen, 226, 228
   Konvergenz uneigentlicher, 257
   uneigentliche, 251, 253, 254
Integralsinus, 253
Integralvergleichskriterium, 258
Integration und Konvergenz, 261
Integrierbare Funktionen, 237

K
kartesische Produkte, 8
Kegelberechnung, 185
Komplement von Mengen, 3
komplexe Zahlen, 73
   Ungleichungen und Rechenregeln, 74
Konvergenz
   gleichmäßige, 261, 263
   punktweise und gleichmäßige, 260
   von Reihen, 118, 120, 123, 271
   von Teilfolgen, 114
   von Zahlenfolgen, 78–80, 84–86, 102–104
Konvergenz und absolute Konvergenz
   von Zahlenreihen, 131
Konvergenz und Divergenz, 93
   von Reihen, 125, 126
   von speziellen Zahlenreihen, 116
   von Zahlenreihen, 115
Konvergenz und Monotonie, 82
Konvergenzkriterien
   für Reihen, 133
   für Zahlenreihen, 130
Konvergenzradius, 273
   von Potenzreihen, 266, 267, 269, 278

von Taylorreihen, 270
Kriterium für Integrierbarkeit, 230
Kurvendiskussion, 196
   Polynom, 197
   rationale Funktion, 199

L
Lagrange-Restglied, 202
Laplace-Wahrscheinlichkeit, 70
Limes inferior, 110
Limes inferior und Limes superior, 108, 111
Limes superior
   Rechenregeln, 113
Limites von Zahlenfolgen, 83
Logarithmus, 166
logisches Denken, 24
Lösungen von gewöhnlichen
   Differentialgleichungen 2-ter Ordnung, 221
Lösungsmengen
   von gewöhnlichen
      Differentialgleichungen n-ter Ordnung, 222
   von Ungleichungen, 47

M
Maximum, Minimum, 59
Mengen
   komplexer Zahlen, 75
   reeller Zahlen, 18
   unbeschränkte, 69
   und Abbildungen, 6
Monotonie und Konvergenz, 94

N
Näherungen des vollständigen elliptischen
   Integrals, 231
Newton-Verfahren, 209
Nullstellen von Funktionen, 151

O
Ober- und Unterintegrale, 232, 234
Ohmsche Widerstände, 54

P
Partialbruchzerlegung, 249
Partielle Integration, 245
   und Substitution, 244
Potenzen, 33
   und Fakultäten, 56

Potenzreihenentwicklung, 274
Primfaktorzerlegung, 35
Primteiler, 30
Primzahlen, 33, 34
Primzahllücken, 32
Primzahlpotenzen, 32
Produktmengen, 4

Q
quadratische Polynome, 196

R
rationale Zahlen, 33
Rechenregeln in $\mathbb{N}$, 28
Regel von de l'Hospital, 190, 192–194
Reihenverdichtungskriterium, 128
relative Häufigkeit, 71
Riemannsche Summen, 235

S
Satz von Archimedes, 39
Sigma-Algebra, 11
Sinus und Cosinus hyperbolicus
    Rechenregeln für, 164
spezielle Potenzreihen, 265
Stammfunktionen, 240, 241
stationäre Punkte, 177
stetige Fortsetzung, 153
Stetigkeit
    einer Funktion, 171
    Sätze zur, 150
    und Differenzierbarkeit, 173, 174, 176
    von Funktionen, 139, 141
Stetigkeitskriterium, 151
Substitutionsregel für unbestimmte Integrale,
    239
Summe einer Reihe, 124
Summen und Produkte von Zahlen, 54
Summen von Reihen, 119
Summenformeln, 26, 183
Supremum
    Charakterisierung, 60
    reeller Zahlenmengen, 60
Supremum und Infimum, 63, 66, 67
Supremum, Infimum, Maximum, Minimum, 65
symmetrische Differenz
    von Mengen, 42, 44

T
Taylorentwicklung, 210

Taylorformel, 202
Taylorpolynom, 204, 206, 208
Taylorreihe, 203, 205, 275
Teilbarkeit, 31
Teilbarkeitsregeln, 30
Teilmengen, 5
    Assoziativ- und Kommutativgesetz, 5
Torus, 246
Trägheitsmomente, 136
trigonometrische Funktionen, 214
    Extrema, 215
Turm von Hanoi, 134

U
Ungleichungen, 50, 54, 210
    für 2 reelle Zahlen, 53
    für Potenzen, 51
    vollständige Induktion, 49
Unterintegrale, 228
Untersumme und Obersumme, 225
Urbildmengen, 7, 8

V
Vergleichskriterium
    für Reihen, 129
    für uneigentliche Integrale, 256
Verneinung von Aussagen, 27
Vertauschung von Grenzprozessen, 263
vollständige Induktion, 21, 22, 24, 25, 28, 50
Vollständigkeitsaxiom, 60

W
Weierstraßsches Majorantenkriterium, 271
Wohlordnungssatz, 39
Worte endlicher Länge, 23
Wurzel, 38, 68
Wurzelberechnung, 99
    für $q \geq 2$, 101
Wurzelkriterium, 115

Z
Zahlen
    rationale, 34
Zahlenfolge
    induktiv definite, 104
    monotone, 88, 90
Zickzack-Funktion, 155
Zwischenwertsatz, 154